“十二五”普通高等教育本科国家级规划教材

运筹学简明教程

Yunchouxue Jianming Jiaocheng

第二版

秦裕瑗　秦明复

高等教育出版社·北京
HIGHER EDUCATION PRESS　BEIJING

内容提要

本书是“十二五”普通高等教育本科国家级规划教材，由线性规划、组合最优化和正交试验设计三个部分共八章所组成。与第一版相比，本版主要增加了整数规划，决策数不确定型动态规划，匹配、网络流和H圈的最优化等问题；增加了对科学计算软件 Mathematica和线性规划软件 LINDO的简介。

本版的一个特色是：讲清问题的基础理论和应用的同时，讲解使用软件求解数字题以及对问题作进一步讨论的方法。

本教程可作为经济、管理、工程专业的运筹学课程的教材，也可供具有矩阵基础知识的人员阅读参考。

图书在版编目（CIP）数据

运筹学简明教程／秦裕瑗，秦明复编．--2版．--北京：高等教育出版社，2006.6（2015.7 重印）

ISBN 978-7-04-019320-6

Ⅰ．运…　Ⅱ．①秦…　②秦…　Ⅲ．运筹学-高等学校-教材　Ⅳ．O22

中国版本图书馆 CIP 数据核字（2006）第 032508 号

策划编辑　马　丽　　责任编辑　董达英　　封面设计　刘晓翔
版式设计　王艳红　　责任校对　杨凤玲　　责任印制　赵义民

出版发行　高等教育出版社
社　　址　北京市西城区德外大街 4 号
邮政编码　100120
印　　刷　北京天来印务有限公司
开　　本　787mm×960mm　1/16
印　　张　17.75
字　　数　320 千字
购书热线　010-58581118
咨询电话　400-810-0598
网　　址　http://www.hep.edu.cn
　　　　　http://www.hep.com.cn
网上订购　http://www.landraco.com
　　　　　http://www.landraco.com.cn
版　　次　2000 年 10 月第 1 版
　　　　　2006 年 6 月第 2 版
印　　次　2015 年 7 月第 9 次印刷
定　　价　23.30 元

本书如有缺页、倒页、脱页等质量问题，请到所购图书销售部门联系调换

物 料 号　19320-B0

第二版前言

按照大学专业培养方案的规定，学生在学习了计算机基础课程之后，要结合专业计算机应用，安排后续计算机教学。

运筹学是一门后续课程。

如何与时俱进地在本课程中安排计算机教学，成为一项需要落实的任务。本教程的编者个人提出一些设想和建议，并付之实现。一方面供学生学习，另一方面向同行学者请教。

与第一版相比，本版在两个方面作了增删。一是增加了整数规划、决策数不确定型动态规划、匹配、网络流和 H 圈的最优化问题；增添了有关学科的一些资料。二是删去了第一版的“§4.4 运筹学软件的使用”一节以及所使用的软件 ORS 的内容；增加了对科学计算软件 Mathematica 和线性规划软件 LINDO 的简介，使用它们来讨论、计算各章有关问题。

趁这次改版的机会，我们还更正了先前的某些缺点，消除了文字、演算以及数值计算上的错误。

相信曾经学习第一版内容的读者同样能够比较轻松地接受此第二版的内容，他们将在使用软件、学习运筹学的过程中享受到更大的乐趣，得到更多的收获。

讲授本教程第二版的全部内容的课时数可能需要增加到 50 学时左右。

编　者

2005 年 2 月

第一版前言

运筹学是用科学的方法研究各种优化问题，即有关“多、快、好、省”问题的学问。运筹学的理论内容丰富，它的实践背景和应用范围涉及到工业、农业、军事、经济、管理科学、计算机科学等领域。它具有鲜明的实用性和经济性。许多问题的解决丰富了数学理论和方法的发现，甚至产生了应用数学的多个新的分支。

近三十年来，第一编者从事运筹学的教学、科研与普及工作，深感在学科中如何用更简明的方法和观点论述其概念、理论、方法和算法，在向各行各业推广这一有力的工具，克服学科长期自我封闭现象，如何使之更接近于读者和听众，确有许多工作要做。

教材建设是一项基础工作。

编写一本教材是见仁见智的事。它表现在：选择哪些分支，每个分支讲授到什么深度，如何论述理论、方法与应用，以及有意识地注意论述教学有关的哪些事项等等。

在5年前，着手编写用于40学时运筹学讲义，以满足成人教育学院管理、经济专业的专业课和某些工程专业的选修课的需要。已经在二十来个小班（其中两个小班是编者自己施教的）试用。而今再次修改成这本教程。内容包括：

线性规划，特别以产品结构优化问题为讨论中心。

动态规划，只讲离散型、有确定阶段数的问题。

组合最优化，包括最短路的另一个应用，统筹方法，还有最小支撑树问题和最大匹配问题等。

正交试验设计方法，包括单指标、无（/有）交互作用的问题和处理多指标问题的两种方法。

教程主要从数字题入手；讨论有关问题时，注意基本概念的准确性；尽量采用更简明的数学工具、方法论述各种问题，以适应读者的实际文化基础。

书中强调使用运筹学软件包在计算机上算题的重要性，并介绍了一般的操作方法。

让读者了解如何从生产实际问题概括为数学模型的一般过程。

还用“能否更简单一点？”“还有什么用？”这两个提问，引导读者开展学科内容的讨论。

第二编者设计了一些例题，进行了计算核对，还对软件包的操作等问题做了工作。这些将帮助读者理解概念和学习用计算机求解问题的方法。

各章末均附有练习题,部分还有答案。可供教师布置作业时选用。

第一编者在70年代研究了动态规划的基本原理,建议采用摹矩阵这一工具对离散型问题进行推理和计算。在80年代,在线性规划中提出指归形式这一概念,从一元一次方程出发,逐步得到单纯形算法的计算表格。在90年代,又类比导数与差分概念,得到了对称差分解法,从而有可能使组合最优化中许多基本问题,例如最短路问题,最小支撑树问题,最大匹配问题,最大流问题,旅行商问题等等,在统一的方法下,得到了许多熟知的概念、定理和算法。甚至,线性规划的改进单纯形算法也可以从这个方法直接得到。我们曾经多次在学术会议上向同行们请教。还在教学与普及工作中,把有关内容介绍给学生,似乎容易接受。在本教程中,我们也采用了有关的结果。

培养学生的创新思维是重要的。其实,任何一本教材的内容本身,就是前人创新的纪录。据说创新思维方法有一二十种。我们可以在一个小时里介绍完多个方法。可是,一个人真正能够自觉熟练地使用其中的一两个,需要反复不断地运用,熟练到像使用筷子的程度,也许才能有所创新,终身受益。古人说,与其伤其十指,不如断其一指。这是有道理的。

20世纪上半叶最伟大的数学家之一,D.希尔伯特在谈到他之所以能在数学上做出重要贡献,就在于他不断考虑能否把所探讨的问题化得简单一些。他的一个学生和助手,计算机科学的最重要的奠基人之一(有人称他为计算机之父),J.诺依曼爵士谈到,他自己做研究工作的秘诀就在于"简化"。

我们所得到的前述研究结果无非只是"能否更简单一点?""还有什么用?"的思维方法的一些应用而已,得益于两位学者的教导。

对学生进行素质教育是重要的。其实任何一本教材的主要内容无一不是前人发扬其崇高素质(诚实、严谨、执着、实干)而得到的成果。教师们注意到了这一点,是能够通过教学工作实施素质教育的。

本教程可作为经济、管理专业类型的运筹学课程的教材,可作为工程专业的选修课教材,也可供各类短训班所选用,甚至可作为具有高中以上文化程度的读者的自学读物。它只是编者对运筹学教材改革的一份书面答卷。定有谬误欠妥之处。请同行学者和读者指正。

在编写本教程的过程中,郑州大学林诒勋教授关心鼓励,批评建议,支持成书。刘派锋老师慨然把他得到的中国旅行商问题的最优解图交本教程使用,武汉大学费浦生教授、华中师范大学毛经中教授、武汉海军工程大学吴树和教授审读过线性规划部分书稿，提出过许多宝贵意见，邓旭东、任风玲老师在过去四年中在武汉科技大学不少班级持续使用本教程。在此，编者对上述诸位以及对所有曾经给予支持、帮助和鼓励的学者、同行和学生们，表示深切的谢意。最后，第一编者还要感谢夫人傅赛珍。感谢她采用过本教材的某些部分，感谢她营造了一个良好的写作环境，帮助处理有关学术事务的全部工作，使此教程顺利定稿。

编　者

2000 年 8 月于武汉科技大学

目　录

第一部分　线性规划

第二部分 组合最优化

第三部分 正交试验设计

第一部分　线性规划

本部分通过讲解产品结构优化问题来讨论线性规划,并简单介绍整数规划.它由前四章所组成.

第1章通过产品结构优化问题和线性规划模型,讲解几何方法和基本概念.

第2章集中讲求解线性规划模型的方法.许多教材使用 n 维空间概念以建立单纯形方法.这是学习线性规划的一个难点.我们提出一个基本概念:指归形式.以它为主导,从一元一次方程出发,花不多的篇幅,就导出有限改进法,它与人们熟知的单纯形法等价.

第3章讨论产品结构优化问题中衍生出来的诸多实际题目.第一类如改变资源量、利润率、技术参数、约束条件对答案的影响以及影子价格等等.它们都能在线性规划范围内解决.第二类,一个重要的情形就是将决策变量限定为各种范围内的整数.它与第一类的题目很不一样.需要建立整数线性规划模型来求解.我们对这个规划的求解方法进行了简要的介绍.

第4章除了进一步介绍线性规划和整数规划的另一些基本应用问题外,讨论发现产品结构优化问题的客观基础和一般过程,以及在从事实际应用问题、特别是产品结构优化工作时,所应注意的诸项实务.

本教程以科学计算软件 Mathematica 与线性规划软件 LINDO 为基础,讨论求解运筹学的种种题目.我们将把这两个软件的使用方法和有关内容分散融入到有关章节进行简要讨论.

第 1 章

线性规划与产品结构优化问题

本章共分四节，讨论产品结构优化问题的提出、简单问题的几何解法，由此引出线性规划模型和一些基本概念，最后，作为计算机教学的一门后续课程——运筹学，开始讨论科学计算软件 Mathematica 的必要概念和操作技术，并应用它来为运筹学服务.

§1.1 一个简单问题的提出

例 1.1 某加工车间要把多余的 27 kg 塑料和 290 度电加工成甲、乙两种管状的产品. 生产 1 m 甲产品需要 2 kg 塑料和 40 度电. 生产 1 m 乙产品需要 3 kg 塑料和 10 度电. 售出 1 m 甲产品的利润是 7 元，1 m 乙产品的利润是 6 元. 问如何组织生产.

人们设计了下面的一个表.

表 1.1

	甲(m)	乙(m)	限 值
售出利润(元)	7	6	?
塑料(kg)	2	3	27
电(度)	40	10	290

先来核对表 1.1 与题目.

最上行与最左列叫做说明行和说明列. 余下的数据，共有 3 行，被横线分成两部分. 共有 3 列，被竖线分开. 可以合并这些数据与说明，按行或按列来阅读.

按列可知：第一列是讲甲产品的. 生产 1 m 需 2 kg 塑料和 40 度电，可得利润 7 元. 第二列是讲乙产品的. 生产 1 m 需 3 kg 塑料和 10 度电，可得利润 6 元. 第三列在竖线之右，它表示可供应的资源至多是 27 kg 塑料和至多 290 度电. 还用一个“?”表示不知道总利润至多有多少.这一列,叫做限值列.

按行阅读:横线之上是讲售出的利润率.1 m 甲产品的利润为 7 元,1 m 乙产品的利润为 6 元.还要问总利润是多少.横线之下,第一行是表示塑料的.生产 1 m 甲产品需 2 kg,生产 1 m 乙产品需 3 kg,而总共只有 27 kg 塑料.另一行是表示电能的.生产 1 m 甲产品需 40 度电,1 m 乙产品需 10 度电,而总共可供使用的电是 290 度.

所以,所有的数据与产品、原料、能源的关系都是一致的.看来,对这种问题,用表格来“叙述”题目比用文字要清晰简明得多.

车间内,小赵建议生产 9 m 乙产品就可以了.这样,27 kg 塑料全都用掉,剩下 200 度电.小钱则建议生产 7 m 甲产品和 1 m 乙产品.这时 290 度电全部用完,剩下 10 kg 塑料.小钱认为,他的方案比小赵的好,因为(总)利润有 55($=7\times7+6\times1$)元,而小赵的方案,利润只有 54($=7\times0+6\times9$)元.

孙师傅有经验.他认为,如果生产甲、乙产品各 5 m,利润还要大很多,有 65($=7\times5+6\times5$)元.

车间李主任是一位生活经验与管理经验丰富的人.他懂得,凡是处理一件事情,有多个方案可供随意采用时,就有可能按某个标准进行选择,从中找出比较好的,甚至是最好的方案来.现在,一方面,他认定,在三个方案中,孙师傅的方案最好,利润最大.另一方面,他思考这样一个问题:能不能找到利润更大的方案呢?这仅有的塑料与电量,当然不会创造出 1 万、10 万元的利润,那么至多能有多少呢?

李主任再请来了周、吴、郑、王四位师傅,一起研究.人人冥思苦想,各献计策,议论纷纷.在讨论过程中,人们逐步意识到,像这样做,不是好办法.能不能用数学方法来解决呢?

这一想法开阔了大家的思路,他们向现代管理迈出了一大步.

人们在设计出可以生产的两种产品之后,发现售出了即可获得利润.作为一个合理的思维规律,人们应该进一步考虑,在资源给定的条件下,用什么方法改变生产两种产品的方案,以获得更多的利润,甚至最大的利润.

人人献计是不得已的办法,是在没有发现或者没有学习有关学科之前的办法.我们已经发现,确实存在科学的方法.

用代数和平面解析几何方法来做!

设有一个生产方案:生产 x_1 m 甲产品和 x_2 m 乙产品.这个方案如果真的可以行得通,它们所用去的塑料不能超过 27 kg,即

$$2x_1+3x_2\leqslant 27. \tag{1.1}$$

用去的电不能超过 290 度,即

$$40x_1+10x_2\leqslant 290. \tag{1.2}$$

这两个不等式叫做约束条件.它们分别是用表1.1横线下的两行写出来的.

像赵、钱、孙三位师傅的方案都能同时满足这两个约束条件.当然还有别的方案.我们并没有说,凡是满足(1.1)、(1.2)的解都能作为一个生产方案.$x_1=8$,$x_2=-3$同时满足(1.1)、(1.2),却不是一个现实的生产方案.因为我们不能生产-3 m乙产品.可见一个行得通的方案中,x_1,x_2都不能是负值,记作

$$x_1\geqslant 0, x_2\geqslant 0, \quad \text{或者} \quad x_1,x_2\geqslant 0. \tag{1.3}$$

这种不等式也是约束条件.为了区分开来,(1.3)中的条件叫做变量(非负)约束条件,(1.1)、(1.2)叫做主约束条件.

未知数x_1,x_2叫做决策变量,满足(1.1)、(1.2)的一组x_1,x_2叫做一个解,记作

$$[x_1 \quad x_2].$$

如果x_1,x_2还满足(1.3),则解叫做可行解.一个可行解对应一个(可行)方案.一般来说,可以有许许多多个可行解.

对于一个(可行的生产)方案,其利润z,可以用下面的函数来算得:

$$z=7x_1+6x_2. \tag{1.4}$$

它叫做目标函数.是一个一次(线性)函数.

李主任带领师傅们把问题变成如何找出一个可行解,使目标函数值最大.我们现在把这个重大事件写成以下形式:

$$\begin{aligned} \max z &= 7x_1+6x_2, \\ \text{s.t.} \quad & 2x_1+3x_2\leqslant 27, \\ & 40x_1+10x_2\leqslant 290, \\ & x_1,x_2\geqslant 0. \end{aligned} \tag{1.5}$$

这里max是英文动词maximize(意思是:求最大)的前三个字母.s.t.是构成英文词组subject to(意思是:受制于)的两个单词的各自第一个字母.

如果有人能够找出答案,就可以用同样的资源得到最大的利润.

上面讲的数字题在工厂里到处可以遇到.像这种问题就是产品结构优化问题.有多种方法来研究它.李主任提出的是一种数学方法.

§1.2 解析几何法

下面用解析几何方法来求解例1.1.它一共分成四步.

一、画出各个约束条件的图形

设有二元一次方程

$$L_1: 2x_1+3x_2=27. \tag{2.1}$$

把 x_1,x_2 理解为解析几何中的两个变量，相当于通常的 x,y. 在 Oxy 直角坐标系(图 1.1)中，(2.1)的图形是一直线. 画出它的方法是：先找出两组满足方程的解 x_1,x_2：不妨令 $x_1=0$，得 $x_2=9$；再令 $x_2=0$，得 $x_1=13\frac{1}{2}$. 这样得到两个点

$$A(0,9) \quad 与 \quad F(13\frac{1}{2},0).$$

过 A,F 两点用直尺画出直线，记作 L_1，它就是(2.1)的图形. 例 1.1 中，关于塑料的约束条件不是方程(2.1)，而是不等式

$$D_1:\ 2x_1+3x_2\leqslant 27. \qquad (2.2)$$

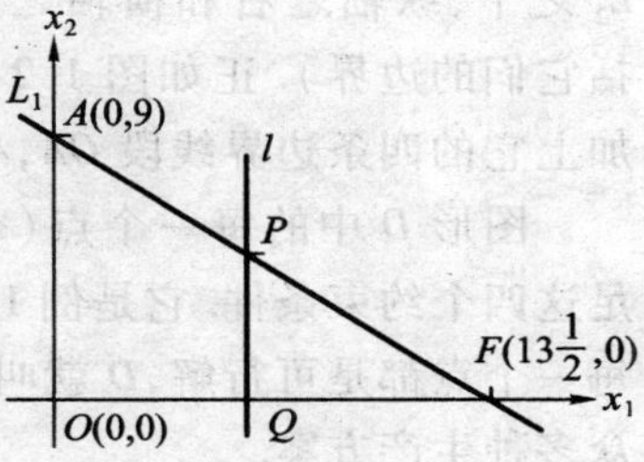

图 1.1

它的图形当然包括直线 L_1，因为等号是允许成立的. 另外，坐标原点 $O(0,0)$ 以及点(1,2)，(-3,4)等等都满足(2.2)，都在(2.2)的图形中. 仔细想一下，在直线 L_1 上，经过任意一点，例如 $P(3,7)$，画一直线 l 与纵轴相平行. 直线 l 被 P 点分成上、下两个半直线. 下半直线上的点的坐标是$(3,h)$，而 h 总是小于 7，这种点总满足(2.2). l 的下半直线全都在(2.2)的图形中，而上半直线全都不在图形中. 所以，以直线 L_1 为边界的下半平面就是不等式(2.2)的图形.

由以上的讨论可知：要求不等式

$$ax_1+bx_2\leqslant c \qquad (2.3)$$

的图形，先画出方程

$$ax_1+bx_2=c \qquad (2.4)$$

的图形，它是一条直线. 在它之外任取一点 T，代入(2.3). 如果满足该不等式，则以直线(2.4)为边界，含有 T 点的半平面就是(2.3)的图形. 否则另一个半平面是它的图形.

作为特殊情形，$x_1=0$ 就是 $1x_1+0x_2=0$. 它的图形是一直线：纵(坐标)轴. 而 $x_1\geqslant 0$ 的图形是一个以纵轴为边界的右半平面. $x_2\geqslant 0$ 的图形是一个以横轴为边界的上半平面.

二、画出同时满足所有约束条件的图形

在直角坐标系里，先画出四条直线.

$$L_1:\ 2x_1+3x_2=27,$$
$$L_2:\ 40x_1+10x_2=290,$$
$$L_3:\ x_1=0,$$
$$L_4:\ x_2=0.$$

把满足四个约束条件

$$D_1: 2x_1 + 3x_2 \leqslant 27,$$

$$D_2: 40x_1 + 10x_2 \leqslant 290,$$

$$D_3: x_1 \geqslant 0,$$

$$D_4: x_2 \geqslant 0$$

的图形记作 D. 它应该是 L_1 之下(的半平面), L_2 之下,纵轴之右和横轴之上的公共部分(包括它们的边界). 正如图 1.2 中有阴线的部分,加上它的四条边界线段 OA,AB,BC 和 CO.

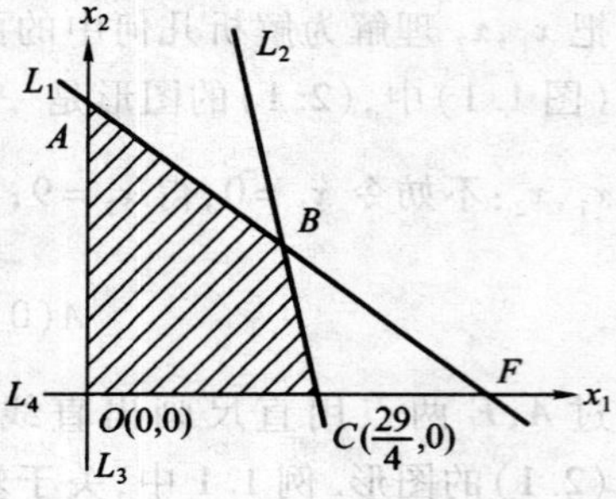

图 1.2

图形 D 中的每一个点 (x_1,x_2) 总能同时满足这四个约束条件. 它是例 1.1 的一个可行解. 表示生产甲、乙产品各多少. D 中每一个点都是可行解,D 就叫做可行域. 可以看到,D 中有许多可行解,例 1.1 有众多种生产方案.

三、画出目标函数的等值线

每一个可行解对应目标函数的一个值. 例如,

$$(0,0),(3,0),(6,4),(3,7),\left(0,\frac{7}{2}\right),\left(2,\frac{7}{6}\right),\left(\frac{9}{7},2\right),\cdots$$

全都是可行解. 它们对应的利润可以用目标函数

$$z = 7x_1 + 6x_2 \tag{2.5}$$

算出. 依次是

$$0,21,66,63,21,21,21,\cdots.$$

要找出目标函数值最大的可行解,一个想当然的办法是:逐一选点,计算目标函数值,再比较它们的大小. 这是一个"可以理解,却不能实现"的方法. 因为人们不可能取尽所有的可行解,更没有时间算出所有目标函数值. 但是,试求若干个可行解,却很有好处.

人们发现,每个可行解有其目标函数值. 不同的可行解却可能有相同的目标函数值. 例如上面所列的

$$(3,0),\left(0,\frac{7}{2}\right),\left(2,\frac{7}{6}\right),\left(\frac{9}{7},2\right)$$

的函数值都是 21. 其实在可行域 D 中,直线

$$L: 7x_1 + 6x_2 = 21$$

上的点的目标函数值都是 21(图 1.3),HK 上的点都对应利润为 21 的生产方案.

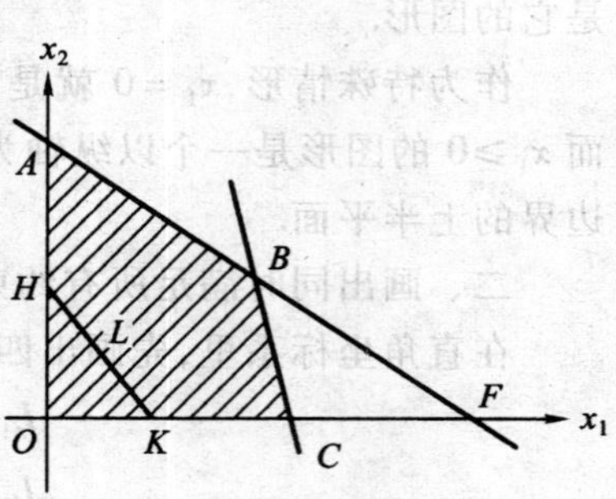

图 1.3

四、利用等值线求最大值

我们问:目标函数值为 29,30,35,… 的可行解又怎样呢? 当然它们在可行

域 D 中，且在分别满足

$$7x_1+6x_2=29,\quad 7x_1+6x_2=30,\quad 7x_1+6x_2=35$$

等等的线段上. 这些线段是互相平行的. 目标函数值增大时，这些线段越来越远离 L 和坐标原点. 但又必须在可行域 D 内. 我们看到 L_M 对应的目标函数值该是最大的了. 它与可行域 D 的交点就是直线 L_1 与 L_2（见图 1.4）

$$L_1:\ 2x_1+3x_2=27,\quad L_2:\ 40x_1+10x_2=290$$

的交点 B，其坐标是

$$x_1=6,\quad x_2=5.$$

目标函数值为

$$7\times 6+6\times 5=72.$$

所以，例 1.1 的答案是

(1) 产品结构是：甲、乙两种产品都生产；

(2) 最优的产品结构方案是：生产 6 m 甲产品，5 m 乙产品；

(3) 最大（总）利润等于 72 元；

(4) 所有的资源，塑料与电力，全部用完.

这个答案会使整个车间都满意的.

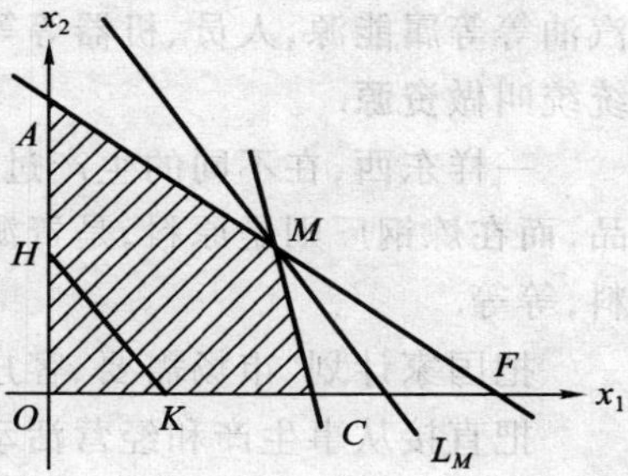

图 1.4

附带说一下，如果例 1.1 中每 m 甲产品的利润从 7 元改为 4 元，目标函数变为

$$z=4x_1+6x_2, \tag{2.6}$$

那么，要求解的问题是

$$\max z=4x_1+6x_2,$$
$$\text{s.t.}\quad 2x_1+3x_2\leqslant 27,$$
$$40x_1+10x_2\leqslant 290,$$
$$x_1,x_2\geqslant 0.$$

当然可以用同样的方法找到最优解. 需要注意的是，目标函数的等值线总是与边界线段 AB 相平行（图 1.5）. 随着数值增大，等值线越来越和线段 AB 接近，终于重合. 线段 AB 上每一点都是最优解，对应的值都是

$$z=4x_1+6x_2=2\times(2x_1+3x_2)$$
$$=2\times 27=54.$$

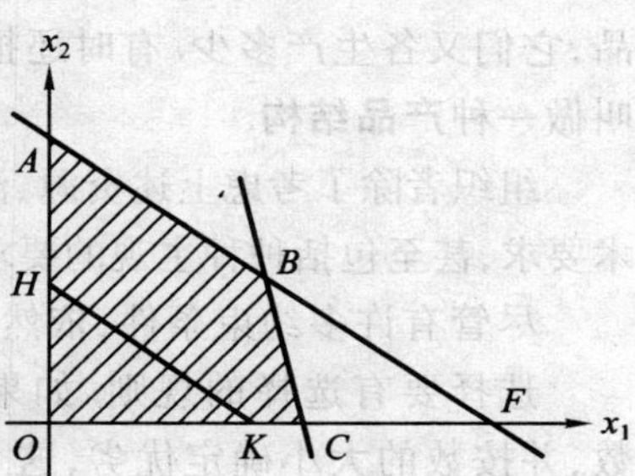

图 1.5

所以，目标函数为（2.6）时，这个问题有无数多组最优方案. 例如 $(3,7)$，$(\frac{3}{2},8)$，$(5,\frac{17}{3})\cdots$ 等等，以及点 A 和 B，它们的利润都

是 54 元.

§1.3 产品结构优化问题与线性规划的基本概念

§1.3.1 基本概念

炼钢厂把生铁、焦煤、电力、工时等投入炼钢炉炼出各种钢锭.饲料公司用黄豆、小麦、米糠、维生素 A,B,C,…、煤炭、工时等等生产各种饲料.塑料车间用塑料、煤气、工时等等加工各种生活用品.

炼钢厂,饲料公司,塑料车间等等都是从事生产的单位.生产出的钢锭、饲料、塑料用品等等统统叫做**产品**.生铁、黄豆、小麦、塑料等等是原料,电力、煤炭、汽油等等属能源,人员、机器等等为进行生产而工作的时间,叫做工时.所有这些统统叫做**资源**.

一样东西,在不同的生产过程中,所处的地位不必相同.生铁在炼铁厂是产品,而在炼钢厂则是原料,是资源.塑料在塑料厂是产品,而在塑料加工厂则是原料,等等.

把国家计划、市场需要、客户定制等统统叫做**社会需要**.

把直接从事生产和经营活动,且具有决策权的单位,如车间、工厂、公司等,统统叫做工厂.它们总是在给定的资源条件下,根据社会需要,生产出各种产品.

生产一种产品,需要某些资源.生产 1 个单位(单位:t,cm^3,m,块,个,等等)这种产品,它需要这种原料多少,那种能源若干,需花多少工时等等,都有定额.这些数据叫做**技术参数**或**消耗系数**.生产不同的产品 1 个单位,资源的消耗系数不尽相同.

对某种生产任务有权作出决策的人叫做(生产)**组织者**或**决策者**.

组织者要不断考虑如何组织一个生产方案:即不生产哪些产品,生产哪些产品,它们又各生产多少.有时还把"生产哪几种产品,不生产哪几种产品"的方案叫做一种**产品结构**.

组织者除了考虑上述资源、消耗系数、社会需求的限制外,还可能考虑各种技术要求,甚至包括种种主观的要求和偏爱,等等.这些限制和要求叫做**约束条件**.

尽管有许多约束条件,依然可能有众多的生产方案可供选择.

选择要有选择的规则.如果这个规则对于所选的生产方案,总对应于一个数,并按数的大小确定优劣,这个规则就叫做**目标函数**.当前讨论的生产方案问题,目标函数严格限定为总利润,并以大者为优.

出售不同的产品每 1 个单位,不必有相同的利润.不同的生产方案不必有相同的(总)利润.

组织者的本领就在于，在所有的生产方案中，如何挑出总利润更大、甚至总利润最大的产品结构.

所以，产品结构优化问题是在生产中根据资源约束、社会需求和主观条件，如何确定最优的产品结构的问题.

产品结构优化问题中涉及到的最基本概念有

工厂　产品　利润(成本)　资源　技术参数　决策者，

资源则包括材料、能源、时间、设备、人员和信息等.

§1.3.2 线性规划　一种数学模型

读了例 1.1，我们可以想像：一般来说，某个工厂能够生产若干种产品，生产每种产品 1 个单位有规定的技术参数，售出每种产品 1 个单位有预期的利润. 当对于所用各种资源都给定限量时，人们自然要考虑如何组织生产以获得更大的利润. 这件事可以像表 1.1 那样写出来. 再像(1.1) ~ (1.4)那样，写出数学表达式. 我们不准备写出最一般的形式，只写出五种产品三种资源的一般形式如下：

表 1.2

	甲	乙	丙	丁	戊	资源
利 润	c_1	c_2	c_3	c_4	c_5	?
资源 1	a_{11}	a_{12}	a_{13}	a_{14}	a_{15}	b_1
资源 2	a_{21}	a_{22}	a_{23}	a_{24}	a_{25}	b_2
资源 3	a_{31}	a_{32}	a_{33}	a_{34}	a_{35}	b_3

诸 a 是相应产品的技术参数. 它们都是非负数. 诸 b 与 c 一般在这里都是正数.

设五种产品的产量为 x_1, x_2, x_3, x_4 与 x_5，则问题转化为

$$\begin{aligned}
\max\ z &= c_1x_1+c_2x_2+c_3x_3+c_4x_4+c_5x_5,\\
\text{s.t.}\quad & a_{11}x_1+a_{12}x_2+a_{13}x_3+a_{14}x_4+a_{15}x_5 \leqslant b_1,\\
& a_{21}x_1+a_{22}x_2+a_{23}x_3+a_{24}x_4+a_{25}x_5 \leqslant b_2,\\
& a_{31}x_1+a_{32}x_2+a_{33}x_3+a_{34}x_4+a_{35}x_5 \leqslant b_3,\\
& x_1, x_2, x_3, x_4, x_5 \geqslant 0.
\end{aligned} \tag{3.1}$$

人们把它叫产品结构优化问题(表 1.2)的数学模型(mathematical model)，把 x_1, x_2, x_3, x_4 与 x_5 叫做决策变量(decision variable). 上式由三块所组成. 第一块叫做目标函数(objective function)和求解任务(这里求最大，有时还会有求(总成本)最小的问题)，第二块是涉及种种资源的限制和技术条件的约束等. 像上面的三个限制，叫做**主约束条件**. 第三块是关于决策变量本身的，叫做**变量约束条件**. 后两块合称为**约束条件**(constraint).

满足所有主约束条件的一组决策变量

$$x_1 \quad x_2 \quad x_3 \quad x_4 \quad x_5$$

叫做主约束条件的一个**解**. 如果主约束条件的解还满足变量约束条件,这个解叫做一个**可行解**(feasible solution). 所有可行解构成一个集合,记作 D,叫做**可行域**(feasible region)或**可行解集合**.

学习了线性代数的基本知识,我们可以写:

$$\boldsymbol{A}=\begin{bmatrix} a_{11} & a_{12} & a_{13} & a_{14} & a_{15} \\ a_{21} & a_{22} & a_{23} & a_{24} & a_{25} \\ a_{31} & a_{32} & a_{33} & a_{34} & a_{35} \end{bmatrix},\boldsymbol{b}=\begin{bmatrix} b_1 \\ b_2 \\ b_3 \end{bmatrix},$$

$$\boldsymbol{c}=\begin{bmatrix} c_1 & c_2 & c_3 & c_4 & c_5 \end{bmatrix},\boldsymbol{x}=\begin{bmatrix} x_1 & x_2 & x_3 & x_4 & x_5 \end{bmatrix}^{\mathrm{T}}\equiv\begin{bmatrix} x_1 \\ x_2 \\ x_3 \\ x_4 \\ x_5 \end{bmatrix}.$$

目标函数可以写作

$$z=\boldsymbol{cx},$$

(3.1)的主约束条件和变量约束条件可以写作

$$\boldsymbol{Ax}\leqslant\boldsymbol{b},\boldsymbol{x}\geqslant 0,$$

(3.1)写成如下的向量形式

$$\begin{aligned} &\max\ z=\boldsymbol{cx}, \\ &\text{s. t.}\quad \boldsymbol{Ax}\leqslant\boldsymbol{b}, \\ &\qquad\quad \boldsymbol{x}\geqslant 0, \end{aligned}$$

甚至可以写成

$$\max\ \{z=cx, Ax\leqslant b, x\geqslant 0\}.$$

这个数学模型中,如果所有的参数可以是任意实数,每个主约束条件的关系符号可以是≤,=,≥中的任何一种,变量约束条件可作更为一般的规定,求解任务不仅可以求最大,也可以求最小(这时,用“min”来表示,它是英文动词 minimize(求最小)的前三个字母),求解这样的一般模型叫做**线性规划**(linear programming). 人们说它是“线性”的,是指:目标函数的表达式是线性的,所有约束条件的左端的式子也都是线性的.

产品结构优化问题是线性规划所研究的一个重要问题.

作为一门学问,我们定义

线性规划是运筹学的一个重要分支. 它是专门研究形如(3.1)的一类数学模型的理论、方法和应用的学问.

线性规划是美籍犹太裔应用数学家 Dantzig G.(1914—)在上个世纪 40 年代提出来的. 它的第一个重大应用就是在那个年代的东西方冷战斗争中大规模调运物资去西柏林. 单就产品结构优化问题,也已经可以设想线性规划能够起到的巨大作用.半个多世纪的实践表明,它已经给许多国家、部门和企业带来了丰厚的经济效益,提高了它们的管理水平.它在国民经济、工程技术以及现代管理中的重要作用怎么强调也不会过分.

§1.3.3 对例1.1的思考

例1.1已经得到解决,车间里的师傅们当然兴高采烈地去为实现最大利润而忙生产.我们完成了一件有益于生产的工作.高兴之余,深入地展开一番思考必然是有益的.科技工作者有一个基本观点:许多事情,以为做完了,其实,换一个角度看,也许工作才刚刚开始.这个再也不能简单的数字题就是一个.展现在眼前就有下面四个题目值得我们思考、解决和创新.

一、如果现在我们再回顾表1.1、公式(1.5)和图1.4,并不感到有什么抽象,因为我们知道产生这些表格、公式和图形的全过程.一位缺了前一堂课的学生现在遇到它们,他会感到抽象,很难理解,并埋怨"数学就是抽象".其实,抽象不是数学所独有,不是科学所独有.一切文化现象,包括艺术和科学作品,全都有抽象问题.譬如说,诗人在经历、观察或者感受到的某件事中,取出某几个最为精华的点(也称为采样)洗练成"牧童遥指杏花村"那样的佳句.当我们乍一看这短短28个字,可能什么感受也没有.仔细地揣摩,把那"雨纷纷","欲断魂"和"借问"字眼联想起来,弄清楚典故(如果有)的意义,把诗人的意境复现出来,把静止的诗句激活起来,一个活生生的图景就展现在眼前,这时会感到美妙极了.欣赏绘画、雕塑、音乐等等艺术品都是如此.科学中的公式、表格和图形也不例外.读到公式(1.5)的时候,要把当时车间里的议论纷纷复现出来,对表1.1的内容从各个角度来理解,把静止着的图1.4看成线段 HK 在运动,即要静图动看.把它们连成一气,在我们眼前同样是一个很具体的故事.在本教程中,我们将在必要场合提醒读者注意静图动看,横看竖看,等等.

二、例1.1仅仅讨论生产两种产品的问题.如果车间可以生产三种、四种甚至更多种产品,又该怎么办?如果每种产品的原料不仅是塑料和电力,还有别的几种原料,又该怎么办?

如果多一种限量的原料,就多了一个主约束条件,在几何上就多一条直线和相应的半平面.如果所有约束条件的图形的交集是一个多边形,还能用同样的方法得到答案.

如果可供选择的产品有三种时,每个主约束条件不再是平面直角坐标系中的直线和相应的半平面,而是(3维)空间直角坐标系中的平面和相应的半空间.所有的约束条件围成一个可行域(多面体),目标函数具有某一个值的图形是一个平面,依然可以用解析几何法确定最优解,最优值一定可以在可行域的某个顶点处达到.

三、真的有四种、五种甚至更多种产品,几何意义就不直观了.面对这样的情形,人们有两种态度.一是无奈地宣布“几何意义不明显,需要另找算法”.二是把空间概念从2,3维推广至4,5,…以至n维,学习线性代数与线性空间,这样,可以想象高维空间的几何问题.

在2、3维空间中,一个数字题,只要有最优解,根据解析几何法,就可以在可行域的顶点处得到最优值.就是说,这是最优解的一个必要条件.

微分学中有一个事实:设函数$y=f(x)$在$[a,b]$上连续,且在区间内有连续导数,那么,区间内的点x_0是最大(/小)点的必要条件为$f'(x_0)=0$.利用这个必要条件,可以寻求函数$y=f(x)$在$[a,b]$上的最大点及其值.它的算法是:首先求出满足必要条件的点,即一阶导数为零的所有的点;其次,加上区间的两个端点;第三,求出这些点的函数值;其中最大者就是所求的最优值,相应的点就是最大点.

在2、3维空间中,我们同样可以设计出一个算法,算出可行域的所有顶点的函数值,再求出最优值和最优点.

当我们能够理解在n维空间中的多面体(叫做单纯形)以及平面,也应该想到如何利用顶点来求解产品结构问题,甚至求解线性规划.只是,寻求多面体的所有顶点的工作量太大,头绪太复杂.

我们可以设计出类似于瞎子爬山的方法.在一个顶点处,探索函数值更大的另一个顶点;再从得到的顶点出发,反复探索直至找不到函数值更大的邻点为止.数学方法证明,这个思路确实是可行的,能够发展成种种的算法,都叫做**单纯形法**.

许多教材都讲这样的算法.只是论证较抽象,初学者较难接受.我们企盼着更为简明的求解方法.

四、可以想象,求解规模大一点的产品结构优化问题(即产品种类多样,诸产品需要多种资源的问题),或者求解一般的线性规划,计算量总是很大,在纸上笔算既繁琐,又容易出错,是一项令人烦心的工作,于是会想到计算功能强大的计算机能否为我们服务的问题.

这样的讨论促使我们企盼例1.1将像一粒种子那样成长,它不仅将要开出美丽的花朵,还将结出丰硕的果实.

§1.4　计算机与运筹学

§1.4.1　计算机基础课程的后续教学

按照大学专业培养方案的规定,学生学习计算机的文化、技术和应用三门基础课程之后,要结合专业计算机应用,安排后续计算机教学.

20多年的教学改革,计算机以及计算机教学得到了飞跃性的普及与提高.现在,能够学习本教程的学生,都已完成培养方案规定的三门基础课程,都学习了一种高级程序语言,都能顺利使用计算机.

运筹学是三门计算机基础课程的一门后续课程.本书第一版的“§4.4 运筹学软件的使用”一节中,曾经介绍用运筹学软件 ORS 求解线性规划数字题时最基本的操作方法:在现成的表格中,按规定格式,对号入座地输入相关数据,按下回车键,即得软件所规定的各项结果.

如何与时俱进地在运筹学课程中安排计算机教学,成为一项需要落实的重要任务.在本教程准备出版第二版之际,这也是编者需要回答、应该完成的任务.

我们是这样来安排计算机教学的:分散在各章,主要讲述科学计算软件 Mathematica 和专门求解线性规划数字题的软件 LINDO 的有关内容.

我们希望学完本教程的读者最终能够获得以下的能力:

(1) 学会直接调用现成表达式和基本库函数,随时解决学习中的问题.

(2) 利用专业软件的优越性,更容易地学会某些本来较难、较繁杂的内容,例如第3章和第4章的整数规划问题.还把科学计算软件作为一个虚拟的实验室,学会在计算机的辅助下思考问题、发现问题和研究问题.

(3) 懂得编写少量的基础性表达式的方法,便于完成必要的计算任务.例如在第5章编制了关于摹矩阵相乘的表达式之后,求解动态规划的题目;利用图元表达式绘制组合图形,等等.

(4) 懂得软件使用的注意事项,学会在互联网上寻找有关运筹学中所需信息和知识的方法.

如果学生不仅完成每章末的相应练习,还能自拟自解地做若干其他题目,是再好不过的了.

整个有关计算机教学的内容只是建议性的、讨论性的、尝试性的.

相信学生,尤其是具有计算机基础知识的教师,在克服不多的困难之后,就能进入这个广阔天地,不仅从中得到许多帮助,从而改变研究学问的思想方法,并能喜爱这个终身受益的学术伙伴.

§1.4.2 科学计算软件 Mathematica

市上已经有众多科学计算软件,如 Mathcad,Matlab 或者 Maple 等等.

我们选用软件 Mathematica 和软件 LINDO 作为本教程的基本工具.

这里先讲软件 Mathematica.

Mathematica 是美国犹太学者 Wolfram S. 及其伙伴所开发的一个科学计算软件.1987年1.0版诞生.到2005年7月,已经发行到5.2版.它还发行有学生版.

本教程则采用4.0版本.可以在下面网站

http://www.wolfram.com

以及其他相关的网站中,找到它的各种信息.

我们假设在Windows 9x或者以上的操作系统中已经安装了软件Mathematica 4.0.在程序菜单中单击Mathematica 4.0,得到一个稿本(Notebook,相当于Windows中的一个新文件)的窗口,它的名字是Untitled 1.nb,这一操作过程我们写作

程序|Mathematica 4.0|Untitled 1.nb,

后缀nb是Notebook的缩写.

以后我们总假定,已经进入到名为Untitled 1.nb的一个稿本.读者可以在存盘时再按其内容选择合适的稿本名.

软件Mathematica是一个巨大的系统.该系统把常数,变量,函数,命令,运算符号等等作为基本概念元素,由它们所组成的各种有意义的式子统称为**表达式**.系统用各种表达式来实现系统所能提供的种种数值计算,符号计算,数学图形绘制,甚至音响,动画等功能.

在Mathematica的Help中有一本完整的使用指南,The Mathematica Book,可供学习、查阅和应用.用户可以摹仿这本指南中所述的注意事项以及所举的例子,学习输入、求解并验证答案,求解各种问题,体会这个软件的强大功能,产生必要的信任感.

在Windows里,用户用Help或按F1查询所关心的术语、表达式的含义、基本的规定和信息.

用户至少可以把Mathematica当作高级计算器、当作虚拟实验室和当作编程语言环境,在这三个层次上完成所要做的工作.

一、软件Mathematica是一个高级计算器

我们已经熟悉普通的计算器(calculator).它的计算功能主要限于实数的四则运算和连乘、连加,以及基本初等函数(把常数,幂函数,三角函数,反三角函数,指数函数和对数函数统称为基本初等函数).在计算器上是按一个个的运算顺序来计算,即便是式子$3\times(2+1)$,也得分两步来计算,涉及多位数的题目,精确度更要受到硬件的限制.有的功能强一些的计算器也可以编写不多于一定数量(譬如说,38个)动作的程序,也能绘制一些简单的函数图形,求解阶数不高的代数方程,等等.现在的所有科学计算软件可以对成批的数值(包括复数,矩阵,序列等等)进行运算.这是两者的根本差别.读者从下段起,将会愈来愈多地发现软件Mathematica的强大功能.为了和普通的计算器相比,我们把(安装了)软件Mathematica(的计算机)叫做高级计算器.其实两者的功能无法比拟,几乎是天壤之别.

对于给定的一个题目,我们应先查看系统中有没有现成的(内置的)表达式(/函数/命令),可以用来直接完成这个任务.如果有(或者做不多的参数设置就能解决),那么就对号入座地输入数据,按下运行命令键 Shift + Enter 即得答案.

例如求 2 的 100 次幂.我们发现,系统有现成的表达式

a^n:求 a 的 n 次幂

在 Untitled 1. nb 中输入 2^100,按下执行命令 Shift + Enter,稍等片刻,屏幕就显示出执行结果.它的输入输出的格式如下:

In[1]:=2^100

Out[1]=1267650600228229401496703205376

如果感到阅读这一串数字很困难,就是说,输出的格式不能令人满意.可以输入表达式:

NumberForm[2^100,DigitBlock ->4]

再按执行命令 Shift + Enter,屏幕上显示

In[2]:=NumberForm[2^100,DigitBlock ->4]

Out[2]//NumberForm=126,7650,6002,2822,9401,4967,0320,5376

如果我们不需要逗号作间隔号,则有

In[3]:=NumberForm[2^100,DigitBlock ->4, NumberSeparator -> " "]

Out[3]//NumberForm=126 7650 6002 2822 9401 4967 0320 5376

上面的表达式中那些选项的意义该是一目了然的.

对于这个求值问题,可以有种种的输出形式.软件 Mathematica 将它们称为选项,并把它们分成两类,一类是关于所求的值本身的(如字号大小,粗细,字体以及颜色等等);另一类是关于表示这个值的环境的(例如背景的灰度,外框等等).在这个软件中,具有上百种选项供用户选用.在这本运筹学教程中,我们让软件给出正确的值(答案,结果)就满足了,并不要求结果显示得尽善尽美.以后各章,除非必要,不会在这方面做更多的讨论.

屏幕显示的符号"In[i]:="表示,右端是用户第 i 次输入的表达式;符号"Out[i]="的右端是刚输入的表达式的计算结果,叫做这个表达式的值.从系统接受表达式起,对它进行处理,直至显示结果,这个过程叫做对表达式求值.

要求圆周率 π,精确到小数 50 位.软件中有现成的表达式:

N[x,n]:把实数 x 转变为至多精确到小数 n 位的近似实数.

其中:N[ ]是一个函数,叫做数值转换函数.与通常的数学表达方式不同,我们这里规定函数的括号总是用方括号.输入圆周率时,用规定的符号"Pi"表示 π.用 N[Pi,50](当然还要按 Shift + Enter),即得答案.

如果您希望得到圆周率 π 精确到小数 1 万位的值,在输入操作上没有本质不同,只是求值的过程所花的时间要多得多.用表达式 Timing[N[Pi,10000]]不

仅可以得到答案，而且还会告诉用户，求值过程所花费的时间. 当然在不同的软、硬件配置下，运算时间是不相同的. 在奔腾Ⅱ233 MHz 计算机上的运行时间是 0.27 秒. 输出的结果为

{0.27 second,3.14…}.

如果要求自然对数的底 e 的近似数，在输入时，需要用符号“E”表示这个底. 如果要求 32°25′18″的正弦值，用输入符号“Degree”作为“°”.

Mathematica 能对任意位数的整数或者对分子、分母为任意位整数的有理数进行精确计算；它还能对小数精确到任意位的实(复)数做计算.

按照系统的规定，一些在传统数学中认为没有什么不同的表达式，在这里却有不同的答案. 例如输入

N[1/7],N[1/7,20],N[1.0/7,20],N[1.0000/7],

系统给出的前两个结果是

0.142857,0.14285714285714285714,

却需要注意后两个结果的小数位数：

0.1428571428571428(只有16位小数) 以及 0.142857.

像普通的数学书中一样，软件 Mathematica 中同样使用圆括号( )，方括号[ ]和花括号{ }，还使用等号 =. 但是，软件 Mathematica 中对这几个符号各有严格规定，不容混淆：

圆括号专门用来表示其中的式子优先计算.

方括号专门用在表达式、函数等等的名字之后，内中存放宗量(argument).

花括号内专门用来存放各种规定的列表.

符号 = 不是普通的等号. 这里，它是赋值号或者是定义变量的值. x = 3 应该读作“把实数 3 赋给 x.”或者说做“规定变量 x 的值等于 3.”凡是方程中用于比较的等号一律用两个相连的 = 来表示.

在 Windows 中的两个文档之间的信息，可以通过剪贴板互相传送复制. 系统 Mathematica 与 Windows 之间的各种信息以及相关的多种格式也可以通过剪贴板互相传送复制.

二、软件 Mathematica 是一个虚拟的实验室

设有一个题目. 用户已经设计出一种探讨方案，或者求解思路. 他可以把稿本当作一个记事板，一页草稿纸，甚至是一个虚拟的实验室. 利用系统的现成的种种功能，计算一些中间步骤的结果，设置不同的参数值，观察某些函数、图形所发生的数值上的或者性态上的变化. 这些工作不是用户不会做，不是算不出，而是让这个“伙伴”更快、更少出错地得到所需的值和图形. 通过这样的人 - 机对话的过程，从中得到启发，记录、整理并组织所得的信息，最终达到求解的目的.

三、软件 Mathematica 是一个编程语言

系统的功能尽管强大,用户依然可能没有找到或者软件根本没有所需的表达式. Mathematica 是一个很容易扩充和修改的系统. 它提供了一套描述事物的方法,一个编程语言. 用户用它可以编制出所需的程序,或者相关的表达式,把它放入自定义表达式库,便于该用户以后需要时调用.

§1.4.3　用软件 Mathematica 求解例 1.1

例 1.1 是一个有约束条件最优化题目. 求解它的任务是寻求函数的最大值和最优点. 在软件中有现成的表达式(/函数):

ConstrainedMax[目标函数,{主约束条件},{决策变量}]

还有求最小值和最优点的函数:

ConstrainedMin[目标函数,{主约束条件},{决策变量}]

把数据输入这个函数时,要注意:

在软件 Mathematica 中总是用文本格式输入所有的表达式.

x,y,z,x1,x2,y3 等等都是变量名. 3x 表示一个代数项,它与 3 x 或者 x 3 都表示 3 与 x 的乘积. 在 x 3 中的两个字母之间规定有一个空格.

变量约束条件总默认为取非负值,即 x1≥0 等等.

主约束条件中的关系符≤,≥,= 依次用输入格式 <=,>=,==. 请注意,最后一个是由两个等号所组成的.

用户只要对号入座地输入数据,按下 Shift + Enter 键,即得答案. 屏幕显示的格式是:

In[4]: = ConstrainedMax[7x1 + 6x2,{2x1 +3x2 <=27,40x1 +10x2 <=290},{x1,x2}]

Out[4] = {72,{x1 ->6,x2 ->5}}

就是说,最大值等于 72,最大点是(6,5). 输出结果中的符号"->"表示解是按转换形式给出的.

软件 Mathematica 中还有一个专门求解线性规划题目的函数 LinearProgramming[c,m,b]. 这将留在以后再讲.

练　习　1

1.1　有塑料 7 kg 和 9 个工时可用来生产三种产品:生产第一种 1 m 长需 1 kg 塑料和 1 个工时,售后利润为 14 元;第二种 1 m 长则需 1 kg 塑料和 2 个工时,利润为 21 元;第三种 1 m 长需 2 kg 塑料和 3 个工时,售后利润为 35 元. 为了使总利润最大. 请建立这个问题的线性规划模型,不用求解.

1.2　某养殖场饲养动物出售. 设每头动物每天至少需 25 g 蛋白质,3 g 矿物质和 4.5 mg

维生素.现有五种原料可供选购,然后混合使用各种原料每 kg 的价格及营养成分的含量如下表:

	饲料				
	1	2	3	4	5
价格(元/kg)	0.2	0.7	0.4	0.3	0.8
蛋白质(g)	3	2	9	6	16
矿物质(g)	1	0.5	0.7	2	0.4
维生素(mg)	0.5	1	0.3	1.5	0.8

要求确定既满足动物生长需要,又使费用最省的选购方案.请建立这个问题的线性规划模型,不用求解.

1.3　用解析几何法(不得用数学软件)求解下列问题:

(1) $\max z = x_1 + 3x_2$,
s.t. $2x_1 + 3x_2 \leqslant 6$,
$x_1 + 4x_2 \leqslant 4$,
$x_1, x_2 \geqslant 0$.

(2) $\max z = 3x_1 - 2x_2$,
s.t. $x_1 + x_2 \leqslant 1$,
$2x_1 + 3x_2 \leqslant 4$,
$x_1, x_2 \geqslant 0$.

(3) $\max z = -x_1 + x_2$,
s.t. $6x_1 - 2x_2 \leqslant 3$,
$2x_1 + 3x_2 \leqslant 6$,
$2x_1 + 3x_2 \leqslant 24$,
$x_1, x_2 \geqslant 0$;

(4) $\min z = x_1 + x_2$,
s.t. $3x_1 + 2x_2 \geqslant 9$,
$3x_1 - 5x_2 \leqslant 30$,
$x_1, x_2 \geqslant 0$;

(5) $\max z = 2x_1 - 3x_2$,
s.t. $5x_1 + 6x_2 \leqslant 30$,
$4x_1 + 6x_2 \geqslant 5$,
$x_1, x_2 \geqslant 0$;

(6) $\min z = 2x_1 + 3x_2$,
s.t. $-5x_1 + 6x_2 \leqslant 30$,
$4x_1 + 6x_2 \leqslant 5$,
$x_1, x_2 \geqslant 0$;

(7) $\max z = 2x_1 + 3x_2$,
s.t. $5x_1 + 6x_2 \leqslant 30$,
$4x_1 + 6x_2 \leqslant 5$,
$x_1, x_2 \geqslant 0$;

(8) $\max z = 2x_1 + 3x_2$,
s.t. $5x_1 + 6x_2 \geqslant 30$,
$4x_1 + 6x_2 \leqslant 5$,
$x_1, x_2 \geqslant 0$;

(9) $\max z = 6x_1 + 4x_2$,
s.t. $2x_1 + x_2 \leqslant 1$,
$3x_1 + 4x_2 \geqslant 1.5$,
$x_1, x_2 \geqslant 0$;

【答:(1) $x_1 = 2.4, x_2 = 0.4; z = 3.6$.　(2) $x_1 = 1, x_2 = 0; z = 3$.

(3) $x_1 = 0, x_2 = 1.5; z = 1.5$.　(4) $x_1 = 3, x_2 = 0; z = 3$.

(5) $x_1 = 0, x_2 = 5; z = 15$.　(6) $x_1 = 0, x_2 = \frac{5}{6}; z = -2.5$.

(7) 有无穷多组解.例如,$x_1 = 0, x_2 = \frac{5}{6}; z = 2.5$.

(8) 可行域是空集合,无解.　(9) $x_1 = 0, x_2 = 1; z = 4$.】

1.4　在您的生活和工作环境中,请您写出三个产品结构优化问题.

1.5　请您写出几个线性规划的数字题,分别使题目

(1) 有唯一解;

(2) 有无穷多组解;

(3) 没有有限的最优解;

(4) 根本没有可行解.

1.6 把软件 Mathematica 作为一个高级计算器,求下列函数的值:

(1) $\sqrt{3}$精确至小数 25 位(调用函数为 Sqrt[a,n]);

(2) $\sin 30°$;

(3) 核对本练习的 1.3 题中的(1)~(4)的结果.

1.7 用 Mathematica 求解 1.3 题的(7)与(8),观察软件所显示的结果.

1.8 设有下面的两个题目:

(1) $\max z = 7x_1 + 6x_2$,

$$\text{s.t.}\quad \begin{aligned} 2x_1 + 3x_2 &\leqslant 27 + t, \\ 40x_1 + 10x_2 &\leqslant 290, \\ x_1, x_2 &\geqslant 0; \end{aligned}$$

(2) $\max z = 2x_1 + 3x_2 + x_3 + 2x_4$,

$$\text{s.t.}\quad \begin{aligned} x_1 + x_2 + x_3 + x_4 &= 9, \\ 4x_2 + 2x_3 + 4x_4 &= 12 + t, \\ 5x_1 + 6x_2 + 5x_3 + 7x_4 &= 46, \\ x_1, x_2, x_3, x_4 &\geqslant 0. \end{aligned}$$

其中 t 是一个参数. 对于题目(1),当 $t=0$ 时,它就是例 1.1. 现在把软件 Mathematica 的一个稿本作为虚拟实验室. 请做下面的实验:

第 1 步,在题目(1)中,让参数 t 依次取 0,2,4,100,200,300,记下目标函数值,观察变化情形. 您能用实际意义来理解变化的现象吗?

第 2 步,用 t 依次取 0,2,4,6,8,同样讨论题目(2). 注意当 $t=10$ 时的结果.

第 3 步,注意这两个题目的主约束条件,比较两个题目所得到的结果. 如何理解这似乎令人难以理解的事情?

第 2 章

求解线性规划的有限改进法

本章由两个部分组成.

一、从一元一次方程讲起,逐步引出求解线性规划的代数方法——有限改进法,此外还要介绍表上作业法.实质上,这就是人们熟知的线性规划的单纯形法.

二、讨论软件 Mathematica 中的求解线性规划数字题的另一个表达式 LinearProgramming[c,m,b],介绍有关提示信息与一个基本概念——隔间(cell)的知识.

§2.1 一元一次方程与有限改进法

§2.1.1 一元一次方程

例 2.1 设有一元一次方程

$$5x-2=3x+10. \tag{1.1}$$

读者肯定能熟练地求出它的解.在这里似乎不必多讲了.但请读者耐心阅读下面的求解过程,看看能够从中得到什么启发.

有没有比(1.1)更简单的一元一次方程呢?能否给出一个最为简单的形式?像

$$x=a \tag{1.2}$$

该是最简单的一个.按定义,这是一个一元一次方程.把 x 用 a 代入,左右两端变为恒等式.a 就是它的解(/根),人们常常还用(1.2)来表示“a 是方程(1.2)的解”.

所以,一方面,(1.2)是需要求解的一元一次方程,另一方面,它表示了方程(1.2)的解就是(1.2)自己,即所谓“所见即所求”的形式.

看来(1.2)是简单不过的形式,一种“好得不能更好”的形式.

将(1.1)与(1.2)相比较,后者有三个“好”的地方:

(1) 右端没有 x 项.

(2) 左端没有常数项.

(3) 当右端没有 x 项时,左端 x 的系数等于1.

现在就把这三条作为“好”的标准. 如果能有办法把“不好”之处逐步消除掉,变“不好为好”,直到“不能更好”,问题也就能够得到解决.

可以利用四则运算规律和原理来逐步变“好”. 前者是指三个运算律:交换律、结合律和分配律. 后者包括三个原理:一是等量加(/减)等量,其和(差)仍等,从而导出移项规则. 二是两组相等的量乘(/除)以一个不为零的量,其积(/商)仍等. 三是经过上述运算得到的方程与原方程具有相同的解. 利用这三个运算规则和原理所进行的演算,叫做**同解变换**.

现在把“不好”的方程(1.1)变换为“较好”的. 把右端的 x 项移到左端,并合并同类项,得

$$2x-2=10. \tag{1.3}$$

(1.3)左端还有常数项. 在两端同时加以2,即把 -2 移到右端,得

$$2x=12. \tag{1.4}$$

它还不是“不能更好”的. 两端除以2,即得

$$x=6. \tag{1.5}$$

这是“不能更好”的形式. 方程(1.5)的解 x 等于6. 但是(1.5)、(1.4)、(1.3)及(1.1)是同解的. 所以(1.1)的解是(1.5).

§2.1.2　指归形式　有限改进法

设有一个类似一元一次方程的问题. 如果我们能够认定某个相应的形式是“不能更好”的,如果能够确定出它的“好”处若干条,并且还有办法能够把“不好”之处一一克服掉,我们就有可能解出这个问题. 这种解题的方法叫做改进法.

改进法是从千百万次生活实践中抽象出来的:要整理一团乱毛线,目标是一个结也没有. 人们找出一端,一个个地把结打开,一步步地改进,线也就理清了. 无论有多少个结,从道理上讲,总是能够理清的.

如果只要改进有限次(即保证不会没完没了地改进下去),这方法叫做**有限改进法**.

我们把“不能更好”的形式叫做**指归形式**①.

① 编者深切怀念武汉钢铁学院科技外语教授陈星焯(1922.5—1993.7.3). 他指出,南朝齐王僧虔(426—485)《诫子书》中讲:“窥其题目,辨其指归.”意思是,要弄清题目的宗旨,辨明其意向之所在. 为此,他建议使用“指归形式”作为我们讨论问题的一个基本术语. 它的英文译名可以是 ultimately desired form 或者 ultimately reduced form.《辞海》1979年缩印本有“指归”和“王僧虔”两个条目.

求解方程(1.1)的步骤是，首先确定它的指归形式为方程(1.2)，发现它有三个特征，再利用同解变换，依次得到(1.3)、(1.4)和(1.5)，它们都是(1.1)的改进形式. 而(1.5)还是(1.1)的指归形式. 它就是(1.1)的解.

可见，一个问题能用有限改进法求解，具备以下条件就可以了：

(1) 能够确定出合理的指归形式.

(2) 弄清指归形式的全部特征. 而这些特征的总和足以构成指归形式.

(3) 存在有效的办法. 按特征改进给定问题的形式，直至得到指归形式或者宣告无解为止.

本章以下各个问题都用有限改进法来求解.

§2.2　$m \times n$ 方程组($m=n$)　表上作业法

把含有 n 个变量(未知数)m 个线性方程构成的方程组记作 $m \times n$ 方程组. $1 \times n$ 方程组事实上只是一个方程，它含有 n 个变量. 例 2.1 是一个 1×1 方程(组).

本节先讨论 $m=n$ 的特殊情形. 这是读者在中学学习过的最为熟悉的内容.

§2.2.1　2×2 方程组

例 2.2　设有 2×2 方程组 Ⅰ：

$$\text{I}:\begin{cases}2x_1+3x_2=27, & \text{I}_1\\ 4x_1+\ \ x_2=29. & \text{I}_2\end{cases}$$

其中 Ⅰ 表示方程组，I_1，I_2 依次表示它的第 1 与第 2 个方程.

对于这类 2×2 方程组，把

$$\text{H}:\begin{cases}x_1 \qquad = a, & \text{H}_1\\ \qquad x_2 = b & \text{H}_2\end{cases}$$

作为指归形式，因为这个方程组的解是所见即所求的，就是 H_1 和 H_2 本身.

这个指归形式的特征是：

(1) 作为一元一次方程，H_1，H_2 都是指归形式.

(2) x_1，x_2 分别只在 H_1，H_2 中出现.

在方程 I_1 中选定 x_1. 让它的系数变为 1. 即用$\frac{1}{2}$乘方程 I_1 的两端，得到的方程记作 $\text{II}_1=\frac{1}{2}\text{I}_1$，即

$$x_1+\frac{3}{2}x_2=\frac{27}{2}. \qquad \text{II}_1$$

既然选定了 x_1 在 I_1 中，II_2 中就不能再有 x_1. 用 II_1 消去 I_2 中的 x_1. 这可以用 I_2 减去 II_1 的 4 倍来得到，记作 $\text{II}_2=\text{I}_2-4\text{II}_1$ 即 $(4x_1+x_2)-4\left(x_1+\frac{3}{2}x_2\right)=29-4\times\frac{27}{2}$. 也即

$$-5x_2=-25, \qquad \text{II}_2$$

得到方程组

$$\text{II}:\begin{cases} x_1+\dfrac{3}{2}x_2=\dfrac{27}{2}, & \text{II}_1 \\ \quad -5x_2=-25. & \text{II}_2 \end{cases}$$

Ⅱ是Ⅰ的一个改进，因为 II_2 中已经不含有 x_1 了. 但Ⅱ不是指归形式，因为 II_1 中仍有 x_2，II_2 中的 x_2 的系数还不是 1. 为此令 $\text{III}_2=-\frac{1}{5}\text{II}_2$，$\text{III}_1=\text{II}_1-\frac{3}{2}\text{III}_2$，即得

$$x_2=5 \qquad \text{III}_2$$

与

$$\left(x_1+\frac{3}{2}x_2\right)-\frac{3}{2}(x_2)=\frac{27}{2}-\frac{3}{2}\times 5,$$

即

$$x_1=6. \qquad \text{III}_1$$

于是得方程组Ⅲ：

$$\text{III}:\begin{cases} x_1 \quad =6, & \text{III}_1 \\ \quad x_2=5. & \text{III}_2 \end{cases}$$

这是指归形式. 方程组Ⅰ,Ⅱ,Ⅲ是同解的. 从而Ⅲ就是方程组Ⅰ的解. 它还写作 $[x_1\quad x_2]=[6\quad 5]$，6 与 5 依次是解向量的第 1 和第 2 个分量.

§2.2.2　表上作业法

把一个方程，例如把例 2.2 的 I_1，写成下面的形式（如表 2.1）：

表 2.1

x_1	x_2	b	代号
2	3	27	I_1

其中 b 列表示常数项. 于是方程组Ⅰ可以写成表 2.2 的形式：

表 2.2

	x_1	x_2	b	代号
Ⅰ：	2	3	27	I_1
	4	1	29	I_2

求解方程组 Ⅰ 的全过程就在下表(表 2.3)中完成:

表 2.3

	x_1	x_2	b	代号	运算规则
Ⅰ:	2^*	3	27	I_1	
	4	1	29	I_2	
Ⅱ:	1	$\frac{3}{2}$	$\frac{27}{2}$	II_1	$\frac{1}{2}\text{I}_1$
		-5^*	-25	II_2	I_2-4II_1
Ⅲ:	1		6	III_1	$\text{II}_1-\frac{3}{2}\text{III}_2$
		1	5	III_2	$-\frac{1}{5}\text{II}_2$

表中用横双线隔开方程组,叫做**(计算)框**,或者说是一步**迭代**. 竖双线之右记载方程的代号以及得到它的运算规则. 竖(单)线意思是相等或等号. 方程组Ⅱ,Ⅲ中应写字而未写的地方表示 0. 在方程 I_1 中的 x_1 系数 2 的右上角打了一个"*",表示准备在下一框中把它变为 1,并把这列的其余数字(系数)消去变为零. 为了突出这两件事,我们还用了灰度 20 % 的底纹涂上这个行和列. 其计算结果写在框Ⅱ中. 读者还可以比照 §2.2.1 的运算读懂这个表.

对于线性方程组,读者学习过求解的高斯消去法,上面的计算正是这个算法中反复使用的一个步骤. 而那个打上 * 号的元素,也即那两条灰色底纹的行与列的交点,叫做主元(pivot element). 我们这里也沿用这个术语.

读者一定要弄明白这表中所有各个文字、符号和格线的意义,以及它们之间的关系.

当然,在运算熟练之后,灰色底纹甚至竖双线的右边全都可以省略.

§2.2.3 3×3 方程组

上述方法当然可以用来求解 3×3,4×4,…,$n\times n$ 方程组,只要注意:指归形式的特征(2)改用下面的就行了:

根据特征(2),一个未知数只在一个方程中出现.

例 2.3 求解 3×3 方程组

$$\text{I}:\begin{cases}2x_1-3x_2+x_3=-1, & \text{I}_1\\ x_1+x_2+x_3=6, & \text{I}_2\\ 3x_1+x_2-2x_3=-1. & \text{I}_3\end{cases}$$

我们先选定 x_1 只在方程 I_2 中. 因为它的系数已经是 1 了,计算可方便些. 余下的全在表 2.4 中说明了.

表 2.4

	x_1	x_2	x_3	b	代号	运算规则
	2	-3	1	-1	I_1	
Ⅰ：	1^*	1	1	6	I_2	
	3	1	-2	-1	I_3	
		-5^*	-1	-13	II_1	$\mathrm{I}_1-2\,\mathrm{II}_2$
Ⅱ：	1	1	1	6	II_2	I_2
		-2	-5	-19	II_3	$\mathrm{I}_3-3\,\mathrm{II}_2$
		1	$\frac{1}{5}$	$\frac{13}{5}$	III_1	$-\frac{1}{5}\mathrm{II}_1$
Ⅲ：	1		$\frac{4}{5}$	$\frac{17}{5}$	III_2	$\mathrm{II}_2-\mathrm{III}_1$
			$-\frac{23}{5}^*$	$-\frac{69}{5}$	III_3	$\mathrm{II}_3+2\,\mathrm{III}_1$
		1		2	IV_1	$\mathrm{III}_1-\frac{1}{5}\mathrm{IV}_3$
Ⅵ：	1			1	IV_2	$\mathrm{III}_2-\frac{4}{5}\mathrm{IV}_3$
			1	3	IV_3	$-\frac{5}{23}\mathrm{III}_3$

所以,方程组的解是

$$x_1=1,\quad x_2=2,\quad x_3=3,$$

即[1　2　3].

在中学里,根据系数的特殊性,读者学习了许多求解方程组的技巧,学起来饶有兴味,思维也得到了训练. 如果所给的方程组根据系数的特殊性确实有技巧可用,笔算时当然照用. 但是,这里,我们更强调解题的规律性,希望找出一种运算规则,一步步做下去,就能得到结果. 这样做的理由有二. 一是大量生产实际问题,特别是产品结构优化问题,系数往往错综复杂,一般很难找出可利用的规律,以减少计算量. 二是有了解题的通用运算规则,即算法,就容易编出程序,让计算机解题.

为此,我们并不赞成像例 2.3 那样,一开始在框 Ⅰ 中,就发现第 2 个方程中 x_1 的系数等于 1,等等. 建议读者从第 1 个方程开始,进行求解例 2.3.

§ 2.2.4　$m\times n$ 方程组($m=n$)解的三种情形

在 § 2.1 中讨论一元一次 1×1 方程 $5x-2=3x+10$ 时,是把 $x=a$ 作为它的

指归形式的. 这时是以所给方程确实具有有限解为前提的. 一元一次方程还有其他的情形. 例如

$$5x-2=5x+10.$$

它当然是一个一元一次方程. 两边消去 $5x$,就发现所谓的矛盾方程. 事实上,没有一个有限的实数能够满足这个方程. 所以,它是无解的一元一次方程. 又例如

$$5x-2=5x-2,$$

它当然也是一个一元一次方程. 经过简单运算,就得到 $0=0$. 任意一个实数都是它的解. 它有无穷多个解.

这两个情形的数字方程都不能通过化简而达到指归形式 $x=a$.

所以,1×1 方程的解有三种情况. 无解,有无穷多个解和有唯一解. 后者可以用指归形式作为求解的向导,前两种情形则不能.

在 §2.2.1 中讨论了 2×2 方程组

$$\begin{cases}2x_1+3x_2=27,\\4x_1+\ \ x_2=29.\end{cases}$$

我们采用了

$$\mathrm{H}:\begin{cases}x_1 \qquad =a,\\ \qquad x_2=b\end{cases}$$

作为它的指归形式. 其实,能够化简为指归形式的方程组,同样是以具有唯一的一组解为前提的. 下面有

$$\begin{cases}12x_1+3x_2=27,\\ \ \ 4x_1+\ \ x_2=29,\end{cases}$$

它是方程组,但是任何一组有限的实数都不能成为它的解. 在解析几何中,这两个方程是两条平行直线. 它们当然没有交点.

再如方程组

$$\begin{cases}12x_1+3x_2=27,\\ \ \ 4x_1+\ \ x_2=9,\end{cases}$$

显然,$[2\quad 1]$和$[1\quad 5]$都是方程组的解. 其实只需取两个实数 h 和 k,不管 h,k 等于多少,只要 $h+k=1$,那么$[2\quad 1]h+[1\quad 5]k$,即

$$[2h+k\quad h+5k]$$

也是方程组的解. 可见,像这样的方程组,只要发现它有两个解,它就有无穷多组解.

在解析几何中,前面所说的方程组所代表的是两条直线. 只要它们有两个交点,就有无穷多个交点. 或者说,这个方程组具有无穷多个解.

所以,2×2 方程组的解有三种情形:无解,有无穷多个解和有唯一解. 最后

一种情形可以用指归形式作为求解的向导,前两种情形则不行.

$n\times n$ 方程组($n>2$)也同样有无解、有无穷多组解以及唯一解三种情形. 只是前两种的结构更复杂一些就是了.

所以,需要强调的一点是:在讨论 $n\times n$ 方程组时,当我们设定它有上述的指归形式时,就已经默认该 $n\times n$ 方程组是有唯一解的. 求解这类方程组时,不妨仍以指归形式为向导,如果发生困难,再设法研究使方程组无解或是有无穷多个解的原因.

§2.3 $m\times n$ 方程组($m<n$)

§2.3.1 1×4 方程

例 2.4 求解 4 元线性方程

$$2x_1+3x_2+4x_3+9x_4=6. \tag{3.1}$$

让 4 个变量各取一个数,代入方程,能使两端相等,这组数就是(3.1)的一个解. 例如 $[3\ \ 0\ \ 0\ \ 0]$, $[0\ \ 2\ \ 0\ \ 0]$, $[1\ \ 0\ \ 1\ \ 0]$, $[1\ \ 1\ \ \frac{1}{4}\ \ 0]$, $[0\ \ -1\ \ 0\ \ 1]$等等都是.

选定一个系数不为零的变量,例如选定 x_1. 把其余的变量各给一个常数,(3.1)就成为一元方程. 为了方便地算出 x_1,(3.1)可以写成

$$x_1+\frac{3}{2}x_2+2x_3+\frac{9}{2}x_4=3 \tag{3.2}$$

或

$$x_1=3-\frac{3}{2}x_2-2x_3-\frac{9}{2}x_4. \tag{3.3}$$

给定 x_1 以外的变量任意一组数,就可算出 x_1. 这些数就是方程(3.1)的一个解.

(3.1)有无穷多个解.

§2.3.2 2×4 方程组

例 2.5 设有 2×4 方程组:

$$\text{I}:\begin{cases}2x_1+3x_2+4x_3+9x_4=7, & \text{I}_1\\ 4x_1+\ \ x_2-2x_3+3x_4=4. & \text{I}_2\end{cases}$$

选定一个系数不为 0 的变量,例如选定第 1 个方程中的 x_1. 假想其余的变量都是常数. 让第 1 个方程除以 2,它的 x_1 的系数化为 1,并消去第 2 个方程的 x_1 的项. 在下表中,得到Ⅱ. 再在Ⅱ_2 中,选一个异于 0 的系数,例如 x_2 的系数,把有限改进法以及表上作业法全都应用过来而得到Ⅲ:

表 2.5

基变量	x_1	x_2	x_3	x_4	b	代号	运算规则
Ⅰ:	2^*	3	4	9	7	I_1	
	4	1	-2	3	4	I_2	
Ⅱ: x_1	1	$\frac{3}{2}$	2	$\frac{9}{2}$	$\frac{7}{2}$	II_1	$\frac{1}{2}\mathrm{I}_1$
		-5^*	-10	-15	-10	II_2	$\mathrm{I}_2-4\mathrm{II}_1$
Ⅲ: x_1	1		-1		$\frac{1}{2}$	III_1	$\mathrm{II}_1-\frac{3}{2}\mathrm{III}_2$
x_2		1	2	3	2	III_2	$-\frac{1}{5}\mathrm{II}_2$

于是有

$$\mathrm{III}:\begin{cases} x_1 - x_3 = \dfrac{1}{2}, \\ x_2+2x_3+3x_4=2 \end{cases} \quad 或 \quad \mathrm{III}':\begin{cases} x_1 = \dfrac{1}{2}+x_3, \\ x_2=2-2x_3-3x_4. \end{cases}$$

在例 2.4 中,就算出 x_1 而言,(3.2)与(3.3)比(3.1)要“好”些,它们都是(3.1)的改进形式. 在例 2.5 中,就算出 x_1 与 x_2 而言,Ⅱ,Ⅲ以及Ⅲ′比Ⅰ要“好”,它们都是Ⅰ的改进形式.

从表达形式来看,(3.3)比(3.2)还要“好”些,Ⅲ′比Ⅲ要“好”些. 但是,另一方面,从表 2.5 的演算过程来看,Ⅲ更方便.

在表 2.5 的演算过程中,先在 I_1 中选定了系数不为零的变量 x_1,再在 II_2 中选定系数不为零的变量 x_2. 把 x_1,x_2 叫做**基变量**(basic variable). $\{x_1,x_2\}$称为一个**基**(basis),余下的变量叫做**非基变量**(non-basic variable). 还把Ⅲ叫做是**关于基$\{x_1,x_2\}$的指归形式**.

与表 2.3,2.4 相比,表 2.5 有两点不同. 一、一般情形下,在 I_1 中选取 x_1 为基变量时,还不能够确定 x_2 是否真的可以和 x_1 合在一起,构成一个基. 我们在 I_1 中不能事先确定哪几个变量是非基变量. 因此,把所有变量留在左端是更为合理的. 二、表中左边添了一条竖线:在 II_1 行与 III_1 行的这竖线左边写着 x_1,表示这两个方程是以 x_1 为基变量,III_2 行的竖线左边写着 x_2,表示这个方程的 x_2 是基变量.

在方程组Ⅲ中,当非基变量取定一组数,就容易地得到基变量 x_1,x_2 的唯一的一组值,合并得到一个解. 例如令 $x_3=1,x_4=2$,有

$$x_1=\frac{3}{2},\quad x_2=-6,$$

即

$$\left[\frac{3}{2}\quad -6\quad 1\quad 2\right] \tag{3.4}$$

是 Ⅰ 的一个解. 同样

$$\left[\frac{1}{2} \quad 2 \quad 0 \quad 0\right], \tag{3.5}$$

$$\left[1 \quad \frac{1}{4} \quad \frac{1}{2} \quad \frac{1}{4}\right] \tag{3.6}$$

和

$$\left[\frac{3}{2} \quad 0 \quad 1 \quad 0\right] \tag{3.7}$$

都是 Ⅰ 的解.

如果解的每一个分量都是非负数,就叫做**可行解**(feasible solution). 非基变量都为零的解叫做**基解**(basic solution). 如果基解是可行的,叫做**基可行解**(basic feasible solution),相应的基叫做可行基(feasible basis).

于是,关于方程组 Ⅰ 与它的基$\{x_1, x_2\}$而言,

(3.4) ~ (3.7)都是解;

(3.5) ~ (3.7)都是可行解;

(3.5)是关于$\{x_1, x_2\}$的基可行解;

(3.4)不是关于$\{x_1, x_2\}$的基可行解,因为不仅有的分量是负数,而且有的非基变量不等于 0.

为了准确起见,如果一个方程组是关于某个基的指归形式,而且它的基解是可行的,则说这个**方程组是关于该(可行)基的可行指归形式**.

由于(3.5),即基解$\left[\frac{1}{2} \quad 2 \quad 0 \quad 0\right]$是可行的,方程组Ⅲ是(方程组 Ⅰ 的)关于基$\{x_1, x_2\}$的可行指归形式. 同样,在(3.1)中,$x_1$ 是基变量,x_2, x_3, x_4 是非基变量. (3.2)是(3.1)的关于基$\{x_1\}$的可行指归形式.

对于方程组 Ⅰ,$\{x_1, x_2\}$是一个基,也可能还有别的基. 例如,考虑$\{x_1, x_3\}$能否是一个基. 我们可以从Ⅱ做起. 取$Ⅱ_2$ 中 x_3 的系数 −10. 置换基变量 x_2. 具体计算如下(表 2.6):

表 2.6

基变量		x_1	x_2	x_3	x_4	b	代号	运算规则
Ⅱ:	x_1	1	$\frac{3}{2}$	2	$\frac{9}{2}$	$\frac{7}{2}$	$Ⅱ_1$	$\frac{1}{2}Ⅰ_1$
			−5	-10^*	−15	−10	$Ⅱ_2$	$Ⅰ_2 - 4Ⅱ_1$
Ⅳ:	x_1	1	$\frac{1}{2}$		$\frac{3}{2}$	$\frac{3}{2}$	$Ⅳ_1$	$Ⅱ_1 - 2Ⅳ_2$
	x_3		$\frac{1}{2}$	1	$\frac{3}{2}$	1	$Ⅳ_2$	$-\frac{1}{10}Ⅱ_2$

即得关于$\{x_1,x_3\}$的指归形式

$$\text{IV}:\begin{cases} x_1+\dfrac{1}{2}x_2 \qquad +\dfrac{3}{2}x_4=\dfrac{3}{2}, \\ \dfrac{1}{2}x_2+x_3+\dfrac{3}{2}x_4=1 \end{cases} \quad \text{或} \quad \text{IV}':\begin{cases} x_1=\dfrac{3}{2}-\dfrac{1}{2}x_2-\dfrac{3}{2}x_4, \\ x_3=1-\dfrac{1}{2}x_2-\dfrac{3}{2}x_4. \end{cases}$$

所以,x_1 与 x_3 能够构成一个基. 让 $x_2=x_4=0$,得 $x_1=\dfrac{3}{2}$,$x_3=1$. 方程组Ⅰ关于基$\{x_1,x_3\}$的基解$\left[\dfrac{3}{2}\quad 0\quad 1\quad 0\right]$是可行的. Ⅳ是关于$\{x_1,x_3\}$的可行指归形式.

如果试图写出方程组Ⅰ关于基$\{x_3,x_4\}$的指归形式,我们从Ⅰ出发做下去(表2.7).

表 2.7

基变量		x_1	x_2	x_3	x_4	b	代号	运算规则
Ⅰ:		2	3	$4^{\bullet}$	9↓	7	I_1	
		4	1	−2	3	4	I_2	
Ⅴ:	x_3	$\frac{1}{2}$	$\frac{3}{4}$	1	$\frac{9}{4}$	$\frac{7}{4}$	V_1	$\frac{1}{4}\text{I}_1$
		5	$\frac{5}{2}$		$\frac{15}{2}^{\bullet}$	$\frac{15}{2}$	V_2	I_2+2V_1
Ⅵ:	x_3	−1		1		$-\frac{1}{2}$	VI_1	$\text{V}_1-\frac{9}{4}\text{VI}_2$
	x_4	$\frac{2}{3}$	$\frac{1}{3}$		1	1	VI_2	$\frac{2}{15}\text{V}_2$

于是

$$\text{VI}:\begin{cases} -x_1 \qquad +x_3 \qquad =-\dfrac{1}{2}, \\ \dfrac{2}{3}x_1+\dfrac{1}{3}x_2 \qquad +x_4=1 \end{cases}$$

是关于$\{x_3,x_4\}$的指归形式. 让 $x_1=x_2=0$,得 $x_3=-\dfrac{1}{2}$,$x_4=1$. 所以方程组Ⅰ关于$\{x_3,x_4\}$的基解$\left[0\quad 0\quad -\dfrac{1}{2}\quad 1\right]$不是可行的. 方程组Ⅵ不是关于基$\{x_3,x_4\}$的可行指归形式.

我们无法作出方程组Ⅰ关于$\{x_2,x_4\}$的指归形式,也即$\{x_2,x_4\}$不是一个基. 因为把 x_1 与 x_3 当作常数,方程组Ⅰ或者没有关于 x_2,x_4 的解,或者有无穷多组解.

方程组Ⅲ,Ⅳ依次是关于基$\{x_1,x_2\}$,$\{x_1,x_3\}$的可行指归形式,而方程组Ⅴ是关于$\{x_3,x_4\}$的指归形式,却不是可行的.

一个方程组可能有若干个可行基和相应的可行指归形式,也可能一个也没有.

§2.3.3 3×4 方程组

事实上,对 3×4、3×5、4×6,…以及 $m\times n(m<n)$ 方程组的指归形式问题,上节的讨论都是适用的. 如果 $m\times n(m<n)$ 方程组有基,它所含有的基变量的个数一定等于方程的个数. 下面再举一个例.

例 2.6 设有 3×4 方程组

$$\begin{cases}2x_1+3x_2+4x_3+\ \ 9x_4=7,\\ 4x_1+\ \ x_2-2x_3+\ \ 3x_4=4,\\ 2x_1+\ \ x_2+\ \ x_3+13x_4=10,\end{cases}$$

写出关于任意一个基的指归形式.

让我们想当然地按下面的过程做下去(表 2.8):

表 2.8

基变量		x_1	x_2	x_3	x_4	b	代号	运算规则
Ⅰ:		2*	3	4	9	7	$Ⅰ_1$	
		4	1	−2	3	4	$Ⅰ_2$	
		2	1	1	13	10	$Ⅰ_3$	
Ⅱ:	x_1	1	$\frac{3}{2}$	2	$\frac{9}{2}$	$\frac{7}{2}$	$Ⅱ_1$	$\frac{1}{2}Ⅰ_1$
			−5*	−10	−15	−10	$Ⅱ_2$	$Ⅰ_2-4Ⅱ_1$
			−2	−3	4	3	$Ⅱ_3$	$Ⅰ_3-2Ⅱ_1$
Ⅲ:	x_1	1		−1		$\frac{1}{2}$	$Ⅲ_1$	$Ⅱ_1-\frac{3}{2}Ⅲ_2$
	x_2		1	2	3	2	$Ⅲ_2$	$-\frac{1}{5}Ⅱ_2$
				1*	10	7	$Ⅲ_3$	$Ⅱ_3+2Ⅲ_2$
Ⅳ:	x_1	1			10	$\frac{15}{2}$	$Ⅳ_1$	$Ⅲ_1+Ⅳ_3$
	x_2		1		−17	−12	$Ⅳ_2$	$Ⅲ_2-2Ⅳ_3$
	x_3			1	10	7	$Ⅳ_3$	$Ⅲ_3$

所以方程组Ⅰ有一个关于基$\{x_1,x_2,x_3\}$的指归形式:

$$Ⅳ:\begin{cases}x_1\qquad\qquad +10x_4=\dfrac{15}{2},\\ \qquad x_2\quad -17x_4=-12,\\ \qquad\qquad x_3+10x_4=7.\end{cases}$$

这个方程组关于基$\{x_1,x_2,x_3\}$的基解是$\left[\frac{15}{2}\quad -12\quad 7\quad 0\right]$,它不是可行的. 方程组Ⅰ没有关于基$\{x_1,x_2,x_3\}$的可行指归形式.

读者请注意,上面的做法事实上是有风险的. 我们这样一个换一个地尝试不是总能行得通的. 所以,例2.5和2.6中的做法不是一个方法,仅仅是走着瞧的办法.

§2.3.4 基变换

即便简单到例2.5和例2.6的方程组,要寻找一个基,有时也不是易如反掌的事,要找到一个可行基就更不容易了. 而要求一个方程组的众多基可行解,后面可以看到,对我们今后的工作又特别重要. 为此我们需要解决两件事. 一是如何从方程组中找到一个可行基. 二是从一个可行基如何发现另一个可行基. 这里我们只讨论第二件事,而第一件留到§2.9中再研究.

例如有方程组

$$\begin{cases} x_1 \quad - x_3 = 1, \\ \quad x_2 + x_3 = 2. \end{cases}$$

这是关于可行基$\{x_1,x_2\}$的指归形式. $[1\quad 2\quad 0]$是一个基可行解. 我们问:能否让非基变量x_3进入基$\{x_1,x_2\}$? 当然,果真能办到,基变量x_1,x_2中,必须有一个离开基.

新的可行基中,进入基的变量的值为非负,而离开基的变量将要取值0. 第一个方程表明,x_1和x_3可以任意增大,只要x_1比x_3大1就行. 所以x_1不可能成为关于新基的非基变量. 而第二个方程中,变量的值非负,x_2与x_3之和为2. x_3增大,x_2就得减少,以致减少到0. 这时$x_3=2,x_2=0$,相应的$x_1=3$,即有新的基$\{x_1,x_3\}$,且相应的基可行解是$[3\quad 0\quad 2]$.

把方程组从关于可行基$\{x_1,x_2\}$的指归形式变为关于可行基$\{x_1,x_3\}$的指归形式叫做**基变换**(basis change). 在表2.9上操作如下:

表 2.9

基变量		x_1	x_2	x_3	b	代号	运算规则
Ⅰ:	x_1	1		−1	1	$Ⅰ_1$	
	x_2		1	1^*	2	$Ⅰ_2$	
Ⅱ:	x_1	1	1		3	$Ⅱ_1$	$Ⅰ_1+Ⅱ_2$
	x_3		1	1	2	$Ⅱ_2$	$Ⅰ_2$

即

$$\begin{cases} x_1 + x_2 \qquad = 3, \\ \quad x_2 + x_3 = 2. \end{cases}$$

x_2 从基变量变为非基变量，x_3 从非基变量变成了基变量.

再举一个例. 我们回过来讨论例 2.5 中的方程组.

$$\text{IV}:\begin{cases} x_1 + \dfrac{1}{2}x_2 \qquad\quad + \dfrac{3}{2}x_4 = \dfrac{3}{2}, \\ \qquad\ \dfrac{1}{2}x_2 + x_3 + \dfrac{3}{2}x_4 = 1. \end{cases}$$

它是关于基$\{x_1, x_3\}$的可行指归形式. 能否从它得到另一个可行基？不妨尝试非基变量 x_4. 看它能否替换基变量 x_1 或者 x_3 而成为一个可行基. 先设想非基变量 x_2 的地位不变，让它仍然取值0. 我们指望 x_4 成为基变量. 在相应的基解中，它的值为非负，而指望离开的基变量的值必须等于 0. 在方程组Ⅳ中，先令 $x_2 = 0$，得到

$$\begin{cases} x_1 \qquad\quad + \dfrac{3}{2}x_4 = \dfrac{3}{2}, \\ \qquad\ x_3 + \dfrac{3}{2}x_4 = 1. \end{cases}$$

从第一个方程看，x_4 从 0 增加而 x_1 作相应的减小，使得两个值保持非负且满足这个方程. 可见

$$x_1 = \frac{3}{2} - \frac{3}{2}x_4 \geqslant 0.$$

于是

$$x_4 \leqslant \frac{3}{2} \Big/ \frac{3}{2} = 1. \tag{3.8}$$

用同样的思路考虑第二个方程 $x_3 + \dfrac{3}{2}x_4 = 1$，我们有

$$x_3 = 1 - \frac{3}{2}x_4 \geqslant 0,$$

于是

$$x_4 \leqslant 1 \Big/ \frac{3}{2} = \frac{2}{3}. \tag{3.9}$$

x_4 能取得的最大值为

$$x_4 = \min\left\{1, \frac{2}{3}\right\} = \frac{2}{3}.$$

$\dfrac{2}{3}$这个值所对应的是让第二个方程的 x_3 等于 0. 所以在可行基$\{x_1, x_3\}$中，让 x_4 进入，而让 x_3 离开. 新的可行基是$\{x_1, x_4\}$，相应的基可行解是$\left[\dfrac{1}{2} \quad 0 \quad 0 \quad \dfrac{2}{3}\right]$.

为了把所有这些讨论在表上记载清楚，我们做四件事：

(1) 插入“比值”列，记载比值，例如(3.8)和(3.9).

(2) 在某个候选入基的变量(例如 x_4)的列的数据的一行旁用符号↓表示

使它进入基$\{x_1,x_3\}$.

(3) 在最小的一个比值(例如$\frac{2}{3}$)旁用符号→表示让该行的基变量出基.

(4) 基变量列中,把出基的变量名改为入基的.

像本例中,得到新的基是$\{x_1,x_4\}$,这样做将保证新的基解是可行的.

"x_4 进基,x_3 出基"是一个**基变换**,用以求新可行基的手续叫做"规则 *".为了说明清楚,在第2个主约束条件中,x_4 的系数$\frac{2}{3}$的右上角或者右侧打着一个"*",是一个主元(pivot element).它把一个可行基$\{x_1,x_3\}$换成新的可行基$\{x_1,x_4\}$.主元所在的行和列依次叫做主元行和主元列,有的作者把这个变换基的手续叫做**转轴运算**或者**主元规则**(pivot rule).

在框V中,已得到的方程组是关于基$\{x_1,x_4\}$的指归形式,我们的任务结束.借用"比值"列的空格处,写上"指归形式".

这些显而易见的关系可见表2.10.

表 2.10

基变量		x_1	x_2	x_3	x_4	b	比值	代号	运算规则
Ⅳ:	x_1	1	$\frac{1}{2}$		$\frac{3}{2}\downarrow$	$\frac{3}{2}$	$\frac{3}{2}/\frac{3}{2}=1$	$Ⅳ_1$	
	x_3		$\frac{1}{2}$	1	$\frac{3}{2}^*$	1	$1/\frac{3}{2}=\frac{2}{3}\rightarrow$	$Ⅳ_2$	
Ⅴ:	x_1	1		−1		$\frac{1}{2}$	指归形式	$Ⅴ_1$	$Ⅳ_1-\frac{3}{2}Ⅴ_2$
	x_4		$\frac{1}{3}$	$\frac{2}{3}$	1	$\frac{2}{3}$		$Ⅴ_2$	$\frac{2}{3}Ⅳ_2$

请读者用同样的方法在表2.9中添入"比值"列.

§2.3.5 用软件 Mathematica 求解方程或方程组

软件 Mathematica 中有现成(/内置)的表达式

Roots[方程,变量]

Solve[方程或方程组,{变量列表}]

Solve[方程或方程组,{变量列表},{消去变量列表}]

NSolve[方程或方程组,{变量列表}]

NSolve[方程或方程组,{变量列表},{消去变量列表}]

都可以用来求解方程或方程组.第2,3个用来求解精确解,最后两个用来求数值解.这里的方程可以是一元的或者是多元的,可以是一次的或者是高次的.这些表达式中的宗量的意义是显然的. 读者不难用它们完成各种任务.

例如求解例 2.6,输入

```
Solve[ {2x1 + 3x2 + 4x3 + 9x4 = = 7, 4x1 + x2 - 2x3 + 3x4 = = 4,
        2x1 + x2 + x3 + 13x4 = = 10}, {x1, x2, x3}]
```

即得

```
{x1 - >15/2 - 10x4, x2 - > - 12 + 17x4, x3 - >7 - 10x4}
```

这与 §2.3.3 所计算的结果一致.

§2.4 $m \times n$ 不等式组($m \leqslant n$)

前面讨论的是求解方程组. 本节研究求解不等式组(system of inequalities)问题. 我们可以引入变量,把不等式组转化为一种特殊的方程组来讨论. 这种方程组中,除了若干个方程而外,那些引入的变量带有某些限制,对于读者来说,遇到了新问题.

§2.4.1 1×1 不等式

例 2.7 设有一个一元不等式

$$2x + 3 \leqslant 5. \tag{4.1}$$

它表明 $2x+3$ 不超过 5,即有一个非负的变量 s 使下式成立

$$\begin{cases} (2x+3) + s = 5, & (4.2) \\ s \geqslant 0. & (4.3) \end{cases}$$

因此求解(4.1)相当于在限制 $s \geqslant 0$ 之下,求解(4.2)的关于$\{x\}$的指归形式.

由上节,容易得

$$\begin{cases} x + \dfrac{1}{2}s = 1, \\ s \geqslant 0. \end{cases}$$

变量 s 叫做**松弛变量**(slack variable).

s 每取一个非负实数,就得一个 x,它是(4.1)的一个解.

§2.4.2 2×2 不等式组

例 2.8 设有 2×2 不等式组

$$\begin{cases} 2x_1 + 3x_2 \leqslant 27, & (4.4) \\ 4x_1 + \ \ x_2 \leqslant 29. & (4.5) \end{cases}$$

在两个不等式中各引入一个松弛变量,变成

$$\begin{cases} 2x_1 + 3x_2 + s_1 \quad = 27, & \text{I}_1 \\ 4x_1 + \ x_2 \quad + s_2 = 29, & \text{I}_2 \\ \quad s_1, s_2 \geqslant 0. \end{cases}$$

有一个问题：在 I_1，I_2 构成的方程组中，在约束 $s_1, s_2 \geqslant 0$ 下，有没有关于基 $\{x_1, x_2\}$ 的可行指归形式？或者说，在限制 $x_1, x_2, s_1, s_2 \geqslant 0$ 下，有没有关于 $\{x_1, x_2\}$ 的基解？

由 I_1，I_2 组成的方程组是关于基 $\{s_1, s_2\}$ 的指归形式，而且是可行的. 可以用上节所讲的基变换方法找出关于基 $\{x_1, x_2\}$ 的指归形式（表 2.11）.

表 2.11

基变量		x_1	x_2	s_1	s_2	b	代号	运算规则
Ⅰ：	s_1	2^*	3	1		27	I_1	
	s_2	4	1		1	29	I_2	
Ⅱ：	x_1	1	$\frac{3}{2}$	$\frac{1}{2}$		$\frac{27}{2}$	II_1	$\frac{1}{2}\text{I}_1$
	s_2		-5^*	-2	1	-25	II_2	$\text{I}_2 - 4\text{II}_1$
Ⅲ：	x_1	1		$-\frac{1}{10}$	$\frac{3}{10}$	6	III_1	$\text{II}_1 - \frac{3}{2}\text{III}_2$
	x_2		1	$\frac{2}{5}$	$-\frac{1}{5}$	5	III_2	$-\frac{1}{5}\text{II}_2$

所以方程组Ⅰ关于基 $\{x_1, x_2\}$ 的指归形式如果是可行的. 它由两部分所组成：一是方程组Ⅲ，

$$\text{III}: \begin{cases} x_1 \quad - \dfrac{1}{10}s_1 + \dfrac{3}{10}s_2 = 6, \\ \quad x_2 + \dfrac{2}{5}s_1 - \dfrac{1}{5}s_2 = 5; \end{cases}$$

二是非负约束条件 $s_1, s_2 \geqslant 0$. 所以

$$\begin{cases} x_1 \quad - \dfrac{1}{10}s_1 + \dfrac{3}{10}s_2 = 6, \\ \quad x_2 + \dfrac{2}{5}s_1 - \dfrac{1}{5}s_2 = 5, \\ s_1, s_2 \geqslant 0 \end{cases}$$

就与不等式(4.4)，(4.5)具有相同的可行解.

在上式中，让松弛变量取任意一组非负实数，代入上式算得 x_1 与 x_2，就是 2×2 不等式组(4.4)，(4.5)的一个解. 令 $s_1 = 1, s_2 = 2$，Ⅲ的一个解 $x_1 = 5\dfrac{1}{2}$，$x_2 = 5$，即

$$[5\frac{1}{2} \quad 5 \quad 1 \quad 2].$$

它是一个可行解. 当 $s_1 = s_2 = 0$, 得 $x_1 = 6, x_2 = 5$. 有

$$[6 \quad 5 \quad 0 \quad 0],$$

它是方程组 I 关于基 $\{x_1, x_2\}$ 的基可行解. 相应地,

$$x_1 = 5\frac{1}{2}, x_2 = 5,$$

以及

$$x_1 = 6, x_2 = 5$$

都是不等式组(4.4), (4.5)的解.

§2.5 线性规划的指归形式

我们现在开始讨论求解线性规划的有关问题.

例 2.9 考虑下面的线性规划的一个数字题.

$$\begin{aligned} \max\ z &= 3 - x_3, \\ \text{s.t.}\quad x_1 \qquad - x_3 &= 1, \\ x_2 + x_3 &= 2, \\ x_1, x_2, x_3 &\geq 0. \end{aligned}$$

它的两个主约束条件构成一个 2×3 方程组. 根据 §2.3 的讨论, 它是关于基 $\{x_1, x_2\}$ 的指归形式, 且右端没有负数. 当 $x_3 = 0$, 代入算得 $x_1 = 1, x_2 = 2$. 所以 $[1 \quad 2 \quad 0]$ 不仅是这方程组的一个基解, 还是可行的. 它对应的函数值等于 3.

求解的任务是: 求目标函数的最大值. 能够找到另一个基可行解, 使它的函数值更大吗?

在目标函数中, 基变量 x_1, x_2 没有出现, 即它们的系数等于零. 而非基变量 x_3 的系数是负的. 如果非基变量 x_3 进入可行基 $\{x_1, x_2\}$, x_3 的值不会为负, 目标函数不会增大. 目标函数值 3 是最大的, 就是最大值.

可以同样讨论下面的数字题:

$$\begin{aligned} \max\ z &= 3 - x_3 - 2x_4 - 5x_5, \\ \text{s.t.}\quad x_1 \qquad - x_3 + 3x_4 + 6x_5 &= 1, \\ x_2 + x_3 - 2x_4 + x_5 &= 2, \\ x_1, x_2, x_3, x_4, x_5 &\geq 0. \end{aligned}$$

主约束条件是关于基 $\{x_1, x_2\}$ 的一个可行指归形式. 基可行解是 $[1 \quad 2 \quad 0 \quad 0 \quad 0]$. 无论考虑哪一个非基变量, 例如 x_4, 像上面的讨论一样, 不可能期望改变它的值能使目标函数值得到增加. 所以, 这个可行解是最优的, 最大值等于 3.

可见, 像上面的数字题的答案是立刻可以得到的.

这两个例虽然非常简单，却具有一般的特征：

(1) 题目是求最大值.

(2) 诸主约束条件所构成的方程组的右端是非负的.

(3) 方程组是关于某个基的指归形式.

(4) 变量约束条件都是非负的.

(5) 目标函数中的基变量的系数都等于零.

(6) 目标函数中的非基变量的系数都非正.

这样的数字题有一个答案是所见即所得的：

(ⅰ) 在(3)中可以得到基可行解.

(ⅱ) 而目标函数中的常数项的值是所求的最大值.

我们把具有这样特征的线性规划称为**线性规划的指归形式**.

请读者注意，在本书中，指归形式有两种. 一种是就线性方程组来说的，另一种是就线性规划来说的. 请不要混淆.

最后，我们用下列的格式写出求解指归形式问题的算法.

指归形式线性规划问题的算法

101 给定：指归形式线性规划的一个数字题.

105 任务. 求它的一个最优解和最大值.

111 检核. 所给数字题满足指归形式的6条特征.

121 确认可行基.

131 答案. 令所有非基变量为零，立刻从中得到答案.

这个算法就和检核一元一次方程是否为指归形式以及指出它的答案一样.

所谓一个问题的算法，是经过有限个操作步骤而得到答案的一个过程，当然，一个有解的问题可能有多个算法，一个算法也可以有若干个变形.

用什么样的形式来表述算法呢？

个人思考或者人际交流时，用自然语言、手势、图形等等来实现.

人用数学这个极其重要的工具，与许多科学技术打交道.

而人要和计算机打交道，需要严格地用计算机语言来描述.

所以，祖国语言，当前科技最通用的外语，数学和计算机知识都是最重要的基础课.

为了保存，为了和人、科学技术、计算机打交道，算法可以用自然语言、框图、公式、表格、结构化处理过的自然语言或者程序等多种方式来表述.

像上面的5条就构成了求解指归形式线性规划问题的一个算法. 它用的是自然语言. 还有，先前讨论解方程组，做基变换等等，本该写出它们的算法. 只是为了突出本教程的主要任务，略去没有写出来.

方程 $ax^2+bx+c=0$ 有两个根 $(-b\pm\sqrt{b^2-4ac})/2a$. 这是一个公式. 它描述了如何对系数 a,b,c 进行运算而得到根的步骤. 在代数学、高等数学里，有许多问题是用公式来表示答案的. 那些公式，事实上就是算法的一种表述方式.

在运筹学中，甚至现实生活中，大量问题的求解过程非常复杂，主观上企图像代数三角那样全用公式来表达求解的算法，是完全不可能的，更没有必要花太多精力追求某种特定的方式. 哪一种更方便，就用哪一种.

读者在阅读一种方式时，一开始会有些不习惯，但仔细读了几个算法之后，是可以逐步理解并熟悉起来的.

§ 2.6　线性规划的解的几个问题

通过以下几个数字题讨论关于线性规划的解的几个问题.

§ 2.6.1　可改进的可行解

例 2.10　求解

$$\begin{aligned} \max\ & z=3+x_3, \\ \text{s.t.}\ & x_1 - x_3 = 1, \\ & x_2 + x_3 = 2, \\ & x_1, x_2, x_3 \geqslant 0. \end{aligned}$$

本例与例 2.9 相比，只有一点不同. 就是目标函数中，x_3 的系数从 -1 换为 $+1$.

$$[1\quad 2\quad 0] \tag{6.1}$$

是一个基可行解. 当非基变量 x_3 从 0 略有增加，例如 $x_3=0.1$，代入约束条件，算得 $x_1=1.1, x_2=1.9$，即

$$[1.1\quad 1.9\quad 0.1] \tag{6.2}$$

是一个可行解. 而目标函数值变为 3.1. 这就是说，(6.1)不是最优解. 因为可行解(6.2)的函数值更大. 那么，沿着这个思路，能增大到什么程度呢？检查主约束条件

$$\begin{aligned} x_1 - x_3 &= 1, \\ x_2 + x_3 &= 2. \end{aligned}$$

像在例 2.9 的讨论那样，第 1 个条件表明，x_1 和 x_3 可以任意增大，只要 x_1 比 x_3 大 1 就行. 至于第 2 个条件，变量必须非负，x_2 与 x_3 之和应为 2. x_3 增大，x_2 就得减少，至多减少到 0. 这时 $x_3=2, x_2=0$，相应的 $x_1=3$，即有

$$[3\quad 0\quad 2]. \tag{6.3}$$

我们可以认为，$\{x_1, x_3\}$ 是一个基，而 x_2 是一个非基变量，(6.3)就是一个基可行

解. 所有这些讨论就是 §2.3.4 的第一个例从可行基 $\{x_1, x_2\}$ 转换到可行基 $\{x_1, x_3\}$ 的过程. 它还可以在表 2.9 中表达出来,即

$$\begin{cases} x_1 + x_2 = 3, \\ x_2 + x_3 = 2 \end{cases}$$

或

$$\begin{cases} x_1 = 3 - x_2, & \text{Ⅱ}_1 \\ x_3 = 2 - x_2. & \text{Ⅱ}_2 \end{cases}$$

当 x_2 从基变量变为非基变量, x_3 从非基变量变为基变量时,目标函数 $z = 3 + x_3$ 不符合指归形式的特征(5). 用方程 Ⅱ_2 消去 $z = 3 + x_3$ 中的 x_3,得

$$z = 5 - x_2. \tag{6.4}$$

于是题目变成

$$\begin{aligned} \max z &= 5 - x_2, \\ \text{s.t. } x_1 + x_2 &= 3, \\ x_2 + x_3 &= 2, \\ x_1, x_2, x_3 &\geqslant 0. \end{aligned}$$

这是线性规划的关于 $\{x_1, x_3\}$ 的指归形式. 而

$$[3 \quad 0 \quad 2] \tag{6.5}$$

是最优解. 目标函数的最大值等于 5.

§2.6.2 表上作业法

现在我们设法把例 2.10 的整个讨论纳入到一个表中去. 首先,把目标函数 $z = 3 + x_3$ 改变写法,并与主约束条件写在一起,得

$$\begin{aligned} z \quad - x_3 &= 3, & \text{Ⅰ}_0 \\ x_1 \quad - x_3 &= 1, & \text{Ⅰ}_1 \\ x_2 + x_3 &= 2. & \text{Ⅰ}_2 \end{aligned}$$

再写成表 2.12. 为了消去 Ⅰ_0 中的 x_3,只需用 Ⅰ_2 加上 Ⅰ_0 即得. 读者可以在下表中看到.

表 2.12

	基变量	z	x_1	x_2	x_3	b	代号	运算规则
	z	1			-1	3	Ⅰ_0	
Ⅰ:	x_1		1		-1	1	Ⅰ_1	
	x_2			1	1^*	2	Ⅰ_2	
	z	1		1		5	Ⅱ_0	$\text{Ⅰ}_0 + \text{Ⅱ}_2$
Ⅱ:	x_1		1	1		3	Ⅱ_1	$\text{Ⅰ}_1 + \text{Ⅱ}_2$
	x_3			1	1	2	Ⅱ_2	Ⅰ_2

需要强调四点.

(1) 后来发现,在表上计算的全过程中,z 这一列从头到底都没有变化,在表上笔算的过程中可默记在心,省略不写.

(2) 目标函数 $z=3+x_3$ 中非基变量 x_3 的系数是 $+1$. 由于移项,在表 2.11 的 I_0 中写的是 -1. 就是说,把题目中**目标函数填入表中时,诸变量的系数需改变符号**.

(3) 在表 2.12 的 II_0 行,变量的系数全都非负,已经成了指归形式. 可见从框Ⅰ变成框Ⅱ,是由于 I_0 中诸变量有负系数. 我们终止于框Ⅱ,是因为 II_0 中诸变量不再有负系数了. I_0,II_0 行中诸变量的系数成了判别是否达到了指归形式的工具:全部非负则是,否则不是. 这些系数叫做**检验数**. 这些检验数组成的一行叫做**检验行**.

(4) 每个框中,b 列是很好的表达形式,II_1 行基变量是 x_1(写在最左边),b 列是 3,II_2 行基变量是 x_3,在 b 列的是 2. 非基变量为 0. 得到最优基可行解 (6.5). 而 II_0 行 b 列是 5,它就是函数的最大值.

再举一个例.

例 2.11 求解

$$\begin{aligned} &\max z=3+x_3,\\ &\text{s.t. } x_1 \quad +2x_3=1,\\ &\qquad x_2+\ x_3=2,\\ &\qquad x_1,x_2,x_3\geqslant 0. \end{aligned}$$

与例 2.10 比较,只有第 1 个主约束条件中 x_3 的系数由 -1 变为 2. 其余未变.

现在,一方面,由 $x_2+x_3=2$ 可见,x_3 至多大到 2;而由 $x_1+2x_3=1$ 来看,至多大到$\frac{1}{2}$. 可见 x_3 只能是 2 与$\frac{1}{2}$中取较小者,写作

$$\min\left\{\frac{1}{2},\frac{2}{1}\right\}=\frac{1}{2}. \tag{6.6}$$

所有讨论,像表 2.10 那样,写在表 2.13 中.

表 2.13

	基变量	x_1	x_2	x_3	b	比值	代号	运算规则
	z			$-1\downarrow$	3		I_0	
Ⅰ:	x_1	1		2^*	1	$\frac{1}{2}\rightarrow$	I_1	
	x_2		1	1	2	$\frac{2}{1}$	I_2	

续表

基变量		x_1	x_2	x_3	b	比值	代号	运算规则
Ⅱ：	z	$\frac{1}{2}$			$3\frac{1}{2}$	指归形式	$Ⅱ_0$	$Ⅰ_0+Ⅱ_1$
	x_3	$\frac{1}{2}$		1	$\frac{1}{2}$		$Ⅱ_1$	$\frac{1}{2}Ⅰ_1$
	x_2	$-\frac{1}{2}$	1		$\frac{3}{2}$		$Ⅱ_2$	$Ⅰ_2-Ⅱ_1$

所以最优解是

$$x_1=0,x_2=\frac{3}{2},x_3=\frac{1}{2},$$

即$\left[0\quad\frac{3}{2}\quad\frac{1}{2}\right]$，目标函数的最大值等于$3\frac{1}{2}$.

§2.6.3 求最小值问题

例 2.12 求解

$$\begin{aligned}&\min z=3-x_3,\\&\text{s.t.}\quad x_1\quad -x_3=1,\\&\qquad\qquad x_2+x_3=2,\\&\qquad\qquad x_1,x_2,x_3\geqslant 0.\end{aligned}$$

本例与例2.9不同之处,仅在于求目标函数值最小,而不是求最大.

设有一个实数集合$S=\{1,7,-4,2,-9\}$,它的最小元素是$\min S=-9$. 取S的每个元素的相反数,所得集合记作$-S=\{-1,-7,4,-2,9\}$. 它的最大元素是9,即$\max(-S)=9$. 其实,对于任何一个由实数所组成的有限集合S,总有

$$\min S=-\max(-S).$$

这就是说,要在诸数中求最小值,可以先求出诸相反数的最大值,再取这个数的相反数即为所求.

我们先求解

$$\begin{aligned}&\max w=-3+x_3,\\&\text{s.t.}\quad x_1\quad -x_3=1,\\&\qquad\qquad x_2+x_3=2,\\&\qquad\qquad x_1,x_2,x_3\geqslant 0.\end{aligned}$$

从表2.14上求得

表 2.14

	基变量	x_1	x_2	x_3	b	比值	代号	运算规则
Ⅰ:	w			$-1\downarrow$	-3		I_0	
	x_1	1		-1	1		I_1	
	x_2		1	1^*	2	$\frac{2}{1}\rightarrow$	I_2	
Ⅱ:	w		1		-1	指归形式	II_0	$\mathrm{I}_0+\mathrm{I}_2$
	x_1	1	1		3		II_1	$\mathrm{I}_1+\mathrm{I}_2$
	x_3		1	1	2		II_2	I_2

所以,最优解为$[3\quad 0\quad 2]$. w 的最大值为 -1. 所以 z 的最小值为 $+1$.

§2.6.4 无穷多个最优解的情形

例 2.13 求解

$$\max z=3-x_3,$$
$$\text{s.t.}\quad x_1 \qquad -x_3+x_4=1,$$
$$x_2+x_3+x_4=2,$$
$$x_1,x_2,x_3,x_4\geqslant 0.$$

本例题与例 2.9 不同之处在于主约束条件中多了变量 x_4. 这是线性规划关于$\{x_1,x_2\}$的指归形式,x_1,x_2 是最优基的两个变量. 最优解和最大值是$[1\quad 2\quad 0\quad 0]$和 $z=3$. x_3 和 x_4 是非基变量. 前者的检验数是 1,后者的是 0. 它们都是非负的. 现在我们来讨论如何把非基变量 x_4 设法进入$\{x_1,x_2\}$,如表 2.15.

表 2.15

	基变量	x_1	x_2	x_3	x_4	b	比值	代号	运算规则
Ⅰ:	z			1	$0\downarrow$	3		I_0	
	x_1	1		-1	1^*	1	$1/1\rightarrow$	I_1	
	x_2		1	1	1	2	2/1	I_2	
Ⅱ:	z			1		3	指归形式	II_0	I_0
	x_4	1		-1	1	1		II_1	I_1
	x_2	-1	1	2		1		II_2	$\mathrm{I}_2-\mathrm{I}_1$

得到了关于$\{x_2,x_4\}$的指归形式. 最优解和最大值是

$$[0\quad 1\quad 0\quad 1],\quad z=3.$$

可见本数字例具有两个最优解. 其实,读者可以自行验证,任意给定 h,k,只要

$$h+k=1,\quad h,k\geqslant 0,$$

那么 $[2\quad 1\quad 0\quad 0]h+[0\quad 1\quad 0\quad 1]k$

即 $[2h\quad k+h\quad 0\quad k]$,

或者 $x_1=2h,x_2=k+h=1\quad x_3=0,x_4=k$,

也是最优解.所以所给的数字例有无穷多个最优解.

上面讲的具有无穷多个解的数字例具有一般性的特征.设想有某个数字题,已经得到它的指归形式,立刻得到一个最优解和目标函数的最大值.在检验行中,(最优)基变量的检验数等于零,非基变量的检验数是非负的.如果有一个非基变量的检验数等于零,而且这个变量所在的列向量中至少有一个分量是正数,我们就可以用同样的方法得到另一个最优解,从而得到无穷多个最优解.当然,如果指归形式中有多个检验数为零的非基变量,情况将变得复杂一些.这里不详细讨论了.

§2.6.5 没有有限最优解的情形

例 2.14 求解

$$
\begin{aligned}
\max\ z&=3+x_3,\\
\text{s.t.}\quad x_1\qquad -x_3&=1,\\
x_2-x_3&=2,\\
x_1,x_2,x_3&\geqslant 0.
\end{aligned}
$$

本例与例2.10不同之处,在于第2个主约束条件中,x_3 的系数由 +1 变为 −1.这时,题目有可行解,例如[3 4 2]就是可行解,目标函数值等于5,等等.可是主约束条件中,x_3 可以任意取值,只要 x_1 比它大1,x_2 比它大2就可行.而这时目标函数是 $3+x_3$,随着 x_3 任意增大,目标函数也无限增大.我们说,这个例有可行解,却没有(有限)最优解.把它写在表2.16上,看到

表 2.16

x_1	x_2	x_3	b
		−1	3
1		−1	1
	1	−1	2

目标函数中,x_3 的系数是负数,而且,x_3 这一列全都是非正数.

§2.6.6 没有可行解的情形

例 2.15 求解

$$\max\ z=3-x_3,$$

$$\text{s.t.}\quad x_1 - x_3 = -3,$$
$$x_2 + x_3 = 2,$$
$$x_1, x_2, x_3 \geqslant 0.$$

本例仅仅是把例 2.9 中第 1 个主约束条件的右端常数项从 1 改为 -3. 由第 1 个主约束条件可知,x_3 必须比 x_1 大 3. 由于诸 x 都是非负的,x_3 至少等于 3. 由第 2 个主约束条件,x_3 又至多等于 2. 可见,不存在可行解. 纵上知道,本例没有(可行)解.

§2.6.7 关于线性规划的解的几种情形

从上面所讨论的数字例来看,线性规划问题的解是复杂的.

一个给定的线性规划数字题的解是以下几种情形之一:

(1) 不存在可行解(参看例 2.15).

(2) 不存在有限的最优解(参看例 2.14).

(3) 有唯一的有限的最优解.

(4) 有无穷多个最优解(参看例 2.13).

事实上,无论是作为纯数学讨论,还是从理论证明,解也就是这四种情形.

可见线性规划的解与线性方程组的解,甚至与一元一次方程的解具有相同的结构,无解,唯一解,无穷个解. 人们说,数学中的和谐性,这是一个重要的例子.

还有一点需要说明的. 如果我们刻意写出几个数字题,它们确实可能发生(1)和(2)的情形. 但是来自某个实际生活或者生产管理问题,人们经过深入思考,所建模型竟然会有像例 2.15 那样没有解,或者像例 2.14 那样,财源竟然可以无中生有,这是非常令人怀疑的. 也许问题的提法出了错(参看 §3.6),也许建模出了错,或者数据出了错.

§2.7 线性规划的基本型

从现在起,对线性规划做一般的讨论.

在 §1.3.2 中曾经讲过,线性规划的一般模型中,各个参数可以是任意实数,每个主约束条件的关系符号可以是≤,=,≥中的任何一种,变量约束条件可作更为一般的规定,求解任务是求目标函数的最优值,就是说,或者求它的最大值,或者求最小值. 仅就 §2.6 中所举的那几个数字例也可以想象得到,线性规划的数字例是多种多样的.

我们学习过对数 $\log_a x$ 问题,底数 a 是不等于 1 的正数. 每一个 a 有自己的一套对数. 在中学最初学习时,主要学习以 10 为底的对数. 对于底数为 a 和 b 的两套对数 $\log_a x$ 和 $\log_b x$ 之间有一个互换的公式(换底公式):

$$\log_a x = \log_b x / \log_b a.$$

于是任何一个以 a 为底的对数都可以用这个公式化为以 10 为底的对数：

$$\log_a x = \log_{10} x / \log_{10} a.$$

可见，研究清楚以 10 为底的对数，再加上换底公式，我们就研究了对数问题.

后来在学习微积分时，主要讨论自然对数，即以 e(=2.718281828…)为底的对数为基本型式，其他底数的对数也用换底公式求得. 在组合数学中，用2为底的对数有时显示出更方便之处.

研究复杂的题目，尤其是复杂的数学问题，上面的思路是被广泛应用的. 它就是：

设想按照某种原则，一个问题可以分成若干个型式(/类型). 人们可以选其中的一个作为基本型(/标准型)，如果

一、人们对它已经研究得很清楚；

二、有一个变换规则或者变换公式，甚至一个算法，能够把其他型式的题目一一化成为基本型.

由于任务的不同或者学者个人的偏好，选择不同的基本型是常见的.

现在我们用这个思路来讨论线性规划的分型方法.

在§2.5 中讲过线性规划指归形式. 它的条件有：

(1) 题目是求最大值.

(2) 主约束条件的右端向量 $\boldsymbol{b} \geqslant \boldsymbol{0}$，即它的每个分量 $\geqslant 0$.

(3) 左端矩阵 $\boldsymbol{A}$ 与右端向量 $\boldsymbol{b}$ 组成的方程组是关于某个基的指归形式.

(4) 变量约束条件都非负.

(5) 基变量的检验数都等于零.

(6) 非基变量的检验数都非负.

这样的题目是再好不过的，因为从它能够立刻得到题目的答案.

同时满足条件(1)~(5)，而(6)不必成立的题目叫做**线性规划的基本型**.

像下面的文字题是一个基本型：

$$\begin{aligned}
\max z &= c_1x_1 + c_2x_2 + c_3x_3 + c_4x_4 + c_5x_5, \\
\text{s.t.}\quad & a_{11}x_1 + a_{12}x_2 + a_{13}x_3 + a_{14}x_4 + a_{15}x_5 = b_1, \\
& a_{21}x_1 + a_{22}x_2 + a_{23}x_3 + a_{24}x_4 + a_{25}x_5 = b_2, \\
& a_{31}x_1 + a_{32}x_2 + a_{33}x_3 + a_{34}x_4 + a_{35}x_5 = b_3, \\
& a_{41}x_1 + a_{42}x_2 + a_{43}x_3 + a_{44}x_4 + a_{45}x_5 = b_4, \\
& x_1, x_2, x_3, x_4, x_5 \geqslant 0.
\end{aligned}$$

如果它满足指归形式的前五个条件. 它的向量形式仍写作

$$\begin{aligned}
\max z &= \boldsymbol{cx}, \\
\text{s.t.}\quad & \boldsymbol{Ax} = \boldsymbol{b},
\end{aligned}$$

$$x \geqslant 0,$$

甚至

$$\max\{z = cx, Ax = b, x \geqslant 0\},$$

其中

$$A = \begin{bmatrix} a_{11} & a_{12} & a_{13} & a_{14} & a_{15} \\ a_{21} & a_{22} & a_{23} & a_{24} & a_{25} \\ a_{31} & a_{32} & a_{33} & a_{34} & a_{35} \\ a_{41} & a_{42} & a_{43} & a_{44} & a_{45} \end{bmatrix}, \quad b = \begin{bmatrix} b_1 \\ b_2 \\ b_3 \\ b_4 \end{bmatrix},$$

$$c = [c_1\ c_2\ c_3\ c_4\ c_5], x = \begin{bmatrix} x_1 \\ x_2 \\ x_3 \\ x_4 \\ x_5 \end{bmatrix},$$

而 A 是技术参数表，b 是右端，向量 $-c = [-c_1\ -c_2\ -c_3\ -c_4\ -c_5]$ 是检验数行向量.

一个基本型式的题目如果有最优解，则它的完整答案由两部分组成：

(1) **最优解**：包括

(ⅰ) **最优结构**：指出哪几个变量组成基，哪几个是非基变量；

(ⅱ) **最优方案**：最优基变量等于多少，以及后面将要讲到的松弛、剩余以及人工变量各等于多少；

(ⅲ) 当然，所有的非基变量都等于零.

(2) **最优值**：目标函数的最大值等于多少.

如果题目没有(有限的)最优解，应说明这个事实. 如果题目有许多最优解，应根据需要，或者指出其中的一个，或者求出所有的. 在一般的生产实践中，通常只讨论如何求出一个最优解就够了.

现在把基本型式的有限改进算法写成下面的形式：

基本型式的线性规划问题的有限改进算法

201 给定：基本型式线性规划的一个数字题.

205 任务：求它的一个最优解和最大值.

211 答案. 如果是指归形式，停止. 立刻从中得到答案.

221 找一个负的检验数. 如果所在的系数列全都非正，停止. 本题没有(有限)最优解.

231 计算. 让上述负检验数所属的变量进入基. 利用换基规则，得到新基.

232 消去目标函数中的基变量，得到关于新基的基本形式，转到211.

例2.10～例2.14都是求解基本型式的线性规划数字例.

§2.8　≤型线性规划

§2.8.1　线性规划的四种型式

基本型式的线性规划只是一般线性规划的特殊情形.求解其他型式的题目的一个统一思路是,想出种种办法把题目转化为基本型.因为,一旦得到基本型,就可以用前面所讨论的有限改进法求解,直到成为指归形式或者宣告所给题目没有最优解.

对于一个线性规划题目,首先做两件事.

(1) 如果是求最小值,则像例2.12那样将其变为求最大值.

(2) 检查主约束条件的右端.要求它们是非负的.如果有一个约束条件的右端是负的,两端乘以 -1.右端就变为非负的了.当然,如果这个约束条件是由≤或者≥联系的,乘以负数,不等号要反向.

这样,就已经得到基本型式所要求的条件(1)与(2).

把已经具有这些条件的线性规划题目,按照主约束条件的左右两端的关系,可以分为以下四种型式,分别在后面讨论:

(ⅰ) ≤型:主约束条件都用≤联系,变量都是非负约束的.

(ⅱ) =型:主约束条件都用=联系,变量都是非负约束的.

(ⅲ) ≥型:主约束条件都用≥联系,变量都是非负约束的.

(ⅳ) 混合型:其他情形.

§2.8.2　≤型线性规划

例2.16　求解

$$\begin{aligned}\max z &= 7x_1+6x_2,\\ \text{s.t.}\quad & 2x_1+3x_2\leqslant 27,\\ & 40x_1+10x_2\leqslant 290,\\ & x_1,x_2\geqslant 0.\end{aligned}$$

这是一个≤型的数字题.它就是例1.1所需求解的问题.它已具备基本形式的三个条件(1),(2),(4).像§2.4那样,引入两个变量 s_1,s_2,称为**松弛变量**,上面的问题变为:

$$\begin{aligned}\max z &= 7x_1+6x_2,\\ \text{s.t.}\quad & 2x_1+3x_2+s_1 \qquad = 27,\\ & 40x_1+10x_2 \qquad +s_2=290,\\ & x_1,x_2,s_1,s_2\geqslant 0.\end{aligned}$$

可以看到,主约束条件变为 2×4 方程组,它还是基$\{s_1,s_2\}$的指归形式.即有基本型的条件(3).不仅如此,把 s_1,s_2 作为一个基,显然有条件(5).所以,它是一个基本型.余下的工作是在表 2.17 上应用有限改进法,第 1 框中取定 40 为主元,x_1 列是它的主元列,s_2 行是它的主元行.第 2 框中取定 x_2 列是主元列,s_1 行为主元行,5 为主元.计算的结果达到指归形式.

表 2.17

	基变量	x_1	x_2	s_1	s_2	b	比 值	代号	运算规则
	z	$-7\downarrow$	-6			0		I_0	
Ⅰ:	s_1	2	3	1		27	$\frac{27}{2}=13\frac{1}{2}$	I_1	
	s_2	40^*	10		1	290	$\frac{290}{40}=7\frac{1}{4}\to$	I_2	
	z		$-\frac{17}{4}\downarrow$		$\frac{7}{4}$	$\frac{203}{4}$		II_0	I_0+7II_2
Ⅱ:	s_1		5^*	1	$-\frac{1}{2}$	$\frac{25}{2}$	$\frac{25}{2}\Big/5=\frac{5}{2}\to$	II_1	I_1-2II_2
	x_1	1	$\frac{1}{4}$		$\frac{1}{4}$	$\frac{29}{4}$	$\frac{29}{4}\Big/\frac{1}{4}=29$	II_2	$\frac{1}{40}\text{I}_2$
	z			$\frac{17}{10}$	$\frac{9}{10}$	72		III_0	$\text{II}_0+\frac{17}{4}\text{III}_1$
Ⅲ:	x_2		1	$\frac{2}{5}$	$-\frac{1}{5}$	5	指 归 形 式	III_1	$\frac{2}{5}\text{II}_1$
	x_1	1		$-\frac{1}{10}$	$\frac{3}{10}$	6		III_2	$\text{II}_2-\frac{1}{4}\text{III}_1$

所以,最优解为 $x_1=6,x_2=5,s_1=s_2=0$,即$[6\quad 5\quad 0\quad 0]$.目标函数的最大值为 $z=72$.

这结果与§1.2 用解析几何法所得的结果一致.

§2.8.3 求解≤型线性规划的算法

上面的讨论得到了一个求解≤型线性规划的算法.

≤型线性规划的算法

301 给定:≤型线性规划的一个数字题.

305 任务:求它的一个最优解和最大值.

311 变换.引进松弛变量,把主约束条件化为等式,它是由松弛变量组成的基的基本型.

321 答案.如果是指归形式(即基变量的检验数全都等于零,非基变量的检验数全都非负),停止.立刻从中得到答案.

322　找一个负的检验数. 如果所在的技术参数列全都非正,停止. 本题没有(有限)最优解.

331　计算. 让上述负检验数所属的变量进入基. 对于主约束条件,利用换基规则,得到新基.

332　消去目标函数中的基变量,得到关于新基的基本型和它的计算框,转到 321.

§2.9　= 型线性规划　两步法与 M 法简述

例 2.17　求解

$$\begin{aligned} \max\ z &= 2x_1 + 3x_2 + x_3 + 2x_4, \\ \text{s.t.}\quad & x_1 + x_2 + x_3 + x_4 = 9, \\ & 4x_2 + 2x_3 + 4x_4 = 12, \\ & 5x_1 + 6x_2 + 5x_3 + 7x_4 = 46, \\ & x_1, x_2, x_3, x_4 \geqslant 0. \end{aligned} \tag{9.1}$$

这是一个 = 型线性规划问题.

基本型也是一种 = 型. 但两者相比,基本型中,主约束条件所构成的方程组是关于某个基的指归形式,而 = 型中的一般则不是. 我们的任务是,把主约束条件化为指归形式.

可是,要找出一个基可行解,往往并不容易. 像 §2.3 那样,并不能随意指定某几个变量总能构成一个基. 即便构成一个基,也不一定是可行的,即它的解的每个分量不一定都是非负的. 像例 2.5 中,$\{x_1, x_2\}$,$\{x_1, x_3\}$,$\{x_1, x_4\}$都是可行基,$\{x_3, x_4\}$是一个基,却不是可行基. 而$\{x_2, x_4\}$根本不是基.

再说 §2.3 中讲的例 2.6,它是一个 3 × 4 方程组. 由解答中可见,$\{x_1, x_2, x_3\}$是一个基. 基解是$\left[\frac{15}{2}\quad -12\quad 7\quad 0\right]$. 所以,基不是可行的.

所以,求解 = 型问题比≤型的要困难.

下面简单介绍两个方法,叫做**两步法**和**(大)*M* 法**. 它们的基本思路都是强行引进人工变量,把所要求解的数字题变为基本型. 然后再利用基变换把所有的人工变量移出可行基.

两步法的第 1 步是,设法找到约束条件(方程组)的一个(初始)可行基. 第 2 步是把数字题化为基本型之后,再按前面的步骤,解得答案. 困难的所在是第 1 步.

对于主约束条件,强行作一个方程组

$$
\begin{aligned}
x_1+x_2+x_3+x_4+s_1 &=9,\\
4x_2+2x_3+4x_4+s_2 &=12,\\
5x_1+6x_2+5x_3+7x_4+s_3 &=46,
\end{aligned}
\tag{9.2}
$$

其中诸 $s_j(j=1,2,3)$ 叫做**人工变量**(artificial variable). 当诸 s_j 等于零时,方程组(9.2)与(9.1)一致. 方程组(9.2)是一个关于 $\{s_1,s_2,s_3\}$ 的可行指归形式. 如果方程组(9.1)中真有仅含某些 x 的可行基,也许应该可以从(9.2)出发,经过若干步改进,而得到一个不含人工变量的新的可行指归形式.

为了解决这个问题,两步法的发现者建议:第一步,讨论下面的数字题:

$$
\begin{aligned}
&\max w=-(s_1+s_2+s_3),\\
&\text{s.t.}\quad x_1+x_2+x_3+x_4+s_1=9,\\
&\qquad 4x_2+2x_3+4x_4+s_2=12,\\
&\qquad 5x_1+6x_2+5x_3+7x_4+s_3=46,\\
&\qquad x_1,x_2,x_3,x_4,s_1,s_2,s_3\geqslant 0.
\end{aligned}
\tag{9.3}
$$

这是线性规划的基本型. 如果目标函数 $w=-(s_1+s_2+s_3)$ 的最大值等于零,诸 s_j 均等于零. 从而它的最优基是由 x 所构成,这个基就是(9.1)的一个可行基. 最后得到

$$
\begin{aligned}
&\max w=0-6x_4,\\
&\text{s.t.}\quad x_1+x_4=4,\\
&\qquad x_2+2x_4=1,\\
&\qquad x_3-2x_4=4,\\
&\qquad x_1,x_2,x_3,x_4\geqslant 0.
\end{aligned}
\tag{9.4}
$$

这是可行指归形式. 最优解是[4 1 4 0 0 0 0]. 目标函数的最大值是0. $\{x_1,x_2,x_3\}$ 是最优基. 它是(9.1)的一个可行基.

第二步,用(9.1)的目标函数替换(9.4),得数字题

$$
\begin{aligned}
&\max z=2x_1+3x_2+x_3+2x_4,\\
&\text{s.t.}\quad x_1+x_4=4,\\
&\qquad x_2+2x_4=1,\\
&\qquad x_3-2x_4=4,\\
&\qquad x_1,x_2,x_3,x_4\geqslant 0.
\end{aligned}
$$

不难得到答案是 $x_1=4,x_2=1,x_3=4,x_4=0$,即[4 1 4 0]. 目标函数的最大值等于15.

具体的计算过程在这里就不详细列出了.

发现(大)M 法的学者则建议,把(9.1)构造成一个新的基本型的数字例:

$$\begin{aligned}
\max\ z &= 2x_1+3x_2+x_3+2x_4-Ms_1-Ms_2-Ms_3,\\
\text{s.t.}\quad & x_1+x_2+x_3+x_4+s_1=9,\\
& 4x_2+2x_3+4x_4+s_2=12,\\
& 5x_1+6x_2+5x_3+7x_4+s_3=46,\\
& x_1,x_2,x_3,x_4,s_1,s_2,s_3\geqslant 0,
\end{aligned} \tag{9.5}$$

其中 M 是很大很大的一个实数. 主约束条件(方程组)是关于三个人工变量的可行指归形式. 如果数字例(9.1)存在不含有人工变量的基,目标函数的最大值一定不含有 M 的一个数. 如果最终求得的最大值中含有 M,表明所给数字题(9.1)没有最优解.

注意,(9.5)不是基本型,因为目标函数中,基变量的系数不等于零.

为此,我们先要把目标函数中基变量的系数变为0,以得到基本型. 这个工作是不困难的. 例如在(9.5)中只需从三个主约束条件解出基变量代入目标函数中就可以了. 这时非基变量的系数就都含有 M. 因为有文字,从而求解过程显得复杂一些. 具体计算不写了.

这两个方法各有利弊. 利用 M 法,在纸上笔算时是可以容忍的. 但在计算机上,由于在数值计算的软件包中,没有确定的方法,来事先取定实数 M 等于多少,从而发生困难. 而两步法没有这个缺点. 所以数值计算软件包中往往都采用两步法. 这两个方法有一个共同的特点:强行设定一个可行解. 这个思想是有用的. 本教程在讨论组合最优化的问题时还会多次用到它.

§2.10 ≥型与混合型线性规划

§2.10.1 ≥型线性规划

下面的数字例属于≥型.

例 2.18 求解

$$\begin{aligned}
\max\ z &= 10-x_1-2x_2-4x_3,\\
\text{s.t.}\quad & 2x_1+4x_2+x_3\geqslant 9,\\
& x_2+3x_3\geqslant 19,\\
& x_1,x_2,x_3\geqslant 0.
\end{aligned}$$

为了把它化为基本形式,把主约束条件变为等式. 引进两个变量 s_1,s_2,叫做**剩余变量**(surplus variable). 它们也应≥0,于是主约束条件成为

$$\begin{aligned}
2x_1+4x_2+x_3-s_1 &= 9,\\
x_2+3x_3-s_2 &= 19.
\end{aligned}$$

这当然可以看作是关于基$\{s_1,s_2\}$的指归形式. 但是它并不是可行指归形式. 因为当诸 x 为零时,基解$[0\quad 0\; 0\quad -9\quad -19]$不是可行的. 为了求得一个基可行解,像上节主约束条件为等式的情形一样,强行引入两个人工变量 s_3,s_4,得

$$\begin{aligned} 2x_1+4x_2+\ x_3-s_1\qquad\quad +s_3\qquad &=9,\\ x_2+3x_3\qquad -s_2\qquad +s_4 &=19. \end{aligned}$$

这个方程组可以看作是关于基$\{s_3,s_4\}$的可行指归形式. 把数字题中的两个主约束条件换为这两个方程,余下的是常规的计算,不详细讲了.

§ 2.10.2 混合型题目

最后一类是混合型线性规划.

例 2.19

$$\begin{aligned} \max\ z &= 3x_1-2x_2-x_3,\\ \text{s.t.}\quad & x_1+\ x_2+2x_3\leqslant 19,\\ & x_2-\ x_3\geqslant 2,\\ & x_1-2x_2-3x_3=5,\\ & x_1,x_2,x_3\geqslant 0. \end{aligned}$$

把主约束条件化为基本型是不困难的:

$\leqslant$ 型的,引入松弛变量 s_1,

$\geqslant$ 型的,引入剩余变量 s_2,再引入人工变量 s_3,

$=$ 型的,引入人工变量 s_4,

就变成关于基$\{s_1,s_3,s_4\}$的可行指归形式. 只是需要注意,因为只存在两个人工变量 s_3 和 s_4,用两步法求解时,先作下面的数字题:

$$\begin{aligned} \max\ w &= -(s_3+s_4),\\ \text{s.t.}\quad & x_1+\ x_2+2x_3+s_1 = 19,\\ & x_2-\ x_3-s_2+s_3 = 2,\\ & x_1-2x_2-3x_3+s_4 = 5,\\ & x_1,x_2,x_3,s_1,s_2,s_3,s_4\geqslant 0. \end{aligned}$$

余下的工作就像前面做的那样,机械地求解. 我们不做了,它的答案是:

$$z=35,x_1=14,x_2=3,x_3=1.$$

§ 2.10.3 变量的异型约束

混合型线性规划还包括变量约束发生变异的情形. 例如 x_1,它受到的约束是

$$x_1\geqslant h,\quad h\text{ 是一个常数.}\qquad (10.1)$$

对于它,作变换 $x_1=x_1'+h$. 显然,$x_1\geqslant h$ 与 $x_1'\geqslant 0$ 等价. 所以,如果题目中有

(10.1),我们就用"变换 $x_1 = x_1' + h$"把目标函数和所有主约束条件中的变量 x_1 改为变量 x_1',再用"变量约束 $x_1' \geqslant 0$"替换"$x_1 \geqslant h$"就可以了.

每个变量通常可能有四种变异情形. 我们用同样的思路来解决. 不逐一细述了. 仅把关于 x_1 的列成表 2.18.

表 2.18

变异情形	等价的标准约束
1. $x_1 \geqslant h$	作变换:$x_1 = x_1' + h$,　变量约束改为:$x_1' \geqslant 0$.
2. $x_1 \leqslant 0$	作变换:$x_1 = -x_1'$,　变量约束改为:$x_1' \geqslant 0$.
3. $0 \leqslant x_1 \leqslant k, k > 0$	作变换:$x_1 = k - x_1'$,　变量约束改为:$x_1, x_1' \geqslant 0$.
4. x_1 没有限制	作变换:$x_1 = x_1' - x_1''$,　变量约束改为:$x_1', x_1'' \geqslant 0$.

§2.11　求解一般线性规划的一个算法

至此,本章已经从一元一次方程出发,利用指归形式这一概念和有限改进法,讲完求解各种类型的线性规划的方法,还讲了表上作业法.

现在我们写下一个完整的算法.

一般线性规划的一个算法

401　给定:一般线性规划的一个数字题.

402　假设:数字题具有有限最优解.

405　任务:求它的一个最优解和最优值.

411　检查求解任务. 如果是求最小值,像 §2.6.3 那样,改变目标函数,题目变为求解最大值问题.

421　检查变量约束条件. 如果有异型情形,按 §2.10.3 的变换规则,变为非负约束的情形.

431　检查主约束条件的右端. 有负数的,把该约束条件的两端乘以 -1.

441　检验主约束条件的关系符号. 如果有非 = 型的,用 §2.8 - §2.10 的办法,把它们变为 = 型的.

451　如果得到的方程组是关于某个基的可行指归形式,转到 461.

452　像 §2.9 的两步法或 M 法那样,引入人工变量,通过转轴运算得到关于某个不含人工变量的基的可行指归形式.

461　回到给定的数字题. 如果基变量的检验数有异于零的,则像(9.5)那样,把它(们)消去为零.

【因为 402,452 一定能够实现. 经过这些变换,所给数字题变成满足所有的条件(1) ~ (5)的题目. 所以,变成了基本形式.】

471 答案. 如果诸非基变量的检验数全为非负,这是线性规划的指归形式. 写出答案.

481 任取一个检验数为负的非基变量,用有限改进法作基变换. 得到新的基. 转到 471.

本章中所讲的四个算法都是用**结构化(处理过的自然)语言**来写的,就是说,这些算法都是按照程序设计中的条件控制结构、循环控制结构和转向控制结构的思路来写的算法,至于是否明确使用 If...than...else, For 等等符号格式是没有关系的.

下面作一些注释,可以便于阅读它们.

这种叙述算法的一般格式由若干个带有标号 XYZ 的语句所组成. 每一个语句都是用自然语言所写成,表达某一项说明,命令,任务,或者一个意见等等. 标号 XYZ 是某个十进位的三位数. 对于同一个问题,例如线性规划,它有若干个算法. 百位数 X 上的数字是 0,1,2,…. 像这里所讲的是第四个算法,它的标号的百位数全都是 4. 在一个算法中,由两位数 YZ 来叙述. 通常,语句 X01 叙述已知的环境、条件等等. 语句 X05 叙述求解的任务. 如果还有必须补充的条件,特殊符号的说明等等,可以写在语句 X02, X03, X04 中. 语句 X05 之外,如果还有额外的任务、答案的补充等等可以写在语句 X06, X07 等等之中. 对于语句集合 {X1Z, Z = 1,2,3,…}通常叙述初始性的讨论,语句集合{X2Z, Z = 1,2,3,…}以及以后语句讨论某一步骤、迭代的计算过程,还有判定语句集合,答案语句集合,等等. 这样的叙述中由标号的大小构成了层次. 语句中不仅使用自然语言,还混杂着人们熟悉的逻辑和数学符号.

书写语句的一个共同的特点是要注意简明准确,而在使用自然语言、逻辑与数学符号等等方式方法上的不同,显示出作者们各自不同的风格.

有一点需要说明的是:本章所讲的表上作业法就是美国 Dantzig G. 的单纯形算法. 它是通过线性代数和 m 维空间的单纯形(一个几何)概念的讨论而得到的. 我们这里只用到指归形式概念,得到相同结果.

§2.12 用软件 Mathematica 求解一般线性规划的数字题

在§1.4 已经介绍软件 Mathematica 的两个表达式 ConstrainedMax 和 ConstrainedMin,并用来求解例 1.1. 相信读者现在再用这两个表达式求解线性规划中其他各种型式的数字题之后,自我感受会大不一样. 因为读者学习了这两章的内容,知道得更多了,理解也就更深入一些. 对于求解的过程和出现的各种情况,开始可以从容应对,不至于无所适从.

§2.12.1 函数 LinearProgramming[c,m,b]

我们还可以用软件中的函数 LinearProgramming[c,m,b]求解线性规划的数字题.

在§2.7中曾经讨论过选择基本型的规则.我们需要注意,普通的数学与软件 Mathematica 是两个不同的系统.它们有大量相同的东西,但是由于自身的需要,也有许多不同之处.我们不要以为大同小异,就大而化之,粗心大意.要特别注意相关的概念、公式、符号等等之间的异同之处.

对于线性规划,本教程所规定的基本型与软件 Mathematica 所规定的基本型式是不同的.

软件中的函数 LinearProgramming[c,m,b]的宗量是:

c:目标函数的系数向量,

b:主约束条件的右端向量,

m:主约束条件的系数矩阵.

还有四个规定:

在向量 c,b 与矩阵 m 中的元素全都必须是实数.如果输入的全是有理数,答案也是有理数.

LinearProgramming 是求目标函数的最小值,

主约束条件是 $\boldsymbol{mx} \geqslant \boldsymbol{b}$,其中向量 $\boldsymbol{b}$ 并没有规定 $\geqslant \boldsymbol{0}$,

所有的变量约束都默认为 $\geqslant 0$.

因此,利用软件中的函数 LinearProgramming[c,m,b]求解线性规划的数字题时,先要把所给数字题化为软件所规定的形式.例如求解例 2.19:

$$
\begin{aligned}
\max z &= 3x_1 - 2x_2 - x_3, \\
\text{s.t.}\quad & x_1 + x_2 + 2x_3 \leqslant 19, \\
& x_2 - x_3 \geqslant 2, \\
& x_1 - 2x_2 - 3x_3 = 5, \\
& x_1, x_2, x_3 \geqslant 0.
\end{aligned}
$$

题目的任务是求最大值,软件的函数规定是求最小值.通过变换(§2.6.3),目标函数的系数向量是

$$c = [-3\ 2\ 1].$$

要把主约束条件化为规定形式,对第1个条件的两端乘以 -1,不等号反向:

$$-x_1 - x_2 - 2x_3 \geqslant -19.$$

第3个条件等价于

$$
\begin{cases}
x_1 - 2x_2 - 3x_3 \geqslant 5, \\
-x_1 + 2x_2 + 3x_3 \geqslant -5.
\end{cases}
$$

现在可以把相应的数据输入到函数 LinearProgramming[c,m,b]之中:

LinearProgramming[{-3,2,1},{{-1,-1,-2},{0,1,-1},
{1,-2,-3},{-1,2,3}},{-19,2,5,-5}]

求得它的值是 14,3,1.

就是说, $x_1=14,x_2=3,x_3=1$,

立刻算得目标函数值为 $z=35$.

§2.12.2 提示信息

假设用户已经认定,求解某个题目就要编写一个计算程序.把这个程序称作题目的**实际模型**.用户输入相应表达式和数据,得到一个**模型草稿**.发出执行命令后,系统对它进行编译检查.通过了,得到语法无误的**求解模型**.系统算出它的值,用户回到所研究的题目而得到**答案**.

从题目到答案有六个环节,从一个到下一个,需要核对两者是否一致,首尾是否相容,出错的可能是存在的,如下表:

第1步		第2步		第3步		第4步		第5步		第6步
题 目	→	实际模型	→	模型草稿	→	求解模型	→	模型的值	→	答 案
	建模出错		输入出错		编译出错		计算出错		理解出错	

系统能够对输入性出错和编译性出错在屏幕上发出种种**提示信息**,帮助用户发现疑点和出错所在.只有极微小的概率,计算出错的原因系软硬件自身所致.

用户完成一轮改正后,再次发出运行命令,反复若干次,直至通过为止.

要逐步学会阅读系统的提示信息,以便引起注意,较快找出错误,提高工作效率.

提示信息的格式是

symbol::uvw:tag

当前我们所遇到的大体有三种:

一般信息;

注意信息,包括可疑事项以及原因所在;

出错信息.

学会阅读提示信息的一种方法是:设想有一个已经通过了的程序.在它的基础上,用户故意制造这样那样的错误,观察系统如何反应,如何显示提示信息.

例如§2.9中所讨论的数字例(例2.17).输入的表达式(/程序)是

ConstrainedMax[2x1 +3x2 +x3 +2x4,
{x1 +x2 +x3 +x4 ==9,4x2 +2x3 +4x4 ==12,
5x1 +6x2 +5x3 +7x4 ==46},{x1,x2,x3,x4}] (12.1)

求值的结果是

{15,{x1 ->4,x2 ->1,x3 ->4,x4 ->0}}

这表明,表达式的值由两个部分所组成.最大值和最优解.

(12.1)是一个已经通过了的程序.

把表达式(12.1)重新输入一遍.在输入的过程中,就发现一个最为简单的提示信息.它是关于括号配对信息.表达式或程序中有若干个括号,(),{},[]等等.它们总是成对出现的.为了提醒用户及时注意和检查,当他输入黑色文字时,输入了一侧括号,与它配对的另一个括号尚未输入之前,总用另一种颜色(例如红色)显示,一旦输入了,就自动转为黑色.红色就是一种提示信息.所以在一个模型草稿中,如果含有红色括号,它总是不完整的.如果用户故意把(12.1)的第3个宗量中少输入最后的一个花括号"}",硬是要进行计算,结果出现语法错误:

Syntax::bktmch:"{x1,x2,x3,x4" must be followed by"}",not"]"

如果把表达式的名字错误地输入为"ConstraintMax",编译时,显示一般提示信息:指出这个名字是新的,它与内置的表达式名ConstrainedMax相似,提示可能是拼写有错:

General::spell1:Possible spelling error:new symbol name "ConstraintMax" is similar to existing symbol "ConstrainedMax".

如果把(12.1)的方括号内的第3个宗量"{x1,x2,x3,x4}"忘记输入,显示的语法出错信息是表达式不完全,需要更多的输入:

Syntax::sntxi:Incomplete expression;more input is needed.

如果仅仅输入了目标函数,出错信息是

ConstrainedMax::argr:ConstrainedMax called with 1 argument;3 arguments are expected.

它是说,表达式ConstrainedMax的宗量规定有三个.用户调用它的只有一个宗量,系统等待输入三个宗量.

如果在第3个宗量中的第4个变量"x4"误输入为"x",所输入的表达式表明,需要求解的题目中有四个变量{x1,x2,x3,x},而这时,系统认定x4只是一个常量符号.它没有赋以确定的实数值.目标函数中2x4是常数项,不是一个未确定的实数.系统显示的出错信息是

ConstrainedMax::cmfc:Constant term 2x4 in 2x1+3x2+x3+2x4 is not a real number.

如果把(12.1)的第1个主约束条件的等号关系符"=="误输入为"=",而软件规定,后者是一个赋值号.这样,第1个条件不再是等号型约束,它是赋值语句.显示两条出错信息:其中第一条是目标函数中常数项不是一个实数.

Set::write:Tag Plus in x1+x2+x3+x4 is Protected.

ConstrainedMax::cmeq:9 is not a valid equation or inequality.

如果像(12.1)那样,只是在第1个主约束条件的右端的常数9误为9000.这时编译系统是无法检出错误的.然而,求值的结果是无解,系统把错误输入的表达式作为输出.

如果输入的程序中某一种错误反复出现多到三个以上,通常只显示三个相同的提示信息,再添上信息 General::stop. 如果您希望全部列出,把这个信息关闭掉:

Off[General::stop].

用户可以用上面的 Off 表达式让某类信息不逐一显示,系统就把所输入的有错的表达式作为输出的结果显示在屏幕上.

读到此,相信读者不仅大体能够处理当前所学的线性规划所需的提示信息,而且已经对软件 Mathematica 中的提示信息有了初步的了解.

§ 2.12.3 软件 Mathematica 的一个基本概念:隔间(Cell)

一篇科技论文往往包含文本文字符号、数值计算、符号计算、绘制图形,编制表格,甚至包含音像效果等等.软件 Mathematica 做了一项重要的技术创新,把这些功能有机地融会在一个稿本(Notebook)里,保持公式推导,数值计算,图形可视,操作一致与连续化.这种灵活性给用户带来很大的方便,能起到层次可寻的效果,为了实现这样的功能,引入了一个基本概念,隔间.

打开一个新稿本,输入数据或表达式时,窗口右边末端会出现一个异于黑色(例如蓝色)的右侧方括号"]",它和它的左边的内容一起所组成的部分叫做一个隔间(/单元/细胞)(Cell).

隔间有它的格式,还有与格式相匹配的内容.

按隔间的格式来分,有文本隔间(TextData),表达式隔间(BoxData),表格隔间(TableData),图形隔间(GraphicsData)等等.文本隔间又有标题、段落、文本等等的隔间.

打开一个新稿本,它就是一个空的文本隔间.

软件的一个原则和结构是,任何一个稿本都是由层次分明的各种隔间所组成.它们之间的关系和操作系统 Windows 中各个文件夹与文件的结构相似.

软件设置了有二三十种隔间.它们可以在菜单 Format|Cell Style 中找到.每个隔间还可以有各种的字体、大小、颜色、背景等等选项.

光标落在一个隔间中,变成平躺着的罗马字母 I,有点像" >—< "的样子.

在隔间之外,单击鼠标就开始一个新的隔间.就可以输入任何代码.

在一个隔间内,单击任何一个位置,就激活(Active)了它,可以在它之中做种种操作.在这隔间之外单击就让它休眠(Inactive).

用下拉菜单 Cell 中的种种命令，对隔间作相应的操作.

用分割隔间(Divide Cell)命令把选定的部分内容，分离出来，成为另一个隔间. 用合并隔间(Merge Cells)命令把相邻的若干个隔间合并成一个大隔间.

组隔间是一个隔间，它包含若干各子隔间.

用创建组隔间(Group Cells)命令把所选定的若干个相邻隔间之外加上一个大括号，使之成为一个组隔间. 还可以用取消组隔间(Ungroup Cells)命令删去所选组隔间的括号.

利用隔间的独立性，可以在各自隔间中修改表达式，调试程序，计算它们的值，再把通过了的若干个隔间合并成一个组隔间. 便于演示应用.

菜单 Cell 还有一些操作命令，例如：

格式化(Formatted)——如果隔间已经被格式化，那么该菜单项前会显示一个复选钩. 用户输入的文本和表达式往往是未经格式化的，而系统输出的内容则是格式化的. 未经格式化的隔间的内容属于一般的文本内容，可以进行编辑，而一个格式化了的内容则不能进行编辑. 对于数学公式和 PostScript 图形来说，将隔间格式化是必要的.

锁定(Locked)：一旦符号或者表达式被锁定，此前赋有的一切属性将不能再改变.

初始化(Initialization)：用户可以通过这个命令指定或者取消隔间的这一属性. 当一个包含有已经初始化了的隔间的文件被打开时，系统会询问是否计算所有已经初始化过的隔间. 操作步骤是

Initialization | Option(选项) | Action(操作)

练　习　2

2.1　在下列的方程组中

$$-2x_1+3x_2-x_3=3,$$
$$5x_1+6x_2+2x_3=60,$$

(1) 找出一个解；

(2) 找出一个基解；

(3) 找出一个基可行解.

2.2　在下列的方程组中

$$2x_1+3x_2-x_3=4,$$
$$4x_1+6x_2+2x_3=60,$$

(1) 找出一个解；

(2) 找出一个基解；

(3) 问关于$\{x_2,x_3\}$的基解是可行的吗？

(4) 问关于$\{x_1,x_2\}$,方程组何时无解,何时有无穷多个解?

【答:(4)当 $x_3=13$ 时有无穷多个解.】

2.3　下列的方程组

(1) $$\begin{aligned} 2x_1+3x_2+x_3 \quad\quad &=3,\\ 4x_1+6x_2 \quad\quad +x_4 &=10; \end{aligned}$$

(2) $$\begin{aligned} 2x_1-3x_2+x_3 \quad\quad &=3,\\ 4x_1+6x_2 \quad\quad +x_4 &=10 \end{aligned}$$

是关于$\{x_3,x_4\}$的指归形式. 问能否用 x_2 置换 x_3 或 x_4 而得到一个新的可行基?

【答:(1) $\{x_2,x_4\}$是一个可行基. (2) $\{x_2,x_3\}$是一个可行基.】

2.4　在下列不等式组中:

$$x_1+2x_2+x_3\leqslant 8,$$
$$2x_1+3x_2+x_3\leqslant 11,$$

求关于(1)$\{x_1,x_2\}$;(2)$\{x_2,x_3\}$的基解. 问它们是可行的吗?

【答:(1) 不是基可行解. (2) 是基可行解.】

2.5　用有限改进法求解下列的线性规划数字题:

(1) $$\begin{aligned} &\max z=2x_1+3x_2+x_3,\\ &\text{s.t.}\quad x_1+2x_2+x_3\leqslant 8,\\ &\qquad\ 2x_1+3x_2+x_3\leqslant 11,\\ &\qquad\ x_1,x_2,x_3\geqslant 0; \end{aligned}$$

(2) $$\begin{aligned} &\max z=2x_1-x_2+x_3,\\ &\text{s.t.}\quad 3x_1+x_2+x_3\leqslant 60,\\ &\qquad\ x_1-x_2+2x_3\leqslant 30,\\ &\qquad\ x_1+x_2-x_3\leqslant 20,\\ &\qquad\ x_1,x_2,x_3\geqslant 0. \end{aligned}$$

【答:(1) 有无穷多个解. 例如,$x_1=1.375,x_2=2.75,x_3=0;z=11$. (2) $x_1=18,x_2=0,x_3=6;z=42$.】

2.6　求解例 2.13,说明它具有无穷多个最优解.

2.7　求解 §2.10.1 中的例 2.18.

2.8　用数学软件求解 §2.10.2 的数字例.

【答案:$x_1=14,x_2=3,x_3=1;z=35$.】

2.9　用软件 Mathematica 求解练习 2.5 中的两个数字题.

第 3 章

产品结构优化问题的进一步讨论 整数规划简介

本章讨论产品结构优化问题所衍生出来的诸多实际题目，分四个部分.

一、在建立了基本计算公式(1.7)的基础上，讨论所谓的灵敏度分析，包括改变资源量、利润率、技术参数、约束条件等等对答案的影响.还讨论影子价格引申出线性规划的对偶问题.它们都能在线性规划范围内解决，统称为第一类题目.

二、讨论第二类题目，主要是决策变量限定为各种整数的情形.它与第一类的题目很不一样.需要建立整数线性规划模型来求解.我们对求解方法作简要介绍.

三、用软件 Mathematica 讨论整数规划问题.

四、介绍线性规划软件 LINDO.

§3.1 一个数字例及其基本公式

§3.1.1 一个数字例

例 3.1 某塑料车间可以生产以下三种管状产品，有关数据如表 3.1 所示：

表 3.1

	甲(m)	乙(m)	丙(m)	限 值
利润(元)	2	3	$3\frac{2}{3}$	?
塑料(kg)	1	1	1	135
工时	1	4	7	405

问如何组织生产，使总利润最大？

根据数据表写成≤型线性规划问题：

$$
\begin{aligned}
\max\ z = 2x_1 + 3x_2 + \frac{11}{3}x_3, \\
\text{s.t.}\quad x_1 + x_2 + x_3 \leqslant 135, \\
x_1 + 4x_2 + 7x_3 \leqslant 405, \\
x_1, x_2, x_3 \geqslant 0.
\end{aligned}
$$

在两个主约束条件中，分别引入松弛变量 s_1 和 s_2，即可在表 3.2 中进行求解：

表 3.2

	基变量	x_1	x_2	x_3	s_1	s_2	b	比值	代号	运算规则
	z	$-2\downarrow$	-3	$-\frac{11}{3}$			0		I_0	
Ⅰ：	s_1	1^*	1	1	1		135	$\frac{135}{1}\rightarrow$	I_1	
	s_2	1	4	7		1	405	$\frac{405}{1}$	I_2	
	z		$-1\downarrow$	$-\frac{5}{3}$	2		270		II_0	$\mathrm{I}_0+2\mathrm{I}_1$
Ⅱ：	x_1	1	1	1	1		135	$\frac{135}{1}$	II_1	I_1
	s_2		3^*	6	-1	1	270	$\frac{270}{3}\rightarrow$	II_2	$\mathrm{I}_2-\mathrm{I}_1$
	z			$\frac{1}{3}$	$\frac{5}{3}$	$\frac{1}{3}$	360	指归形式	III_0	$\mathrm{II}_0+\mathrm{III}_2$
Ⅲ：	x_1	1		-1	$\frac{4}{3}$	$-\frac{1}{3}$	45		III_1	$\mathrm{II}_1-\mathrm{III}_2$
	x_2		1	2	$-\frac{1}{3}$	$\frac{1}{3}$	90		III_2	$\frac{1}{3}\mathrm{II}_2$

所以最优解是 $x_1=45, x_2=90, x_3=0$ (m)．即 [45　90　0]．最大值是 $z=360$ (元)．

总之，答案是：

(1) 最优结构：在三种产品之间，只生产甲与乙两种，不生产丙种．

(2) 最优生产方案：生产甲产品 45 m，乙产品 90 m．

(3) 最大利润：360 元．

(4) 两种资源，塑料和工时，全都用尽．

正如 §2.7 所说，我们把最优解分成最优结构与最优生产方案两个部分，是为了强调，车间主任和生产的组织者，首先关心的是生产哪些产品，然后再考虑生产它们各多少．

§3.1.2 一组基本公式

下面算出表3.2框Ⅲ中$Ⅲ_0$,$Ⅲ_1$,$Ⅲ_2$与框Ⅰ中的$Ⅰ_0$, $Ⅰ_1$, $Ⅰ_2$之间的关系.

$$\begin{aligned}Ⅲ_0 &= Ⅱ_0 + Ⅲ_2 = Ⅱ_0 + \frac{1}{3}Ⅱ_2 \\ &= Ⅰ_0 + 2Ⅰ_1 + \frac{1}{3}(Ⅰ_2 - Ⅰ_1) \\ &= Ⅰ_0 + \frac{5}{3}Ⅰ_1 + \frac{1}{3}Ⅰ_2,\end{aligned}$$

$$Ⅲ_1 = Ⅱ_1 - \frac{1}{3}(Ⅰ_2 - Ⅰ_1) = \frac{4}{3}Ⅰ_1 - \frac{1}{3}Ⅰ_2,$$

$$Ⅲ_2 = \frac{1}{3}Ⅱ_2 = -\frac{1}{3}Ⅰ_1 + \frac{1}{3}Ⅰ_2,$$

即

$$Ⅲ_0 = Ⅰ_0 + \frac{5}{3}Ⅰ_1 + \frac{1}{3}Ⅰ_2, \tag{1.0}$$

$$Ⅲ_1 = \frac{4}{3}Ⅰ_1 - \frac{1}{3}Ⅰ_2, \tag{1.1}$$

$$Ⅲ_2 = -\frac{1}{3}Ⅰ_1 + \frac{1}{3}Ⅰ_2. \tag{1.2}$$

这三个公式叫做例3.1的**基本公式**.它们可以有多方面的解释.

首先,每一个符号,例如$Ⅰ_1$, $Ⅰ_2$,都对应一个方程. $Ⅰ_0$是方程形式的目标函数. $Ⅲ_0$,$Ⅲ_1$,$Ⅲ_2$是从$Ⅰ_0$, $Ⅰ_1$, $Ⅰ_2$经过变换而得到的,而公式(1.0),(1.1)和(1.2)表明了具体的关系.公式(1.0)表明,$Ⅲ_0$是让$Ⅰ_0$不动(或者说乘以1),$Ⅰ_1$乘以$\frac{5}{3}$以及$Ⅰ_2$乘以$\frac{1}{3}$之后相加而得到. $Ⅲ_1$,$Ⅲ_2$分别用公式(1.1)(1.2)而得到.读者可以容易地验证其正确性.有了公式(1.0),(1.1)和(1.2),甚至可以在表3.2中,从框Ⅰ越过框Ⅱ,直接得到框Ⅲ.

其次,如果把方程$Ⅲ_1$中x_3的系数 -1 用符号$x_3(Ⅲ_1)$表示等等,那么由于三个公式是相等的,对于每一个变量,例如x_3,也有相应的公式.例如,由公式(1.1),有

$$x_3(Ⅲ_1) = \frac{4}{3}x_3(Ⅰ_1) - \frac{1}{3}x_3(Ⅰ_2). \tag{1.3}$$

同样,把$Ⅰ_1$的常数项135记作$b(Ⅰ_1)$等等,当然有

$$b(Ⅲ_1) = \frac{4}{3}b(Ⅰ_1) - \frac{1}{3}b(Ⅰ_2). \tag{1.4}$$

等等.

§3.1.3 基本公式的矩阵形式

表 3.2 由三个框所组成. 框Ⅱ的双竖线右侧表示:

$$
\begin{aligned}
\text{Ⅱ}_0 &= \text{Ⅰ}_0 + 2\,\text{Ⅰ}_1, \\
\text{Ⅱ}_1 &= \text{Ⅰ}_1, \\
\text{Ⅱ}_2 &= -\,\text{Ⅰ}_1 + \text{Ⅰ}_2.
\end{aligned}
$$

虽然这三个等式中, Ⅰ_0, Ⅰ_1,等等是方程的代号,不是实数,我们依然模仿矩阵及其乘法来表示上面的三个关系式:

$$
\begin{bmatrix} \text{Ⅱ}_0 \\ \text{Ⅱ}_1 \\ \text{Ⅱ}_2 \end{bmatrix} = \begin{bmatrix} 1 & 2 & \\ & 1 & \\ & -1 & 1 \end{bmatrix} \begin{bmatrix} \text{Ⅰ}_0 \\ \text{Ⅰ}_1 \\ \text{Ⅰ}_2 \end{bmatrix}. \tag{1.5}
$$

表 3.2 框Ⅲ的双竖线的右侧有

$$
\begin{aligned}
\text{Ⅲ}_0 &= \text{Ⅱ}_0 + \text{Ⅲ}_2 = \text{Ⅱ}_0 + \frac{1}{3}\text{Ⅱ}_2, \\
\text{Ⅲ}_1 &= \text{Ⅱ}_1 - \text{Ⅲ}_2 = \text{Ⅱ}_1 - \frac{1}{3}\text{Ⅱ}_2, \\
\text{Ⅲ}_2 &= \frac{1}{3}\text{Ⅱ}_2 \quad = \frac{1}{3}\text{Ⅱ}_2.
\end{aligned}
$$

它们的矩阵形式是

$$
\begin{bmatrix} \text{Ⅲ}_0 \\ \text{Ⅲ}_1 \\ \text{Ⅲ}_2 \end{bmatrix} = \begin{bmatrix} 1 & & \frac{1}{3} \\ & 1 & -\frac{1}{3} \\ & & \frac{1}{3} \end{bmatrix} \begin{bmatrix} \text{Ⅱ}_0 \\ \text{Ⅱ}_1 \\ \text{Ⅱ}_2 \end{bmatrix}. \tag{1.6}
$$

把(1.5)代入(1.6),就得到

$$
\begin{bmatrix} \text{Ⅲ}_0 \\ \text{Ⅲ}_1 \\ \text{Ⅲ}_2 \end{bmatrix} = \begin{bmatrix} 1 & & \frac{1}{3} \\ & 1 & -\frac{1}{3} \\ & & \frac{1}{3} \end{bmatrix} \begin{bmatrix} 1 & 2 & \\ & 1 & \\ & -1 & 1 \end{bmatrix} \begin{bmatrix} \text{Ⅰ}_0 \\ \text{Ⅰ}_1 \\ \text{Ⅰ}_2 \end{bmatrix}.
$$

求出右端的前两个矩阵的乘积,就得到(1.0),(1.1),(1.2)三个式子的矩阵形式:

$$\begin{bmatrix} Ⅲ_0 \\ Ⅲ_1 \\ Ⅲ_2 \end{bmatrix} = \begin{bmatrix} 1 & \frac{5}{3} & \frac{1}{3} \\ & \frac{4}{3} & -\frac{1}{3} \\ & -\frac{1}{3} & \frac{1}{3} \end{bmatrix} \begin{bmatrix} Ⅰ_0 \\ Ⅰ_1 \\ Ⅰ_2 \end{bmatrix}. \tag{1.7}$$

我们还把它叫做例 3.1 的矩阵形式的基本公式.

上节中讨论了(1.3).当然还有相应于(1.0)和(1.2)的关于 x_3 的公式.我们甚至有(1.7)关于 x_3 的公式:

$$\begin{bmatrix} x_3(Ⅲ_0) \\ x_3(Ⅲ_1) \\ x_3(Ⅲ_2) \end{bmatrix} = \begin{bmatrix} 1 & \frac{5}{3} & \frac{1}{3} \\ & \frac{4}{3} & -\frac{1}{3} \\ & -\frac{1}{3} & \frac{1}{3} \end{bmatrix} \begin{bmatrix} x_3(Ⅰ_0) \\ x_3(Ⅰ_1) \\ x_3(Ⅰ_2) \end{bmatrix}. \tag{1.8}$$

在讨论了(1.5),当然还可以讨论另外两个式子.从而有(1.5)关于常数项 b 的公式:

$$\begin{bmatrix} b(Ⅲ_0) \\ b(Ⅲ_1) \\ b(Ⅲ_2) \end{bmatrix} = \begin{bmatrix} 1 & \frac{5}{3} & \frac{1}{3} \\ & \frac{4}{3} & -\frac{1}{3} \\ & -\frac{1}{3} & \frac{1}{3} \end{bmatrix} \begin{bmatrix} b(Ⅰ_0) \\ b(Ⅰ_1) \\ b(Ⅰ_2) \end{bmatrix}. \tag{1.9}$$

§3.1.4　问题的进一步提出

现在再来考察例 3.1 和表 3.2.各框中的 z 行都是检验行,是判定当前基可行解能否得到改进、确定用什么变量进入当前基的根本依据.到达框Ⅲ,我们从检验行发现,当前的可行基是$\{x_1,x_2\}$,两个基变量的检验数都等于零;非基变量 x_3 和松弛变量 s_1,s_2 的检验数都是非负的,这里事实上都是正数.我们认定当前的可行基$\{x_1,x_2\}$是最优基,我们已经得到了最优解和目标函数的最大值.

非基变量 x_3 之所以没有能进入最优基$\{x_1,x_2\}$,原因在于它的检验数$\frac{1}{3}$是一个正数.如果这个数换成比它小$\frac{1}{3}$,甚至更小的数,这时,x_3 的检验数不再是正数,甚至是一个负数.当然它就有资格进入当前的基,$\{x_1,x_2\}$可能不再是最优基.在整个这张表的各个框中,观察变量 x_3 的检验数变化的过程,如果框Ⅰ中 x_3 的检验数的绝对值更大一些,达到 $4(=\frac{12}{3})$以上,最优基就会发生变化.这就是说,对于这个数字题,之所以没有让丙产品生产,是因为它的利润率太小了,至少小了$\frac{1}{3}$.

还有一个问题是.松弛变量 s_1 没有进入最优基,在最优解中,s_1 的值等于零.塑料 135 kg 被全部用尽.它的检验数是负数,在框 I 中 s_1 的单价是说,剩余的塑料不值钱(等于0),要是它的单价增大$\frac{5}{3}$,甚至更大,情况也会发生变化了.

所以,在得到最优解的框Ⅲ中,那些正的检验数表明相应产品没有能够投入生产的原因是利润率小了,资源没有结余的原因是所定的单价太低了.

如果是成本最小问题 也可以做类似的讨论.那些没有被选用的产品是因为它的成本太大的缘故.

为此,在获得最优解的一个框里,那些没有进入最优基的变量的检验数统称做**增大利润率(/降低成本率**,Reduced cost).

这表明,一个产品结构优化问题的数字例,已经得到了它的答案之后,还有许多事情值得研究.首先,像上面所讨论的,要弄清楚各个变量的检验数之间的关系与实际意义.

还有,仍旧讨论例 3.1 吧,当某些数据变动了,答案一般将随之变化.这就出现两种提法.

一是有哪些数据可能发生变化?

二是果真变化了,如何找出新数据下的答案?如何研究新旧答案之间的关系?

对于前者,无论从"数学要研究一切可能性"的角度来说,还是从生产实际问题来看,至少有以下的题目可供研究.

(1) 考虑是否生产某种新产品.

(2) 由于销售方面的原因,停止生产某产品,或限定某产品的产量范围.

(3) 利润率发生波动.

(4) 技术改进使技术参数发生变化.

(5) 可供应的资源量增加或减少.

(6) 增减主约束条件;改变某些变量的约束范围等等.

对于这些题目,改变数据或约束条件之后,它们仍旧是一个线性规划的数字题.一个最简单的方法是直接求解这个新的数字题,再与原先的答案进行比较.这样做,就没有多少可讨论的了.

本教程讨论的产品结构优化问题的数字例规模都很小(即产品种类很少,所涉资源品种不多).而生产实际中遇到的问题的规模要大得多.在纸上笔算,从头做起,往往花很多的精力和费用做大量重复的工作.我们已经能够使用科学计算软件得到答案，似乎可以解决这种困难. 然而，一个规模巨大的实际问题，为了改变某一些参数而重新计算一次，依然造成时间和经济的浪费. 作为科学计算来说，"有效"始终是人们所追求的. 弄清道理，更是一种科学精神. 我们将采用另外一个思路，就是从已经做了的工作出发，继续前进. 公式(1.1)、(1.2)、(1.3)将起到良好作用.

§3.2　新产品投入生产问题

技术部门有时建议生产某种新产品，或者用户要求生产某种产品等，车间主任需要研究改变产品结构是否合算. 所谓合算，我们在此严格限于能否增加总利润这个唯一标准.

例 3.2　以例 3.1 为基础，车间在甲、乙、丙三种产品之间已经找出了最优解. 现有丁产品(新产品或用户要求生产的产品)，设生产 1 m 需塑料 3 kg 和工时 5 小时，每米利润为 6 元. 表 3.1 变为下面的表 3.3.

表 3.3

	甲(m)	乙(m)	丙(m)	丁(m)	限　值
利润(元)	2	3	$3\frac{2}{3}$	6	?
塑料(kg)	1	1	1	3	135
工时	1	4	7	5	405

问：

(1) 丁产品是否值得投入生产？

(2) 每 m 丁产品的利润大到什么程度，就值得投入生产？

(3) 如果丁产品的每 m 利润不是 6 元而是 7 元，最优解如何？

现在来讨论求解的方法.

(1) 可以设想，像表 3.1 和表 3.2 那样，从表 3.3 列出计算表格，从头做起，其结果，与表 3.2 相比较，可以看到：

(ⅰ) 现在只多了一个决策变量 x_4 和相应的一列.

(ⅱ) 做出的框Ⅲ中，除了多出 x_4 这一列(包括它的检验数)外，全部与表 3.2 的框Ⅲ相同.

(ⅲ) 在框Ⅲ中，暂时不谈 x_4 的检验数，其他检验数都是非负的.

这时，如果 x_4 的检验数 $x_4(Ⅲ_0)$ 也是正的，框Ⅲ已是指归形式，最优产品结构依然是生产甲、乙两种产品. 投产丁产品，肯定会降低总利润. 如果 $x_4(Ⅲ_0)$ 不是正数，则丁产品一定可以投入生产，至少不会降低总利润.

以上讨论表明，表 3.2 在这里全部有用，无需变更. 弃之不用，太可惜了. 设

想在表 3.2 的框 I 内添加 x_4 列，它是

	……	x_4	……	
	……	-6	……	I_0
I：	……	3	……	I_1
	……	5	……	I_2

虽然目标函数与每一个约束条件都添了 x_4 项，我们约定，它们的代号仍用 I_0，I_1，I_2 等等不变. 这样，上节的三个公式(1.0)，(1.1)，(1.2)在新的计算表中依然适用，依然可以用 $x_4(I_0)$ 表示在新的计算表中 I_0 的 x_4 的系数等等. 直接利用这三个公式就能算出关于 x_4 这一列的各个值. 首先计算它的检验数

$$x_4(\text{III}_0)=x_4(I_0)+\frac{5}{3}x_4(I_1)+\frac{1}{3}x_4(I_2)=-6+\frac{5}{3}\times 3+\frac{1}{3}\times 5=\frac{2}{3}.$$

它是一正数. 所以，连 $x_4(\text{III}_1)$ 和 $x_4(\text{III}_2)$ 都不必计算，就已断定丁产品不值得生产.

(2) 丁产品是否值得投产，技术参数不变时，主要依利润率多少而定. 那么利润应该达到多少才行呢？代数的基本办法是：设它为 δ_4. 于是表 3.1 中应该添入的 x_4 列是

	……	x_4	……	
	……	$-\delta_4$	……	I_0
I：	……	3	……	I_1
	……	5	……	I_2

于是　$x_4(\text{III}_0)=x_4(I_0)+\frac{5}{3}x_4(I_1)+\frac{1}{3}x_4(I_2)=-\delta_4+\frac{5}{3}\times 3+\frac{1}{3}\times 5=-\delta_4+\frac{20}{3}.$

为了争取丁产品能够投入生产，$x_4(\text{III}_0)$ 应该是非正的：

$$-\delta_4+\frac{20}{3}\leqslant 0,\ \delta_4\geqslant\frac{20}{3}.$$

因此，每米丁产品的利润必需不小于 $6\frac{2}{3}$ 元，才值得投入生产.

(3) 如果 $\delta_4=7$，则

$$\begin{bmatrix}x_4(\text{III}_0)\\x_4(\text{III}_1)\\x_4(\text{III}_2)\end{bmatrix}=\begin{bmatrix}1&\frac{5}{3}&\frac{1}{3}\\&\frac{4}{3}&-\frac{1}{3}\\&-\frac{1}{3}&\frac{1}{3}\end{bmatrix}\begin{bmatrix}x_4(I_0)\\x_4(I_1)\\x_4(I_2)\end{bmatrix}=\begin{bmatrix}1&\frac{3}{5}&\frac{1}{3}\\&\frac{4}{5}&-\frac{1}{3}\\&-\frac{1}{3}&\frac{1}{3}\end{bmatrix}\begin{bmatrix}\delta_4\\3\\5\end{bmatrix}=\begin{bmatrix}-\frac{1}{3}\\\frac{7}{3}\\\frac{2}{3}\end{bmatrix}.$$

所以应在表 3.2 的框Ⅲ中添入 x_4 列

	……	x_4	……	
	……	$-\frac{1}{3}$	……	Ⅲ$_0$
Ⅲ:	……	$\frac{7}{3}$	……	Ⅲ$_1$
	……	$\frac{2}{3}$	……	Ⅲ$_2$

余下的计算如表 3.4 所示：

表 3.4

	基变量	x_1	x_2	x_3	x_4	s_1	s_2	b	比值	代号	运算规则
Ⅲ:	z			$\frac{1}{3}$	$-\frac{1}{3}\downarrow$	$\frac{5}{3}$	$\frac{1}{3}$	360		Ⅲ$_0$	
	x_1	1		-1	$\frac{7}{3}^{*}$	$\frac{4}{3}$	$-\frac{1}{3}$	45	$45/\frac{7}{3}\rightarrow$	Ⅲ$_1$	
	x_2		1	2	$\frac{2}{3}$	$-\frac{1}{3}$	$\frac{1}{3}$	90	$90/\frac{2}{3}$	Ⅲ$_2$	
Ⅳ:	z	$\frac{1}{7}$		$\frac{4}{21}$		$\frac{13}{7}$	$\frac{2}{7}$	$366\frac{3}{7}$	指归形式	Ⅳ$_0$	Ⅲ$_0+\frac{1}{3}$Ⅳ$_1$
	x_4	$\frac{3}{7}$		$-\frac{3}{7}$	1	$\frac{4}{7}$	$-\frac{1}{7}$	$19\frac{2}{7}$		Ⅳ$_1$	$\frac{3}{7}$Ⅲ$_1$
	x_2	$-\frac{2}{7}$	1	$\frac{16}{7}$		$-\frac{5}{7}$	$\frac{3}{7}$	$77\frac{1}{7}$		Ⅳ$_2$	Ⅲ$_2-\frac{2}{3}$Ⅳ$_1$

最优解是$[0 \quad 77\frac{1}{7} \quad 0 \quad 19\frac{2}{7}]$. 目标函数的最大值为 $z=366\frac{3}{7}$(元).

所以,由于丁产品与甲、乙、丙产品一并考虑,计算的结果(也即推理的结果,思考的结果)表明,在例 3.1 得到的答案需要改变为:

(ⅰ) 最优结构是:继续生产乙产品,不再生产甲产品,而改为生产丁产品.

(ⅱ) 最优生产方案:乙产品由 90 m 降为生产 $77\frac{1}{7}$ m,丁产品生产 $19\frac{2}{7}$ m.

(ⅲ) 利润由 360 元增加到 $366\frac{3}{7}$元;增加了 $6\frac{3}{7}$元.

(ⅳ) 两种资源全部用尽.

当然,这里的答案都是以能否增加利润为唯一标准的. 车间主任考虑的问题比这要复杂得多. 例如要让甲产品停产,社会是否许可? 用户是否因违约而申诉? 让丁产品投产,转产需要的代价比之于总利润所增的 $6\frac{3}{7}$元,是否合算? 工人技术条件是否立刻具备? 等等. 但是,无论如何,车间主任作决策时,这个利润率 δ_4 必须 $\geqslant\frac{20}{3}$,这个所增利润 $6\frac{3}{7}$元,无疑是一组很有益的信息.

§3.3 变更技术参数或利润率的问题

§3.3.1 变更技术参数问题

研究产品结构优化问题时,因引进新技术、新工艺改变了技术参数,或者因调整材料、能源价格以及增加费用等等,答案将随之发生变化.

例 3.3 在例 3.1 中,因引进新工艺,

(1) 丙产品每 m 用工时数从 7 减到 $6\frac{1}{2}$;

(2) 甲产品每 m 用工时从 1 减到$\frac{4}{5}$.

问分别如何组织生产,使总利润最大?

现在来求解这两个问题.

(1) 在例 3.1 中,丙产品没有投入生产.现在它有了新工艺,作为新产品是否投入生产问题来求解,它的决策变量设为 p_3,数据为

	… …	p_3	… …	
	… …	$-\frac{11}{3}$	… …	I_0
I :	… …	1	… …	I_1
	… …	$\frac{13}{2}$	… …	I_2

相应于表 3.2 框Ⅲ中,p_3 的检验数为

$$p_3(\mathrm{III}_0)=p_3(\mathrm{I}_0)+\frac{5}{3}p_3(\mathrm{I}_1)+\frac{1}{3}p_3(\mathrm{I}_2)=-\frac{11}{3}+\frac{5}{3}\times 1+\frac{1}{3}\times\frac{13}{2}=\frac{1}{6}.$$

它是正数,表明 p_3 没有资格进入基.这就是说,尽管丙产品有了新工艺,从最大总利润的标准来衡量,它依然不能投入生产.现在的答案与例 3.1 的相同.

(2) 本来,甲产品是投入生产的,现在,有像本题的新工艺的甲产品,肯定会替换旧工艺的.因为每 m 利润不变,而资源(工时)节省了.

为了求得生产方案,按表 3.2 框Ⅲ,新工艺的甲产品的决策变量记作 p_1.它的数据为

	… …	p_1		
	… …	-2	… …	I_0
I :	… …	1		I_1
	… …	$\frac{4}{5}$	… …	I_2

设想把它放进表3.2框Ⅰ,应用§3.1的公式(1.3),算出它在框Ⅲ中相应的向量

$$\begin{bmatrix} p_1(\text{Ⅲ}_0) \\ p_1(\text{Ⅲ}_1) \\ p_1(\text{Ⅲ}_2) \end{bmatrix} = \begin{bmatrix} 1 & \frac{5}{3} & \frac{1}{3} \\ & \frac{4}{3} & -\frac{1}{3} \\ & -\frac{1}{3} & \frac{1}{3} \end{bmatrix} \begin{bmatrix} p_1(\text{Ⅰ}_0) \\ p_1(\text{Ⅰ}_1) \\ p_1(\text{Ⅰ}_2) \end{bmatrix} = \begin{bmatrix} 1 & \frac{5}{3} & \frac{1}{3} \\ & \frac{4}{3} & -\frac{1}{3} \\ & -\frac{1}{3} & \frac{1}{3} \end{bmatrix} \begin{bmatrix} -2 \\ 1 \\ \frac{4}{5} \end{bmatrix} = \begin{bmatrix} -\frac{1}{15} \\ \frac{16}{15} \\ -\frac{1}{15} \end{bmatrix}$$

$p_1(\text{Ⅲ}_0)$是负数.再次表明,新工艺的甲产品应该投入生产.我们在表3.2框Ⅲ中,删去x_1列,添入p_1列,得到下表的框Ⅲ.由于x_1已被删去,Ⅲ_1最左端成为空格,又p_1的检验数为负,$\frac{16}{15}$成为主元素,余下的计算见表3.5.

表3.5

	基变量	p_1	x_2	x_3	s_1	s_2	b	比值	代号	运算规则
Ⅲ:	z	$-\frac{1}{15}\downarrow$		$\frac{1}{3}$	$\frac{5}{3}$	$\frac{1}{3}$	360		Ⅲ_0	
		$\frac{16}{15}^*$		-1	$\frac{4}{3}$	$-\frac{1}{3}$	45	$45/\frac{16}{15}\to$	Ⅲ_1	
	x_2	$-\frac{1}{15}$	1	2	$-\frac{1}{3}$	$\frac{1}{3}$	90		Ⅲ_2	
Ⅳ:	z			$\frac{13}{48}$	$\frac{7}{4}$	$\frac{5}{16}$	$362\frac{13}{16}$	指归形式	Ⅳ_0	$\text{Ⅲ}_0+\frac{1}{15}\text{Ⅳ}_1$
	p_1	1		$-\frac{15}{16}$	$\frac{5}{4}$	$-\frac{5}{16}$	$42\frac{3}{16}$		Ⅳ_1	$\frac{15}{16}\text{Ⅲ}_1$
	x_2		1	$\frac{31}{16}$	$-\frac{1}{4}$	$\frac{5}{16}$	$92\frac{13}{16}$		Ⅳ_2	$\text{Ⅲ}_2+\frac{1}{15}\text{Ⅳ}_1$

所以,$p_1=42\frac{3}{16}$,$x_2=92\frac{13}{16}$,$x_3=s_1=s_2=0$(m).最大值为$z=362\frac{13}{16}$(元).

答案是:(ⅰ) 最优结构不变.继续生产乙产品,并用新工艺生产甲产品.

(ⅱ) 甲产品的产量从45 m降为$42\frac{3}{16}$ m,而乙产品则从90 m增加为$92\frac{13}{16}$ m.

(ⅲ) 总利润从360元增加至$362\frac{13}{16}$元,即增加了$2\frac{13}{16}$元.

这里出现了一个有趣的现象.甲产品的新工艺使每m产品节省$\frac{1}{5}$工时,对生产做出了贡献.为了总利润最大,却要求甲产品减产,让乙产品增加产量.这也许不是人们的直觉所能接受的.

§3.3.2　调整利润率问题

例3.4　在例3.1中,

(1) 甲产品每m利润从2元降为$1\frac{1}{2}$元,问如何组织生产,使总利润最大?

（2）让甲产品每 m 利润在什么范围内波动，无需变更原先的最优产品结构？下面来求解．

（1）把降低了利润率的甲产品作为新产品，相应的决策变量记作 p_1．在表 3.2 框 Ⅰ 中删去 x_1 列，添入 p_1 列，数据为

	… …	p_1	… …	
	… …	$-\frac{3}{2}$	… …	I_0
Ⅰ：	… …	1	… …	I_1
	… …	1	… …	I_2

p_1 列在框Ⅲ中有

$$\begin{bmatrix} p_1(\text{III}_0) \\ p_1(\text{III}_1) \\ p_1(\text{III}_2) \end{bmatrix} = \begin{bmatrix} 1 & \frac{5}{3} & \frac{1}{3} \\ & \frac{4}{3} & -\frac{1}{3} \\ & -\frac{1}{3} & \frac{1}{3} \end{bmatrix} \begin{bmatrix} p_1(\text{I}_0) \\ p_1(\text{I}_1) \\ p_1(\text{I}_2) \end{bmatrix} = \begin{bmatrix} 1 & \frac{5}{3} & \frac{1}{3} \\ & \frac{4}{3} & -\frac{1}{3} \\ & -\frac{1}{3} & \frac{1}{3} \end{bmatrix} \begin{bmatrix} -\frac{3}{2} \\ 1 \\ 1 \end{bmatrix} = \begin{bmatrix} \frac{1}{2} \\ 1 \\ 0 \end{bmatrix} = \begin{bmatrix} \frac{1}{2} \\ x_1(\text{III}_1) \\ x_1(\text{III}_2) \end{bmatrix}$$

所以在表 3.2 框Ⅲ中，只需改动两处：把 x_1 换为 p_1 以 x_1 的检验数 0 换为 p_1 的检验数 $\frac{1}{2}$，即可得到框Ⅲ．这不是指归形式，因为基变量 p_1 的检验数不是零．作 $\text{III}_0-\frac{1}{2}\text{III}_1$，其余见表 3.6．

表 3.6

	基变量	p_1	x_2	x_3	s_1	s_2	b	比值	代号	运算规则
	z	$\frac{1}{2}$		$\frac{1}{3}$	$\frac{5}{3}$	$\frac{1}{3}$	360		III_0	
Ⅲ：	p_1	1		-1	$\frac{4}{3}$	$-\frac{1}{3}$	45		III_1	
	x_2		1	2	$-\frac{1}{3}$	$\frac{1}{3}$	90		III_2	
	z			$\frac{5}{6}$	1	$\frac{1}{2}$	$337\frac{1}{2}$	指归形式	IV_0	$\text{III}_0-\frac{1}{2}\text{IV}_1$
Ⅳ：	p_1	1		-1	$\frac{4}{3}$	$-\frac{1}{3}$	45		IV_1	III_1
	x_2		1	2	$-\frac{1}{3}$	$\frac{1}{3}$	90		IV_2	III_2

所以，最优方案与例 3.1 的一致，总利润变为 $337\frac{1}{2}$元，比先前的减少了 $22\frac{1}{2}$

元. 这是显然的. 甲产品依然生产 45 m,而每 m 利润减少了 0.5 元.

(2) 车间主任关心更为深刻的问题. 它是,在例 3.1 中,甲产品每 m 利润在什么范围内波动时,最优结构不变.

设甲产品每 m 利润为 c_1 元. 在开始计算时,不妨暂时认定它是某个常数. 这样可用上面的两个步骤来推导.

第 1 步,在本题的框Ⅰ中,有 p_1 列

	……	p_1	……	
	……	$-c_1$	……	I_0
Ⅰ:	……	1	……	I_1
	……	1	……	I_2

算出框Ⅲ中 p_1 的检验数 $p_1(\mathrm{III}_0)$:

$$p_1(\mathrm{III}_0)=p_1(\mathrm{I}_0)+\frac{5}{3}p_1(\mathrm{I}_1)+\frac{1}{3}p_1(\mathrm{I}_2)$$

$$=-c_1+\frac{5}{3}\times 1+\frac{1}{3}\times 1=-c_1+2.$$

所以,在表 3.2 框Ⅲ中,把 x_1 换为 p_1,把 x_1 的检验数 0 换为 p_1 的检验数 $-c_1+2$,得到本题的框Ⅲ.

第 2 步,为了消去这个检验数,作 $\mathrm{III}_0-(-c_1+2)\mathrm{III}_1$ 得到框Ⅳ. 它的 IV_0 中,p_1,x_2 的检验数均为零,按 IV_1 与 IV_2 的结构,当非基变量 x_3、s_1 和 s_2 的检验数分别都是非负的,就能保证原先最优结构不变. 也即无需变更原先的最优产品结构. 这些讨论的具体计算可见表 3.7.

表 3.7

	基变量	p_1	x_2	x_3	s_1	s_2	b	比值	代号	运算规则
	z	$-c_1+2$		$\frac{1}{3}$	$\frac{5}{3}$	$\frac{1}{3}$	360		III_0	
Ⅲ:	p_1	1		-1	$\frac{4}{3}$	$-\frac{1}{3}$	45		III_1	
	x_2		1	2	$-\frac{1}{3}$	$\frac{1}{3}$	90		III_2	
	z			A	B	C	D		IV_0	$\mathrm{III}_0-(-c_1+2)\mathrm{IV}_1$
Ⅳ:	p_1	1		-1	$\frac{4}{3}$	$-\frac{1}{3}$	45		IV_1	III_1
	x_2		1	2	$-\frac{1}{3}$	$\frac{1}{3}$	90		IV_2	III_2

其中 $A\geqslant 0$,$B\geqslant 0$,$C\geqslant 0$,即

$$\frac{1}{3}-(-c_1+2)(-1)\geqslant 0,\ \frac{5}{3}-(-c_1+2)\frac{4}{3}\geqslant 0,\ \frac{1}{3}-(-c_1+2)\left(-\frac{1}{3}\right)\geqslant 0.$$

算得 $c_1\leqslant\frac{7}{3}, c_1\geqslant\frac{3}{4}, c_1\leqslant 3$. 有

$$\frac{3}{4}\leqslant c_1\leqslant\min\left\{\frac{7}{3},3\right\},$$

即$\frac{3}{4}\leqslant c_1\leqslant\frac{7}{3}$.

因此，在例 3.1 中，当甲产品每 m 利润 c_1 介于$\frac{3}{4}$元与 $2\frac{1}{3}$元之间，最优解（即最优的产品结构及其生产数量）不变，而最大总利润是表中的 D. 它有

$$z=360-(-c_1+2)\times 45=270+45c_1\text{（元）},$$

它当然要随 c_1 在区间$\frac{3}{4}\leqslant c_1\leqslant\frac{7}{3}$的值而定.

建议读者，像讨论甲产品那样，在最优产品结构不变的条件下，讨论乙产品的每 m 利润的变化范围. 答案是：下限为 $2\frac{5}{6}$元，上限为 8 元.

§3.4　改变资源投入问题

产品结构优化问题总要受资源（包括原料、能源、人力、时间等）的约束. 有时，对于某个给定的数字例，某些资源有所增减，例如劳动力调动，采购到若干原料，等等，原先的最优解可能发生变化.

例 3.5　在例 3.1 中，如果可供应的塑料发生变化：

（1）从 135 kg 改为 180 kg；

（2）从 135 kg 改为 510 kg，

问分别应如何组织生产，使利润为最大？

（3）从 135 kg 改为 $(135+t)$kg，问 t 取什么数时，最优产品结构不变？

下面来求解.

（1）本题的框 I 的 b 列为

	… …	b	… …
	… …	0	… …
I：	… …	180	… …
	… …	405	… …

代入 §3.1 的公式(1.3)得

$$\begin{bmatrix} b(\text{Ⅲ}_0) \\ b(\text{Ⅲ}_1) \\ b(\text{Ⅲ}_2) \end{bmatrix} = \begin{bmatrix} 1 & \frac{5}{3} & \frac{1}{3} \\ & \frac{4}{3} & -\frac{1}{3} \\ & -\frac{1}{3} & \frac{1}{3} \end{bmatrix} \begin{bmatrix} b(\text{Ⅰ}_0) \\ b(\text{Ⅰ}_1) \\ b(\text{Ⅰ}_2) \end{bmatrix} = \begin{bmatrix} 1 & \frac{5}{3} & \frac{1}{3} \\ & \frac{4}{3} & -\frac{1}{3} \\ & -\frac{1}{3} & \frac{1}{3} \end{bmatrix} \begin{bmatrix} 0 \\ 180 \\ 405 \end{bmatrix} = \begin{bmatrix} 435 \\ 105 \\ 75 \end{bmatrix}.$$

至于框Ⅲ的其余部分与塑料增减无关. 所以,构造出来的框Ⅲ是指归形式. 答案为

(ⅰ) 最优产品结构没有改变.

(ⅱ) 生产甲、乙两种产品的数量改变了. 甲产品从45 m增加到105 m. 乙产品从90 m降为75 m.

(ⅲ) 总利润从360元增加到435元,即由于多投入塑料45 kg,利润增多了75元.

(ⅳ) 塑料与工时全都用完.

(2) 这时,框Ⅰ的 b 列为

	… …	b	… …
	… …	0	… …
Ⅰ:	… …	510	… …
	… …	405	… …

代入§3.1公式(1.1)(1.2)(1.3),算得

$$b(\text{Ⅲ}_0)=985,\quad b(\text{Ⅲ}_1)=545,\quad b(\text{Ⅲ}_2)=-35.$$

这是不合理的. 因为产量不能出现负数. 观察表3.8的框Ⅲ:

表 3.8

	基变量	x_1	x_2	x_3	s_1	s_2	b	比值	代号	运算规则
	z			$\frac{1}{3}$	$\frac{5}{3}$	$\frac{1}{3}$	985		Ⅲ_0	
Ⅲ:	x_1	1		-1	$\frac{4}{3}$	$-\frac{1}{3}$	545		Ⅲ_1	
	x_2		1	2	$-\frac{1}{3}$	$\frac{1}{3}$	-35		Ⅲ_2	

方程 Ⅲ_2 本来就是

$$x_2+2x_3-\frac{1}{3}s_1+\frac{1}{3}s_2=-35.$$

为了消去右端的负号,两端同时乘以 -1,得到

$$-x_2-2x_3+\frac{1}{3}s_1-\frac{1}{3}s_2=35.$$

我们把这个方程作为IV_2，其余不变，得到框Ⅳ. 余下的计算见表 3.9.

表 3.9

	基变量	x_1	x_2	x_3	s_1	s_2	b	比值	代号	运算规则
	z			$\frac{1}{3}$	$\frac{5}{3}$	$\frac{1}{3}$	985		III_0	
Ⅲ:	x_1	1		-1	$\frac{4}{3}$	$-\frac{1}{3}$	545		III_1	
	x_2		1	2	$-\frac{1}{3}$	$\frac{1}{3}$	-35		III_2	
	z			$\frac{1}{3}$	$\frac{5}{3}\downarrow$	$\frac{1}{3}$	985		IV_0	III_0
Ⅳ:	x_1	1		-1	$\frac{4}{3}$	$-\frac{1}{3}$	545		IV_1	III_1
			-1	-2	$\frac{1}{3}^{*}$	$-\frac{1}{3}$	35		IV_2	$-\mathrm{III}_2$
	z		5	$10\frac{1}{3}$		2	810	指归形式	V_0	$\mathrm{IV}_0-\frac{5}{3}\mathrm{V}_2$
Ⅴ:	x_1	1	4	7		1	405		V_1	$\mathrm{IV}_1-\frac{4}{3}\mathrm{V}_2$
	s_1		-3	-6		-1	105		V_2	$3\mathrm{IV}_2$

所以最优解是

$$x_1=405,\quad x_2=x_3=0,\quad s_1=105,\quad s_2=0(\mathrm{m}).$$

目标函数的最大值是 $z=810$(元).

所以，可供应的塑料由 135 kg 增加到 510 kg，答案变为

(ⅰ) 最优产品结构改变了：从生产甲乙两种产品变为只生产甲产品.

(ⅱ) 只生产甲产品 405 kg.

(ⅲ) 利润从 360 元增加到 810 元.

(ⅳ) 工时用完，而塑料事实上只用去了 405 kg，剩余了 105 kg.

(3) 这时框Ⅰ的 b 列为

	……	b	……
	……	0	……
Ⅰ:	……	$135+t$	……
	……	405	……

由 § 3.1 的公式(1.3)，算得

$$\begin{bmatrix} b(\mathrm{III}_0) \\ b(\mathrm{III}_1) \\ b(\mathrm{III}_2) \end{bmatrix} = \begin{bmatrix} 1 & \frac{5}{3} & \frac{1}{3} \\ & \frac{4}{3} & -\frac{1}{3} \\ & -\frac{1}{3} & \frac{1}{3} \end{bmatrix} \begin{bmatrix} b(\mathrm{I}_0) \\ b(\mathrm{I}_1) \\ b(\mathrm{I}_2) \end{bmatrix} = \begin{bmatrix} 1 & \frac{5}{3} & \frac{1}{3} \\ & \frac{4}{3} & -\frac{1}{3} \\ & -\frac{1}{3} & \frac{1}{3} \end{bmatrix} \begin{bmatrix} 0 \\ 135+t \\ 405 \end{bmatrix} = \begin{bmatrix} 360+\frac{5}{3}t \\ 45+\frac{4}{3}t \\ 90-\frac{1}{3}t \end{bmatrix}.$$

结果为可行解的条件是

$$45+\frac{4}{3}t \geqslant 0, \quad 90-\frac{1}{3}t \geqslant 0.$$

即

$$t \geqslant -33\frac{3}{4}, \quad t \leqslant 270.$$

所以是 $-33\frac{3}{4} \leqslant t \leqslant 270$. 三项同时增加 135，得

$$101\frac{1}{4} \leqslant 135+t \leqslant 405.$$

所以，塑料供应量介于 $101\frac{1}{4}$ kg 与 405 kg 之间，最优的产品结构不变. 当然产量与利润要随 t 而变. 它们可由上面的 $b(\mathrm{III}_0)$, $b(\mathrm{III}_1)$, $b(\mathrm{III}_2)$ 来算得.

上面讨论的问题是：在最优的产品结构不变的条件下，要求塑料供应量允许变化范围，也就是第 1 个主约束条件的右端允许变化的范围. 得到的下限是 $101\frac{1}{4}$，而上限是 405.

建议读者按照同样的方法，来讨论第 2 个主约束条件右端（即工时）的允许变化范围. 结果应该是：下限是 135，上限是 540.

在例 3.4(2) 和例 3.5(3) 中有一个共同之处，它们在问某产品的利润率或某项资源在什么范围内变化，最优产品结构不变. 这些题目统称为**灵敏度分析**（sensibility analysis）.

§3.5 利润率全调整问题

有三个全调整问题，利润的全面调整、某个产品的参数全面调整以及资源供应量的全面调整. 对一个全调整问题，当然可以逐一进行调整. 但是，只要注意一些项，就可以更有效地进行求解.

本节只讲一个问题. 关于资源供应量问题可在 §3.6 与 §3.7 中附带讨论.

例 3.6 在例 3.1 中，由于市场价格全面调整，生产甲乙丙三种产品每 m 利润都发生了变化，如表 3.10：

表 3.10

产品(m)	甲	乙	丙
利润(元)	1	2	5

问如何组织生产,使总利润最大?

首先注意,表 3.2 的框 I 中,根据表 3.10,要修改 I_0. 其次,I_1, I_2 变为Ⅲ的 $Ⅲ_1$ 和 $Ⅲ_2$,运算全过程与原先的一样. 这在 §3.1 的三个公式即可看到. 所以,可以把表 3.2 中的 $Ⅲ_0$ 直接用表 3.10 的数据(添负号)得到本题的框Ⅲ,作为求解的出发点. 其余计算见表 3.11.

表 3.11

基变量		x_1	x_2	x_3	s_1	s_2	b	比值	代号	运算规则
	z	-1	-2	-5			0		$Ⅲ_0$	
Ⅲ:	x_1	1		-1	$\frac{4}{3}$	$-\frac{1}{3}$	45		$Ⅲ_1$	
	x_2		1	2	$-\frac{1}{3}$	$\frac{1}{3}$	90		$Ⅲ_2$	
	z			$-2\downarrow$	$\frac{2}{3}$	$\frac{1}{3}$	225		$Ⅳ_0$	$Ⅲ_0+Ⅲ_1+2Ⅲ_2$
Ⅳ:	x_1	1		-1	$\frac{4}{3}$	$-\frac{1}{3}$	45		$Ⅳ_1$	$Ⅲ_1$
	x_2		1	2^*	$-\frac{1}{3}$	$\frac{1}{3}$	90	$\frac{90}{2}\rightarrow$	$Ⅳ_2$	$Ⅲ_2$
	z		1		$\frac{1}{3}$	$\frac{2}{3}$	315	指归形式	$Ⅴ_0$	$Ⅳ_0+2Ⅴ_2$
Ⅴ:	x_1	1	$\frac{1}{2}$		$\frac{7}{6}$	$-\frac{1}{6}$	90		$Ⅴ_1$	$Ⅳ_1+Ⅴ_2$
	x_3		$\frac{1}{2}$	1	$-\frac{1}{6}$	$\frac{1}{6}$	45		$Ⅴ_2$	$\frac{1}{2}Ⅳ_2$

所以最优解为 $x_1=90, x_3=45, x_2=s_1=s_2=0$(m). 目标函数的最大值为 $z=315$(元).

这次价格调整给车间影响是很大的:

(ⅰ) 最优产品结构变了. 从生产甲乙两种产品 变为生产甲丙两种产品.

(ⅱ) 甲产品从原来的 45 m 改为 90 m,停止生产乙产品,而丙产品从零变为 45 m.

(ⅲ) 总利润从 360 元变为 315 元,减少了 45 元.

§3.6　限定资源必须用尽问题　一个悖论

§3.6.1　一个数字例

至此,在我们所讨论的产品结构优化问题中,并没有要求必须把所有给定的资源全部用尽.

本节将讨论这种用尽问题.有三点是肯定的:一、这种问题并不一定有解.像例3.1中,如果可用工时仍为405,但是塑料增加至1亿kg,不可想象,两者能够全都用尽.可见,在研究产品结构优化问题或者线性规划问题时,无可行解、无最优解的情形有时也会发生,尤其是含有=型约束条件的问题.二、有用尽资源的限制,比之于没有这限制,最大总利润不会更大.三、这种线性规则问题,求解是常规的.

例3.7 设车间生产 A,B,C,D 四种产品,数据如表3.12:

表3.12

	A	B	C	D	限 量
利润(元)	2	3	1	2	?
塑料(kg)	1	1	1	1	9
颜料(g)		4	2	4	12
工时	5	6	5	7	46

问:(1) 在必须用尽所有给定资源的前提下,如何组织生产,使总利润最大?

(2) 如果必须全部用尽的资源从9,12,46分别增加到10,18,50,问如何组织生产,使总利润最大?

(3) 比较(1)与(2)的结果,看看能够得到什么有意义的结论.

解 (1) 这是一个=型线性规划问题,可以写成下列形式:

$$
\begin{aligned}
\max\quad & z=2x_1+3x_2+x_3+2x_4,\\
\text{s.t.}\quad & x_1+x_2+x_3+x_4=9,\\
& 4x_2+2x_3+4x_4=12,\\
& 5x_1+6x_2+5x_3+7x_4=46,\\
& x_1,x_2,x_3,x_4\geqslant 0.
\end{aligned}
$$

这就是§2.9例2.17.它的解已经得到.现把它与所得的指归形式作为表3.13中框Ⅰ与框Ⅴ:

表3.13

	基变量	z	x_1	x_2	x_3	x_4	b	比值	代号	运算规则
Ⅰ:	z	1	-2	-3	-1	-2	0		I_0	
			1	1	1	1	9		I_1	
				4	2	4	12		I_2	
			5	6	5	7	46		I_3	
Ⅴ:	z	1				4	15	指归形式	V_0	$\mathrm{IV}_0+2\mathrm{V}_2$
	x_1		1			1	4		V_1	$\mathrm{IV}_1-\mathrm{V}_3$
	x_3				1	-2	4		V_2	$\frac{1}{2}\mathrm{V}_2$
	x_2			1		2	1		V_3	IV_3

在这个表中,悄悄地恢复了关于变量 z 的一列. 最优解是 $x_1=4, x_2=1, x_3=4, x_4=0$. 目标函数的最大值为 $z=15$.

(2) 从表 3.13 的运算规则不难算出

$$\begin{bmatrix} V_0 \\ V_1 \\ V_2 \\ V_3 \end{bmatrix} = \begin{bmatrix} 1 & -13 & -\frac{1}{2} & 3 \\ & -4 & -\frac{1}{2} & 1 \\ & -5 & & 1 \\ & 10 & \frac{1}{2} & -2 \end{bmatrix} \begin{bmatrix} I_0 \\ I_1 \\ I_2 \\ I_3 \end{bmatrix}. \tag{6.1}$$

它表明,在框 I 与框 V 的方程组之间的关系. 像在 §3.1.2 中所讨论的那样,框 I 与框 V 中方程组的右端可以用这个关系来表示:

$$\begin{bmatrix} b(V_0) \\ b(V_1) \\ b(V_2) \\ b(V_3) \end{bmatrix} = \begin{bmatrix} 1 & -13 & -\frac{1}{2} & 3 \\ & -4 & -\frac{1}{2} & 1 \\ & -5 & & 1 \\ & 10 & \frac{1}{2} & -2 \end{bmatrix} \begin{bmatrix} b(I_0) \\ b(I_1) \\ b(I_2) \\ b(I_3) \end{bmatrix}. \tag{6.2}$$

两个方程组的左端也可用这个关系来表达. 而框 V 是关于可行基 $\{x_1, x_3, x_2\}$ 的指归形式. 所以有

$$\begin{aligned} z \qquad\qquad\qquad + 4x_4 &= b(V_0), \\ x_1 \qquad\qquad + x_4 &= b(V_1), \\ x_3 - 2x_4 &= b(V_2), \\ x_2 + 2x_4 &= b(V_3). \end{aligned}$$

我们令非基变量 $x_4=0$,左端成为

$$\begin{aligned} z &= b(V_0), \\ x_1 &= b(V_1), \\ x_3 &= b(V_2), \\ x_2 &= b(V_3). \end{aligned}$$

结合(6.2)即得关系式

$$\begin{bmatrix} z \\ x_1 \\ x_3 \\ x_2 \end{bmatrix} = \begin{bmatrix} b(V_0) \\ b(V_1) \\ b(V_2) \\ b(V_3) \end{bmatrix} = \begin{bmatrix} 1 & -13 & -\frac{1}{2} & 3 \\ & -4 & -\frac{1}{2} & 1 \\ & -5 & & 1 \\ & 10 & \frac{1}{2} & -2 \end{bmatrix} \begin{bmatrix} b(I_0) \\ b(I_1) \\ b(I_2) \\ b(I_3) \end{bmatrix}. \tag{6.3}$$

现在来讨论改变右端的问题. 改变资源后,框 I 中的 b 列是

	… …	b	… …	
	… …	0	… …	I_0
I :	… …	10	… …	I_1
	… …	18	… …	I_2
	… …	50	… …	I_3

这是上节所说的资源供应量全面调整问题. 要求解它,先把资源量代入公式(6.3),算得

$$\begin{bmatrix} z \\ x_1 \\ x_3 \\ x_2 \end{bmatrix} = \begin{bmatrix} 1 & -13 & -\frac{1}{2} & 3 \\ & -4 & -\frac{1}{2} & 1 \\ & -5 & & 1 \\ & 10 & \frac{1}{2} & -2 \end{bmatrix} \begin{bmatrix} 0 \\ 10 \\ 18 \\ 50 \end{bmatrix} = \begin{bmatrix} 11 \\ 1 \\ 0 \\ 9 \end{bmatrix},$$

所以答案是:

(i) 最优产品结构不变.

(ii) 最优生产方案是:生产产品 A 从 4 m 降为 1 m,产品 B 从 1 m 降为 0 m(实际上是停产);产品 C 则从 4 m 增加到 9 m.

(iii) 总利润则从 15 元降至 11 元.

(3) 贸然一看,这是违背人们生活经验的. 资源投入多了,总利润反而减少. 这种现象称为**悖论**. 但是仔细想来,也还是可以理解的. 必须用尽资源,有时就不得不凑合、迁就,这当然要为之付出代价,甚至没有最优解.

从 1971 年以来,这个问题就断续地为学者们所研究. 1986 年郑州大学林诒勋教授得到了发生这种悖论的一个充要条件. 上面讲的数字例就是林教授所给的.

§3.6.2　用软件 Mathematica 分析悖论问题

我们用软件 Mathematica 来计算例 3.7:输入表达式

```
ConstrainedMax[2x1 + 3x2 + x3 + 2x4,
  {x1 + x2 + x3 + x4 = = 9, 4x2 + 2x3 + 4x4 = = 12,
  5x1 + 6x2 + 5x3 + 7x4 = = 46}, {x1, x2, x3, x4}]        (6.4)
```

算得答案

```
{15, {x1 -> 4, x2 -> 1, x3 -> 4, x4 -> 0}}        (6.5)
```

把三个主约束条件的右端 9,12,46 依次改为 10,18,50,得到相应的答案:

{11,{x1 ->1,x2 ->0,x3 ->9,x4 ->0}}　(6.6)

结果表明,投入更多的资源量,最大总利润反而减少了.

可以将软件 Mathematica 看作是一个虚拟实验室.我们可以从多方面做实验.

一种是尝试改变资源的投入量,了解与最大总利润的变化情况.最简单的一种是,譬如说,不妨让第1与第3种资源不变,单让第2种资源变化.把第2个主约束条件的右端写作变量t.先按照下面的格式建立一个表达式.

```
f[t_]:= ConstrainedMax[2x1 +3x2 + x3 +2x4,{x1 + x2 + x3 + x4 = =9,
          4x2 +2x3 +4x4 = = t,
          5x1 +6x2 +5x3 +7x4 = =46},{x1,x2,x3,x4}]
```

请注意,等号左端的书写格式.当把t赋一个值,例如是12,这时,f[12]就是式子(6.4).对于每一个具有最优解的t,都有一个像(6.5)的含有两项的表.按照软件的规定,这两项依次记作

f[t][[1]]　和　f[t][[2]].

前者是当t等于12时的最大总利润.后者是相应的最优解.

我们来观察区间 $6 \leqslant t \leqslant 15$ 上最大总利润f[t][[1]]的变化情况.

软件 Mathematica 具有绘制函数在区间上的图形的表达式:

Plot[函数,区间,选项]

输入如下的程序.它由两个表达式组成,表达式之间用分号隔开:

```
f[t_]:= ConstrainedMax[2x1 +3x2 + x3 +2x4,{x1 + x2 + x3 + x4 = =9,
4x2 +2x3 +4x4 = = t,5x1 +6x2 +5x3 +7x4 = =46},{x1,x2,x3,x4}];
Plot[f[t][[1]],{t,6,15},AxesLabel ->{"t","profit"}]
```

按下运行键 Shift + Enter,瞬即得到结果如图3.1.我们看到,第2种资源从6增加到15,最大总利润是单调减少的.

读者可以模仿上面的办法,改变第1或者第3种资源的投入量,甚至同时改变第1和第2种资源的投入量,观察总利润的变化.

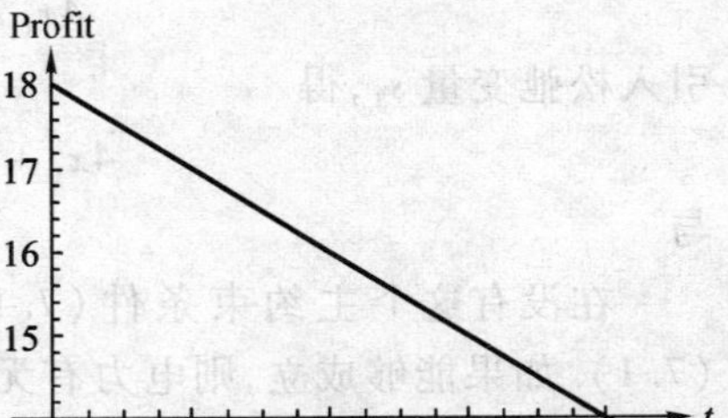

图3.1

我们再做一个试验.设想允许资源有剩余,目标函数的最大值该是多少呢?剩余量又各有多少呢?构造≤型问题,引入三个松弛变量 s_1,s_2,s_3,它们是剩余量.输入的程序是

```
ConstrainedMax[2x1 +3x2 + x3 +2x4,{x1 + x2 + x3 + x4 + s1 = =9,
          4x2 +2x3 +4x4 + s2 = =12,
   5x1 +6x2 +5x3 +7x4 + s3 = =46},{x1,x2,x3,x4,s1,s2,s3}]
```

算得的结果是

{101/5,{x1 ->28/5,x2 ->3,x3 ->0,x4 ->0,s1 ->2/5,s2 ->0,s3 ->0}}

观察松弛变量所得的值,可见更好的建议是让第1种资源少使用0.4个单位,可以增加总利润5.2.

利用科学计算软件作这类的分析研究是有益的.

应该把这两种分析的结果向决策者报告,请问决策者是否改变最初下达的"必须用尽所有给定资源"的任务.决策者也许只有50%的可能考虑我们的建议.理由是,人们做"必须用尽"的决定往往有不得已的苦衷.例如,资源本身即将过期失效,很难丢弃剩余的资源,储存它们需要支付更多费用等等.

§3.7 增加约束条件问题

生产中,或因主观原因,或是外部条件,增加约束条件的事是经常发生的.用电量受到限制,相当于增加主约束条件;因营销状况规定至少生产某产品若干,至多只需多少等等,相当于增加、更改变量约束条件,甚至成为主约束条件,等等.

例3.8　在例3.1中,发生限制电力问题.生产三种产品每m需要电量及可供电量见表3.14.

表3.14

产品(m)	甲	乙	丙	可供电量
电量(度)	4	1	3	240

问如何组织生产,使总利润最大?

这里,增加了第3个主约束条件

$$4x_1+x_2+3x_3\leqslant 240. \tag{7.1}$$

引入松弛变量 s_3,得

$$4x_1+x_2+3x_3+s_3=240 \tag{7.2}$$

与

$$s_3\geqslant 0.$$

在没有这个主约束条件(7.1)时,例3.1的最优解已经得到.把它代入(7.1).如果能够成立,则电力有无限制,答案不变.否则原先的最优解对(7.1)已不可行,需另行求解.

已知例3.1的最优解为

$$[45\quad 90\quad 0].$$

代入 I_3 得到

$$4\times 45+90\times 1+3\times 0+s_3=240$$

与

$$s_3=-30.$$

可见对电力约束条件而言,是不可行的.

进一步求解也无需从头做起.只要在表 3.2 框Ⅲ中,添上 s_3 列与 $Ⅲ_3$ 行,即把 s_3 作为基变量,写在这行最左边,得到新的框Ⅲ.以 x_1, x_2, s_3 为基变量,为了把主约束条件化为指归形式,只需作 $Ⅲ_3-4Ⅲ_1-Ⅲ_2$,得框Ⅳ.检验数行非负.但 b 列的第 3 行为 -30.把这一行的两端同时乘以 -1,再往下做.求解如下(表 3.15):

表 3.15

	基变量	x_1	x_2	x_3	s_1	s_2	s_3	b	比值	代号	运算规则
Ⅲ:	z			$\frac{1}{3}$	$\frac{5}{3}$	$\frac{1}{3}$		360		$Ⅲ_0$	
		1		-1	$\frac{4}{3}$	$-\frac{1}{3}$		45		$Ⅲ_1$	
			1	2	$-\frac{1}{3}$	$\frac{1}{3}$		90		$Ⅲ_2$	
	s_3	4	1	3			1	240		$Ⅲ_3$	
Ⅳ:	z			$\frac{1}{3}$	$\frac{5}{3}$	$\frac{1}{3}$		360		$Ⅳ_0$	$Ⅲ_0$
	x_1	1		-1	$\frac{4}{3}$	$-\frac{1}{3}$		45		$Ⅳ_1$	$Ⅲ_1$
	x_2		1	2	$-\frac{1}{3}$	$\frac{1}{3}$		90		$Ⅳ_2$	$Ⅲ_2$
	s_3			5	-5^*	1	1	-30		$Ⅳ_3$	$Ⅲ_3-4Ⅲ_1-Ⅲ_2$
Ⅴ:	z			2		$\frac{2}{3}$	$\frac{1}{3}$	350	指归形式	$Ⅴ_0$	$Ⅳ_0-\frac{5}{3}Ⅳ_3$
	x_1	1		$\frac{1}{3}$		$-\frac{1}{15}$	$\frac{4}{15}$	37		$Ⅴ_1$	$Ⅳ_1-\frac{4}{3}Ⅴ_3$
	x_2		1	$\frac{5}{3}$		$\frac{4}{15}$	$-\frac{1}{15}$	92		$Ⅴ_2$	$Ⅳ_2+\frac{1}{3}Ⅴ_3$
	s_1			-1	1	$-\frac{1}{5}$	$-\frac{1}{5}$	6		$Ⅴ_3$	$-\frac{1}{5}Ⅳ_3$

所以,最优解是 $x_1=37, x_2=92, s_1=6, s_2=s_3=0$(m).目标函数的最大值是 $z=350$(元).

这里 $s_2=s_3=0$ 表示采用最优解时,工时与电力将全部用完,而塑料剩余 6 kg.

因此在增加电力约束条件(7.1)之后,答案变为

(ⅰ) 最优产品结构不变:即"生产甲乙两种产品,而不生产丙产品"这件事不变.

(ⅱ) 产量改变:甲产品从生产 45 m 降为生产 37 m,乙产品从 90 m 增至 92 m.

(ⅲ) 最大利润从 360 元降为 350 元,减少了 10 元.

(ⅳ) 工时与电力全部用尽,塑料将有 6 kg 剩余.

例 3.9 在例 3.1 中,若乙产品至多只能生产 70 m,问如何组织生产,使总利润最大?

本题几乎与上例一样. 无非增加一个主约束条件

$$x_2 \leqslant 70.$$

引入松弛变量 s_3, 得

$$x_2 + s_3 = 70,$$

添加到表 3.2 框Ⅲ得到新的框Ⅲ, 其余计算如表 3.16.

表 3.16

	基变量	x_1	x_2	x_3	s_1	s_2	s_3	b	比值	代号	运算规则
Ⅲ:	z			$\frac{1}{3}$	$\frac{5}{3}$	$\frac{1}{3}$		360		Ⅲ$_0$	
	x_1	1		-1	$\frac{4}{3}$	$-\frac{1}{3}$		45		Ⅲ$_1$	
			1	2	$-\frac{1}{3}$	$\frac{1}{3}$		90		Ⅲ$_2$	
	s_3		1				1	70		Ⅲ$_3$	
Ⅳ:	z			$\frac{1}{3}$	$\frac{5}{3}$	$\frac{1}{3}$		360		Ⅳ$_0$	Ⅲ$_0$
	x_1	1		-1	$\frac{4}{3}$	$-\frac{1}{3}$		45		Ⅳ$_1$	Ⅲ$_1$
	x_2		1	2	$-\frac{1}{3}$	$\frac{1}{3}$		90		Ⅳ$_2$	Ⅲ$_2$
	s_3			-2	$\frac{1}{3}$	$-\frac{1}{3}$	1	-20		Ⅳ$_3$	Ⅲ$_3$ − Ⅲ$_2$
Ⅴ:	z			$\frac{1}{3}$↓	$\frac{5}{3}$	$\frac{1}{3}$		360		Ⅴ$_0$	Ⅳ$_0$
	x_1	1		-1	$\frac{4}{3}$	$-\frac{1}{3}$		45		Ⅴ$_1$	Ⅳ$_1$
	x_2		1	2	$-\frac{1}{3}$	$\frac{1}{3}$		90	$\frac{90}{2}$	Ⅴ$_2$	Ⅳ$_2$
				2^*	$-\frac{1}{3}$	$\frac{1}{3}$	-1	20	$\frac{20}{2}$→	Ⅴ$_3$	−Ⅳ$_3$
Ⅵ:	z				$\frac{31}{18}$	$\frac{5}{18}$	$\frac{1}{6}$	$356\frac{2}{3}$		Ⅵ$_0$	Ⅴ$_0$ − $\frac{1}{3}$Ⅵ$_3$
	x_1	1			$\frac{7}{6}$	$-\frac{1}{6}$	$-\frac{1}{2}$	55	指归	Ⅵ$_1$	Ⅴ$_1$ + Ⅵ$_3$
	x_2		1				1	70	形式	Ⅵ$_2$	Ⅴ$_2$ − 2Ⅵ$_3$
	x_3			1	$-\frac{1}{6}$	$\frac{1}{6}$	$-\frac{1}{2}$	10		Ⅵ$_3$	$\frac{1}{2}$Ⅴ$_3$

从框Ⅴ到框Ⅵ, 我们选择变量 x_3 进入基. 当然也可以尝试选取变量 s_2 进入基. 这样做, 检验行也许会发生出现负数的情形. 果真如此, 可以按前面的办法继续求解.

上述最优解为

$$x_1=55, x_2=70, x_3=10, s_1=s_2=s_3=0(\text{m}).$$

目标函数的最大值变为 $z=356\frac{2}{3}$(元).

所以,答案是:

(i) 最优产品结构发生变化,甲、乙、丙三种产品都投入生产.

(ii) 甲产品从 45 m 增加到 55 m,乙产品按上限生产,为 70 m,而丙产品生产 10 m.

(iii) 最大利润从 360 元降为 $356\frac{2}{3}$元,减少了 $3\frac{1}{3}$元.

(iv) 按最优方案生产,所有塑料、工时以及电力正好全部用完.

例 3.10 在例 3.1 中,规定甲、乙、丙三种产品每种至少生产 10 m,问如何组织生产,使总利润最大?

每种产品各生产 1 m,共需 3(=1 +1 +1)kg 塑料和 12(=1 +4 +7)个工时. 售出后可得利润 $8\frac{2}{3}\left(=2+3+3\frac{2}{3}\right)$元. 规定每种产品至少生产 10 m. 所以首先为生产这三种产品各 10 m 必须用掉 30 kg 塑料和 120 个工时,得到利润 $86\frac{2}{3}$元. 问题是对于余下的 105(=135 -30)kg 塑料和 285(=405 -120)个工时,应该如何组织生产,使这部分的总利润最大. 这又是一个资源的可供应量全面调整问题. 常数项为

		b		
	……	0	……	I_0
I:	……	105	……	I_1
	……	285	……	I_2

利用 § 3.1 的公式(1.1),(1.2),(1.3)以及计算表格,读者不难算得

$$x_1=45, x_2=60, x_3=s_1=s_2=0(\text{m}).$$

最大利润是 $z=270$(元).

所以答案变为

(i) 最优产品结构是:甲、乙、丙三种产品都生产.

(ii) 生产甲产品 55(=45 +10)m,乙产品 70(=60 +10)m 及丙产品 10 (=0 +10)m.

(iii) 最大总利润为 $356\frac{2}{3}\left(=270+86\frac{2}{3}\right)$元.

(iv) 塑料与工时全部用完,没有剩余.

§3.8 影子价格与对偶问题

§3.8.1 问题的提出

还是从例 3.1 谈起.

例 3.11 某塑料车间可以用塑料生产以下三种管状产品,有关数据如表 3.17:

表 3.17

	甲(m)	乙(m)	丙(m)	限 值
利润(元)	2	3	$3\frac{2}{3}$	?
塑料(kg)	1	1	1	135
工时	1	4	7	405

问如何组织生产,使总利润最大?

在 §3.1 中,曾经写下它的数学模型:

$$\max z = 2x_1 + 3x_2 + \frac{11}{3}x_3,$$

$$\text{s.t.} \quad \begin{aligned} x_1 + x_2 + x_3 &\leqslant 135, \\ x_1 + 4x_2 + 7x_3 &\leqslant 405, \\ x_1, x_2, x_3 &\geqslant 0. \end{aligned} \qquad \text{(P)}$$

已经得到了答案. 它的

(ⅰ) 最优结构是:在三种产品之间,只生产甲与乙两种,不生产丙种.

(ⅱ) 最优生产方案:生产甲产品 45 m,乙产品 90 m.

(ⅲ) 最大利润是 360 元.

(ⅳ) 两种资源,塑料和工时,全都用尽.

设想有两种情形:

一、塑料车间的李主任在思考,资源是要花钱到市场购买的,塑料也许要 18 元钱 1 kg,付给工人的工资也许是每工时 4 元钱. 不过,在这个数学模型中,它们并没有直接起作用. 因为在计算利润时已经扣除掉了. 现在的问题是:

"花费 1 kg 塑料和 1,4,7 个工时,能分别生产出产品甲、乙、丙 1 m,就分别获得 2,3,3 $\frac{2}{3}$元钱的利润. 那么,每 kg 塑料和每个工时,能够为利润各做多少贡献呢?"

二、另外有一个车间,因为急需,愿意高价购买塑料车间的 135 kg 塑料和 405 个工时(即借用工人).李主任如何开出塑料和工时的单价呢?首先是,购买塑料的价格和每个工时的费用,在市场稳定的情况下,几乎没有什么可讨论的.把这部分统称为**固定价格**(fixed price).其次是要和客户讨价还价的.买方希望尽量便宜,而卖方却希望尽量高一些.李主任清楚,之所以能够卖出,是因为自己停止了生产,这部分损失应该由买方负责,要价总数不能小于本来可以获得的最大利润 360 元.摊派到塑料和工时的单价该多少呢?把这样的价格叫做**影子价格**(shadow price).李主任开价就应该不低于两部分的价格之和.即

$$\text{开价} \geqslant \text{固定价格部分} + \text{影子价格部分}.$$

讨论影子价格是一个具有实际意义的问题.

§3.8.2 影子价格

例 3.12 求例 3.1 中塑料和工时的影子价格.

设塑料和工时的影子价格分别是 y_1, y_2.对于产品甲,花 1 kg 塑料和 1 个工时,生产出产品甲 1 m,得到利润 2 元钱.所以 y_1 与 y_2 之和应该满足如下的约束条件:

$$y_1 + y_2 \geqslant 2.$$

对于产品乙和丙,同样有条件:

$$y_1 + 4y_2 \geqslant 3, y_1 + 7y_2 \geqslant 3\frac{2}{3}.$$

当然还有变量的非负约束:

$$y_1, y_2 \geqslant 0.$$

影子价格为 y_1, y_2 时,目标函数值为

$$u = 135y_1 + 405y_2.$$

这时应该是求它的最小值.所以,有数学模型:

$$\begin{aligned} \min \quad & u = 135y_1 + 405y_2, \\ \text{s.t.} \quad & y_1 + y_2 \geqslant 2, \\ & y_1 + 4y_2 \geqslant 3, \\ & y_1 + 7y_2 \geqslant 3\frac{2}{3}, \\ & y_1, y_2 \geqslant 0. \end{aligned} \tag{D}$$

对于第 1 个主约束条件,引入剩余变量 t_1,得到

$$y_1 + y_2 - t_1 = 2, \quad t_1 \geqslant 0.$$

其余两个主约束条件也可化为类似的等式.于是有

$$\begin{aligned} \min \quad & u = 135y_1 + 405y_2, \\ \text{s.t.} \quad & y_1 + y_2 - t_1 = 2, \\ & y_1 + 4y_2 - t_2 = 3, \\ & y_1 + 7y_2 - t_3 = 3\frac{2}{3}, \\ & y_1, y_2, t_1, t_2, t_3 \geqslant 0. \end{aligned}$$

这是等式型的求最小问题. 它的最优解是

$$y_1 = 1\frac{2}{3},\ y_2 = \frac{1}{3},\ t_1 = t_2 = t_3 = 0.$$

即每 m 塑料的影子价格是 1.667 元. 而每个工时的影子价格是 0.333 元. 如果每 kg 塑料的价格是 18 元，每个工时的价格是 4 元，李主任提出的塑料价格不能低于 19.667（$=18+1\frac{2}{3}$）元，工时的价格不能低于 4.333（$=4+\frac{1}{3}$）元.

u 的最小值是

$$u = 360(元).$$

这是和人们所预料的一致.

§3.8.3　对偶问题

把例 3.12 的数据写成

$$\boldsymbol{A} = \begin{bmatrix} 1 & 1 & 1 \\ 1 & 4 & 7 \end{bmatrix},\quad \boldsymbol{b} = \begin{bmatrix} 135 \\ 405 \end{bmatrix},\quad \boldsymbol{c} = \begin{bmatrix} 2 & 3 & 3\frac{2}{3} \end{bmatrix}, \begin{bmatrix} \boldsymbol{c} & ? \\ \boldsymbol{A} & \boldsymbol{b} \end{bmatrix}.$$

产品结构优化问题的数学模型是所讲的（P）. §3.8.2 所讲的影子价格问题的数学模型是（D）. 比较这两个数学模型中相应的数据，

表 3.18

		模型 P	模型 D
目标函数		$\boldsymbol{c}$	$\boldsymbol{b}$
任　务		max	min
约束条件	右端	$\boldsymbol{b}$	$\boldsymbol{c}$
	关系符号	$\leqslant$	$\geqslant$
	第 i 个主约束条件	$\boldsymbol{A}$ 的第 i 行	$\boldsymbol{A}$ 的第 i 列
	变量约束	$\geqslant 0$	$\geqslant 0$

在表 3.18 中，可以看到，对于一个 $\leqslant$ 型线性规划题，除了变量约束都是非负外，两个模型中，$\boldsymbol{b}$ 与 $\boldsymbol{c}$ 的位置互相交换，行与列，max 与 min，$\leqslant$ 与 $\geqslant$ 正好相反.

求解产品结构优化问题是重要的. 求它的影子价格是一个更加深入的问题. 同样是重要的. 而这两个问题，都能从同一个数据表构造出来. 而且有着交换、相反的关系. 我们把模型(P)叫做**原设问题**(primary problem),模型(D)叫做它的**对偶问题**(dual problem).

要求做出数字题的对偶问题,先把题目转换为≤型题目. 如果有≥形式的不等式,可以用 -1 乘两端,不等号就反向了. 如果有 = 形式的约束,例如是 $A=B$,把它改写为 $A\leqslant B$ 和 $-A\leqslant -B$ 就可以了.

构造了一个问题的对偶问题,我们可以研究它们之间的联系和性质. 它们不仅具有理论意义,而且在实践中,也很重要. 在深入一些的教材都有介绍,本书就不讲了.

§3.9 整数规划简述

至今所讨论的产品结构优化问题所衍生出来的题目全都可以在线性规划的范围内得到解决. 这些题目构成了第一类题目,也是本章的第一部分.

现在讨论第二类,也就是不能直接用线性规划来求解的题目,主要是某些变量必须是整数的题目.

细心的读者也许已经发现例 3.1 中的一个问题:生产的是管状(/颗粒状/液态/气态)产品,它的产量为 3 m(/t),2. 74 m(/t)等等之类,人们也许都能接受. 但是对于计算机外壳来说,生产 3 台,5 台是能够接受的,说生产 2. 74 台就没有实际意义了.

用一个非负变量表示集装箱若干个,汽车若干辆,或者人员若干名,变量必须取整数值,这种变量叫做**整变量**. 把一件事的做或不做分别对应 1 或者 0,这样的变量是**{0,1}变量**.

变量的整数性无法用线性约束条件来表示. 我们遇上了崭新的题目.

§3.9.1 求整数最优解问题的提出

把线性规划中的某些变量的非负约束条件改为非负整变量,所得到的模型叫做整数线性规划(integer linear programming,简记作 ILP),还简称为**整数规划**. 如果所有变量都是整变量,叫做**纯整数规划**,全是{0,1}变量的,叫做**{0,1}规划**. 否则是**混合整数规划**. 我们已经熟悉的、没有任何整数约束的线性规划,在必要时,称作是**普通线性规划**.

对于整数规划的一个数字题,把它的整数约束条件改为非负约束,得到一个普通线性规划的题目,这个过程叫做从原问题 ILP 得到它的一个**松弛问题 LP**. 说它是"松弛"的,因为从整数变为实数,条件放宽多了.

给定一个整数规划的数字题. 一个直观的求解思路是先做出它的松弛问题. 如果这松弛问题的最优解中每一个整变量(即分量)的值都满足各自的整数约

束,这就太好了,原问题已经得到解决.如果松弛问题的最优解中,有某个整变量的值不是整数,就用某种化整(/四舍五入/删去小数部分/补足凑整)的规则把它化为整数.可是,事情并非总能成功.譬如说,

$$\begin{aligned} &\max z=21x_1+11x_2,\\ &\text{s.t.}\quad 7x_1+4x_2\leqslant 13,\\ &\qquad\quad x_1,x_2\in \mathbf{N}. \end{aligned} \tag{9.1}$$

其中**N**是自然数集.不难看出,这个数字题只有六个可行解{(0,0),(0,1),(0,2),(0,3),(1,0),(1,1)},题目的最优值是$z^{**}=33$,最优解是$x_1{}^{**}=0,x_2{}^{**}=3$.

它的松弛问题是

$$\begin{aligned} &\max z=21x_1+11x_2\\ &\text{s.t.}\quad 7x_1+4x_2\leqslant 13,\\ &\qquad\quad x_1,x_2\geqslant 0. \end{aligned}$$

容易求得它的最优值是$z^*=39$,最优解是$x_1{}^*=\frac{13}{7},x_2{}^*=0$.从这个解无论按哪一种化整规则都不能得到$x_1{}^{**}=0,x_2{}^{**}=3$.化整了的一组数,例如(2,0),甚至根本不是可行解.

所以,即便是很简单的整数规划数字题也能表明,那些化整规则不是总能奏效的.

实践表明,求解整数规划是一个很困难的工作.

如何对待困难问题呢?如果方程$f(x)=0$的左端是x的一个多项式,它叫做一元代数方程.它曾经是19世纪数学研究的中心课题.它是一个难题.回想我们学习的经历,也能理解到人们对付困难问题的思路:研究次数很低的(1,2次)方程的解法;研究求解一些特殊结构的方程(例如那些$f(x)$能够分解为低次因子的方程)的方法;研究求近似解的牛顿切线法等等;研究清楚问题困难之所在,得到一系列理论成果.还有,人们还发现了众多的能用一元代数方程解决的实际应用问题.近半个世纪来,人们又把所得到的求解代数方程的种种有效算法编制成程序,让计算机为我们服务.像第2章所讲到的Mathematica中的命令Solve和Nsolve就是例子.一旦掌握了操作的基本知识和技术,我们今后需要进一步掌握的更为重要的本领是:如何识别种种实际问题能够归结为一元代数方程的技术.

可以想象,对于整数规划这个难题,同样有下面的一些研究思路:

(1) 从理论上继续研究整数规划.利用所得的成果,寻找有效的算法.

(2) 研究那些只有1、2个主约束条件的题目,希望发现对它们有用的算法.

(3) 寻找一些具有特殊结构的题目.

譬如说,设有三组参数 a,b,c 和 12(=3×4)个变量

$$\begin{array}{cccc|c} x_{11} & x_{12} & x_{13} & x_{14} & a_1 \\ x_{21} & x_{22} & x_{23} & x_{24} & a_2 \\ x_{31} & x_{32} & x_{33} & x_{34} & a_3 \\ \hline b_1 & b_2 & b_3 & b_4 & \end{array} \tag{9.2}$$

而所有给定的参数值 a_i 和 b_j 全都是正整数,且满足条件 $a_1+a_2+a_3=b_1+b_2+b_3+b_4$. 还有 12 个参数 c_{ij},每一个和一个变量 x_{ij} 相对应. 那么,像下面的寻求最优(/大/小)值的整数规划就是一个具有特殊结构的题目.

$$\begin{aligned} \max z = {} & c_{11}x_{11}+c_{12}x_{12}+c_{13}x_{13}+c_{14}x_{14}+c_{21}x_{21}+c_{22}x_{22}+c_{23}x_{23}+c_{24}x_{24} \\ & +c_{31}x_{31}+c_{32}x_{32}+c_{33}x_{33}+c_{34}x_{34}, \end{aligned}$$

$$\text{ILP}\quad \begin{aligned} \text{s.t.}\quad & x_{11}+x_{12}+x_{13}+x_{14}=a_1, \\ & x_{21}+x_{22}+x_{23}+x_{24}=a_2, \\ & x_{31}+x_{32}+x_{33}+x_{34}=a_3, \\ & x_{11}+x_{21}+x_{31}=b_1, \\ & x_{12}+x_{22}+x_{32}=b_2, \\ & x_{13}+x_{23}+x_{33}=b_3, \\ & x_{14}+x_{24}+x_{34}=b_4, \\ & x_{ij}\in \mathbf{N}, 1\leqslant i\leqslant 3, 1\leqslant j\leqslant 4. \end{aligned}$$

其中 **N** 是自然数集. 相应的普通线性规划 LP 是这个整数规划 ILP 的一个松弛问题. 我们说这个整数规划具有特殊结构,是因为:

(ⅰ) 它有特殊的性质:可以证明,LP 总有这样的最优解,它的各个变量的值全都是非负整数. 即 LP 与 ILP 存在相同的最优解.

(ⅱ) ILP 中 12(=3×4)个变量和相关的向量 $\boldsymbol{a},\boldsymbol{b},\boldsymbol{c}$ 可以推广到 mn($=m\times n$)个变量的情形,不仅(ⅰ)中的性质保持不变,而且,这样特殊结构的普通线性规划具有更为简单的求解算法.

(ⅲ) 它有重要的应用价值:有许多应用问题都可以归结为这样结构的整数规划问题,从而都能用普通线性规划的算法求得答案.

(4) 寻找近似解的算法.

(5) 把所得到的种种算法编制成程序,让计算机为我们服务.

(6) 寻求各种实际应用.

§3.9.2 整数规划的两种算法

人们已经得到求解整数规划的不少算法.

从原则上说,企盼利用普通线性规划的算法来帮助我们求解(纯/混合)整数规划依然是合情合理的,因为它们之间有着密切关系.

为了简单起见,设原问题是一个纯整数规划,

$$\text{ILP:}\quad \begin{aligned} &\max\ z = \boldsymbol{cx} \\ &\text{s. t.}\quad \boldsymbol{Ax} = \boldsymbol{b}, \\ &\qquad x_i \in \mathbf{N}, 1 \leqslant i \leqslant n, \end{aligned} \tag{9.3}$$

其中 $\boldsymbol{x} = [x_1\ x_2 \cdots\ x_i \cdots\ x_n]^{\mathrm{T}}$,而 $\mathbf{N}$ 是非负整数(自然数)集.设它的可行域、最优解和最大值是

$$D_0,\quad \boldsymbol{x}^{**}\quad 和\quad z^{**}.$$

而普通线性规划

$$\text{LP:}\quad \begin{aligned} &\max\ z = \boldsymbol{cx}, \\ &\text{s. t.}\quad \boldsymbol{Ax} = \boldsymbol{b}, \\ &\qquad x_i \geqslant 0, 1 \leqslant i \leqslant n \end{aligned} \tag{9.4}$$

是它的一个松弛问题.设它的可行域、最优解和最大值是

$$D_1,\quad \boldsymbol{x}^{*}\quad 和\quad z^{*}.$$

由于原问题与松弛问题有相同的目标函数和相同的主约束条件,只是松弛问题的变量约束比原问题的弱.可行域 D_0 是由若干个(坐标都是)整数(的)点所组成,它们都是松弛问题的可行解.所以 $D_0 \subset D_1$.

松弛问题的最优解 x^* 如果是整数的,则它必然是原问题的最优解:$\boldsymbol{x}^* = \boldsymbol{x}^{**}$.

如果松弛问题的最优解中某个(些)整变量的值不是整数,松弛问题的最优值 z^* 是原问题的最优值的一个上界:$z^{**} \leqslant z^*$.这表明,即便没有知道原问题有哪些可行解,哪一个是最优解,我们却已经知道原问题的最优值至多不会超过 z^*.有的学者还把 z^* 叫做 z^{**} 的一个理论上界.

下面我们讨论以普通线性规划为基础的两种算法.一是割平面法,另一是分支定界法.

一、割平面法(cutting planes method)

1958 年 Gomory R. E. 提出割平面法.它的思路是:设松弛问题的最优解是可行域 D_1 的一个顶点 $\boldsymbol{x}^*$.当某个整变量的值不是整数时,这个顶点 $\boldsymbol{x}^*$ 不在整数网点上.作一个"平面",把 $\boldsymbol{x}^*$ 和它附近的一个部分割掉.割掉的原则是确实保留可行域 D_0 中的所有的整数网点.

Gomory 的贡献在于:发现构造这样的"平面"方程有一般方法,设它是 $L(x, v) = t$.如果 D_0 都在 $L(x,v) \leqslant t$ 之中,松弛问题的余下的可行域记作 $D_2 \equiv D_1 \cap \{\boldsymbol{x}: L(\boldsymbol{x},v) \leqslant t\}$.显然有 $D_0 \subset D_2$.在 D_2 中求最优解就相当于在松弛问题(9.3)中增加一个主约束条件 $L(\boldsymbol{x},v) \leqslant t$,这样我们可以再求解新的松弛问题

$$\max z = \boldsymbol{cx},$$
$$\text{s. t.} \quad \boldsymbol{Ax} = \boldsymbol{b},$$
$$L(x, v) \leqslant t,$$
$$x_i \geqslant 0, 1 \leqslant i \leqslant n.$$

等等. 直到最后,或者得到原问题的最优解,或者证明所给原问题没有最优解.

割平面算法的思路是很优美的,但是,用它求解的中途是得不到关于整数(可行)解的有用信息. 另外,实践表明,(从上面所讨论的数字题(9.1)也能想像得到),这个算法的收敛速度很慢,用它求解大型的题目不是非常成功.

二、分支定界法(branch and bound method)

这是上世纪 60 年代初由 Dakin R. J. 等人发展起来的一类方法.

对于一个纯整数规划 ILP 如(9.3),求解它的一个分支定界法的基本思路,正如它的名字那样,由“分支”和“定界”两个部分所组成.

(ⅰ) 用恰当的办法把当前的松弛问题的可行域划分为若干个子区域(即分支);从而可以有秩序地求解相应的子(松弛)问题.

(ⅱ) 利用当前的理论上界,及时删去那些不可能存在原问题的最优解的子问题.

现在把这方法讲得仔细一些.

设有求最大值的整数规划问题 ILP.

在一开始,假设已经有一个**迄今最好值**是 $\tilde{z}^{(0)} = -\infty$,和**迄今最好解**是 $\tilde{\boldsymbol{x}}^{(0)} = \varnothing$,合起来说,有迄今最好答案$(\tilde{z}^{(0)}, \tilde{\boldsymbol{x}}^{(0)}) = (-\infty, \varnothing)$. 还有一个尚待求解的松弛问题 LP(1),它就是原问题 ILP 的松弛问题. 现在把这些信息写在一个叫做**待解松弛问题集**中,记作 $W = \{\{-\infty, \varnothing, \text{LP}(1)\}\}$. 因为它不空,就开始一轮计算:从 W 中取出一个问题 LP(1)进行计算等等.

一般地,在第 j 轮计算中要做三件事.

开始,假设有迄今最好答案,它们是$\{\tilde{z}^{(j-1)}, \tilde{\boldsymbol{x}}^{(j-1)}\}$.

检查当前待解问题集 W.

如果 $W = \varnothing$,停止. 迄今最好值 $\tilde{z}^{(j-1)}$ 就是所给整数规划的最优值,迄今最好解 $\tilde{\boldsymbol{x}}^{(j-1)}$ 就是所给整数规划的最优解.

如果 $W \neq \varnothing$,从中取出一个松弛问题:

$$\text{LP}(j): \quad \begin{aligned} & \max z = \boldsymbol{cx}, \\ & \text{s. t.} \quad \boldsymbol{A}^{(j)} \boldsymbol{x} = \boldsymbol{b}, \\ & \qquad\quad \boldsymbol{x} \geqslant 0. \end{aligned}$$

通过求解,可能发生四种情形.

(1) 它没有可行解.

(2) 它的最优值小于迄今最好值.

(3) 它的最优值不小于迄今最好值,而且它有整值最优解.

(4) 它的最优值不小于迄今最好值. 但是它的最优解不是整数的.

如果(1)发生,这个松弛问题 LP(j)无需继续讨论,抛弃不管. 结束这一轮的计算.

如果(2)发生,相应的整数规划 ILP(j)不会比这个松弛问题 LP(j)有更大的最优值,而后者又小于迄今最好值,所以 ILP(j)中不可能存在所给整数规划的最优解. 把它丢弃不管,结束这一轮的计算.

如果(3)发生,得到 LP(j)的最优值 z^* 和最优解 $\boldsymbol{x}^*$. 于是,本轮结束时,迄今最好答案$\{\tilde{z}^{(j)},\tilde{\boldsymbol{x}}^{(j)}\}$是

$$\tilde{z}^{(j)}=\max\{\tilde{z}^{(j-1)},z^*\},\tilde{\boldsymbol{x}}^{(j)}=\begin{cases}\{\tilde{\boldsymbol{x}}^{(j-1)}\}\cup\{\boldsymbol{x}^*\}, & if\ \tilde{z}^{(j)}=z^*,\\ \boldsymbol{x}^*, & if\ \tilde{z}^{(j)}<z^*.\end{cases}$$

如果(4)发生,设它的最优解中某个整变量 $\boldsymbol{x}$ 所取的值不是整数,设它是

$$N<\boldsymbol{x}<N+1.$$

在这开区间($N,N+1$)内,是不存在整值可行解的. 在松弛问题 LP(j)的可行域中割去这一个部分,得到两个可行域. 相应的两个松弛问题记作 LP(j1)和 LP(j2):

$$\text{LP}(j1):\ \begin{aligned}&\max\ z=cx,\\ &\text{s.t.}\quad A^{(j)}x=b,\\ &\qquad\ \ \boldsymbol{x}\leqslant N,\\ &\qquad\ \ \boldsymbol{x}\geqslant 0\end{aligned}\qquad \text{和}\qquad \text{LP}(j2):\ \begin{aligned}&\max\ z=cx,\\ &\text{s.t.}\quad A^{(j)}x=b,\\ &\qquad\ \ \boldsymbol{x}\geqslant N+1,\\ &\qquad\ \ \boldsymbol{x}\geqslant 0.\end{aligned}$$

并把这两个子问题存入待解松弛问题集中. 结束第 j 轮的计算工作.

进入下一轮,重复上面的计算工作等等.

在发生(4)时,如果只有一两个整变量的值不是整数,选取哪一个整变量来分支一般都无妨大局. 如果有多个整变量所取的值不是整数,该取哪一个来分支呢? 还有,做完了一轮工作之后,下一轮开始时,待解松弛问题集中该取哪一个子问题计算呢?

由于选取规则的不同,计算效果可能大不一样. 人们按照其实践经验或者某种设想,做出各种选择规则,而得到多个求解整数规划的算法. 所有这样算法统称为分支定界型算法.

有一个值得一提的规则是:

在某一轮中,如果有若干个整变量所取的值不是整数时,检查这些整变量的检验数,选取其值最大的那一个作为分支变量. 在那些待解问题集中,检查它们的目标函数的最大值中,选取其值最大的那个问题先求解.

§3.9.3　用软件 Mathematica 求解整数规划

上面已经讲了求解整数规划的两类算法. 它们的思路都是简明的. 可以预

料,在黑板上演算是异常繁琐的,更难以要求学生在课后认真求解含有五轮、十轮计算的练习题.学生也就较难地深入理解算法的意义和特色.生产、管理中有许多问题可以归结为求解整数规划的题目.应用数学软件在计算机上求解就成了合乎逻辑的要求.

遗憾的是,软件 Mathematica4.0 的内置函数库中并没有包含整数规划的表达式.

一般来说,应用任何一个功能如何强大的专业软件时,发现某个题目没有现成的表达式直接用来求解,是不足大惊小怪的.用户当然感到不方便.然而,对于正在学习的学生来说,倒未尝不是好事.通常有三种办法来对待.

(1) 利用现有软件中的某些相关表达式,对话式地求解所给的问题.

(2) 在这个软件环境中,自行编制求解的程序.

(3) 设法找到能够求解所给问题的其他软件.

内置函数库中有求解普通线性规划的表达式.一是专用表达式 LinearProgramming[c,m,b],二是求解有约束最优化问题的表达式 ConstrainedMax 和 ConstrainedMin.利用它们,沿着前面所述的分支定界算法的步骤就能够对话式地解决整数规划问题.

例 3.13 用软件 Mathematica4.0,按照分支定界法求解整数规划的数字题

$$
\text{ILP:}\quad
\begin{aligned}
&\max z = x_1 + 4x_2,\\
&\text{s. t.}\quad 5x_1 + 8x_2 \leqslant 40,\\
&\qquad -2x_1 + 3x_2 \leqslant 9,\\
&\qquad x_1, x_2 \in \mathbf{N}.
\end{aligned}
$$

首先写出它的松弛问题:

$$
\text{LP1:}\quad
\begin{aligned}
&\max z = x_1 + 4x_2,\\
&\text{s. t.}\quad 5x_1 + 8x_2 \leqslant 40,\\
&\qquad -2x_1 + 3x_2 \leqslant 9,\\
&\qquad x_1, x_2 \geqslant 0.
\end{aligned}
$$

求解步骤:

我们选用表达式 ConstrainedMax 来求解松弛问题 LP1,这是一个普通线性规划.

第 0 轮.写出迄今最好答案,它包括**迄今最好值** $-\infty$ 和**迄今最好解** $\varnothing$,记作

$$\text{AnswerTillNow} = \{-\infty, \varnothing\}.$$

还有待解松弛问题集 $W = \{\text{LP1}\}$.

第 1 轮.从 W 中取出松弛问题 LP1.把它按照规则输入,

```
LP1 = ConstrainedMax[x1 + 4x2, {5x1 + 8x2 <= 40,
  - 2x1 + 3x2 <= 9}, {x1, x2}]
```

计算得到结果

{548/31,{x1 ->48/31,x2 ->125/31}}

最优解不是整数的. 其中 $x_1=48/31$. 在可行域中 $1<x_1<2$ 的部分是不含整数可行解的. 把它删去,得到两个子域,相应有两个子松弛问题,一个对应 $x_1\leqslant 1$ 的部分,另一个对应 $x_1\geqslant 2$ 的部分,相应的题目依次叫做 LP11 和 LP12,输入时,只需在 LP1 中分别添入 $x_1\leqslant 1$ 或者 $x_1\geqslant 2$:

```
LP11 = ConstrainedMax[x1 +4x2,{5x1 +8x2 <=40,
    -2x1 +3x2 <=9,x1 <=1},{x1,x2}]
LP12 = ConstrainedMax[x1 +4x2,{5x1 +8x2 <=40,
    -2x1 +3x2 <=9,x1 >=2},{x1,x2}]
```

计算得到结果依次是

{47/3,{x1 ->1,x2 ->11/3}} (9.5)

{17,{x1 ->2,x2 ->15/4}} (9.6)

它们表明,这两个松弛问题的最优解都不是 ILP 的可行解. 把它们以及答案一起送入待解松弛问题集,得到

$$W=\left\{\left\{\frac{47}{3},x_1=1,x_2=\frac{11}{3},\text{LP11}\right\},\left\{17,x_1=2,x_2=\frac{15}{4},\text{LP12}\right\}\right\}.$$

第 2 轮. 因为 ILP12 的上界 17 比 ILP11 的 47/3 更大. 我们从 W 中选出 LP12,进行分支. 整变量 x_2 所取的值 15/4 不是整数,可行域中 $3<x_2<4$ 的部分没有整数可行解. 删去这个部分,得到两个可行域,对应 $x_2\leqslant 3$ 的子松弛问题记作 LP121,而对应 $x_2\geqslant 4$ 的记作 LP122. 把它们输入

```
LP121 = ConstrainedMax[x1 +4x2,{5x1 +8x2 <=40,
    -2x1 +3x2 <=9,x1 >=2,x2 <=3},{x1,x2}]
LP122 = ConstrainedMax[x1 +4x2,{5x1 +8x2 <=40,
    -2x1 +3x2 <=9,x1 >=2,x2 >=4},{x1,x2}]
```

计算后显示了答案之外,还有两个提示信息

```
General::spell:
Possible spelling error:new symbol name"LP121"is
similar to existing symbol"LP11".
{76/5,{x1 ->16/5,x2 ->3}}                    (9.7)
ConstrainedMax::nsat:
    The specified constraints cannot be satisfied.
ConstrainedMax[x1 +4x2,{5x1 +8x2 <=40,-2x1 +3x2 <=9,
    x1 >=2,x2 >=4},{x1,x2}]
```

前一个是一般信息:系统有些担心,新的符号 LP121 会不会就是 LP11. 因为

我们的输入没有错,感谢系统的提醒,不作任何回应.尽管如此,系统还是把松弛问题 LP121 算出了答案(9.7).

后一个提示是关于 LP122 的,说它没有可行解.输出就是所输入的表达式.软件用这个办法向用户表示,没有可行解.我们应当抛弃 LP122.

把 LP121 和它的答案(9.7)放入待解松弛问题集中,有

$$W=\left\{\left\{\frac{47}{3},x_1=1,x_2=\frac{11}{3},\mathrm{LP11}\right\},\left\{\frac{76}{5},x_1=\frac{16}{5},x_2=3,\mathrm{LP121}\right\}\right\}.$$

第 3 轮.从 W 任选一个松弛问题,设是 LP121,它的答案(9.7)表明,最优解不是整数解,区间 $3<x_1<4$ 中没有整数可行解.用同样的办法,让 LP121 的可行域删去 $3<x_1<4$ 的部分,得到两个子问题 LP1211 和 LP1212.输入相关数据

```
LP1211 = ConstrainedMax[x1 + 4x2, {5x1 + 8x2 <= 40, -2x1
         + 3x2 <= 9, x1 >= 2, x1 <= 3, x2 <= 3}, {x1, x2}]
LP1212 = ConstrainedMax[x1 + 4x2, {5x1 + 8x2 <= 40, -2x1
         + 3x2 <= 9, x1 >= 2, x1 >= 4, x2 <= 3}, {x1, x2}]
```

计算得到 LP1211 的答案是

{15, {x1 -> 3, x2 -> 3}} (9.8)

对于后一个问题有类似上一轮中的提示,表明 LP1212 无解.

(9.8)是所给整数规划问题 ILP 的一个可行解和相应的函数值.让它与迄今最好答案 AnswerTillNow $=(-\infty,\varnothing)$相比较,得到新的迄今最好解

$$\text{AnswerTillNow}=\{15,\{x_1=3,x_2=3\}\}$$

至此,松弛问题 LP1211 已经解决.

第 4 轮.在待解松弛问题集 W 中还有一个问题 LP11.如果它的最优值不是 $\frac{47}{3}$,而是 $\frac{43}{3}$.它就无需求解了,因为松弛问题 LP11 所对应的整数规划数字题的最优解不会超过 $\frac{43}{3}$,迄今最优解的值 15 要小.现在 LP11 的最优值是 $\frac{47}{3}$,让它对变量 x_2 进行分支,输入数据

```
LP111 = ConstrainedMax[x1 + 4x2, {5x1 + 8x2 <= 40, -2x1
        + 3x2 <= 9, x1 <= 1, x2 <= 3}, {x1, x2}]
LP112 = ConstrainedMax[x1 + 4x2, {5x1 + 8x2 <= 40, -2x1
        + 3x2 <= 9, x1 <= 1, x2 >= 4}, {x1, x2}]
```

计算结果说问题 LP112 无解.除了显示类似于 LP121 的一般信息外,还得到问题 LP111 的答案

{13, {x1 -> 1, x2 -> 3}} (9.9)

当然它不如迄今最好答案(9.8).所以这两个问题 LP111 和 LP112 应该删去.

至此待解松弛问题集已经是空集. 所给整数规划数字题已经解决,迄今最好解(9.8)就是所给整数规划数字题的最优解.

例 3.13 取自 Burkard R. E. ,Methoden der Ganzzahligen Optimierung(《整数最优化方法》)第 181 ~ 185 页的例题.

用软件求解可以避免繁琐计算易于出错的烦恼. 本教程编者用 Mathematica 对这个数字例边算、边想、边核对答案,不超过 10 分钟就得到了结果.

看来,即便软件 Mathematica 没有专门求解整数规划的表达式,按照前面所说的第 1 种克服困难的办法,就能对话式地用 Mathematica 的表达式求解小型整数规划题目,得到答案. 至于用前面所述的第 2 种克服困难的办法,这里不可能去讨论了,一是因为远远超出了本教程的学习范围,更重要的是,社会上早已有了专门求解整数规划的软件. 除非有万不得已的理由,我们是不必浪费精力去做这类重复性的、吃力不讨好的工作.

§3.10 线性规划软件 LINDO

§3.10.1 软件 LINDO 简介

软件 Mathematica 是一个通用的科学计算软件. 在本章的讨论中,已经发现用它来做灵敏度分析,求解整数规划题目时具有局限性. 而同时,在生产、实践、科学研究中需要求解各种能够归结为线性规划的题目愈来愈多,规模愈来愈大. 有人统计,上世纪 80 年代的科学计算的总机时中,有三分之二是在计算线性规划问题. 人们编制了专用的软件包. 在国外,甚至出现了专门编制线性规划软件包的软件公司. 美国 LINDO Systems INC 就是其中的一个. 在互联网可以通过搜索引擎 Google, vivisimo, 等等寻找有关线性规划软件的信息.

现在讨论线性规划软件 LINDO(Linear, Interactive, and Discrete Optimizer). 它能求解各种线性规划数字题. 它甚至能求解读者尚不熟悉的二次规划数字题,即目标函数中含有变量的二次式的规划.

读者可以访问 http://www.lindo.com,下载它的试用版(trial version),以便顺利学习我们这门课程. 还可以从这网站得到更多的信息.

求解线性规划和整数规划的数字题,使用软件 LINDO 比使用 Mathematica 更为方便、有效. 因此阅读下面两页篇幅的内容就学会如何使用这样一个专业软件,是值得的.

它可以求解多至 1 000 个变量,500 个约束条件,64 000 个非零变量的题目. 而用求解大型课题的版本甚至可以求解 50 000 个约束条件和 200 000 个变量的数字题. 仅仅这点信息就已经可以令人感受到线性规划具有多么强大的功能. 下面我们使用的是版本 6.01.

假设软件 LINDO 已经安装在操作系统 Windows 的 C 盘中. 它由三个部分组成:提供使用说明的 LINDO Help、提供有关系统信息的 LINDO System Demos 和提供计算的计算器,名字也叫做 LINDO.

用户打开计算器,在出现的窗口中直接输入程序. 譬如说,像下面的输入格式不仅是我们熟悉的,而且也是 LINDO 能够接受的.

可以把例 3.1 这样输入:

```
max 2x1 +3x2 +3.666x3
st
x1 + x2 + x3 <=135
x1 +4x2 +7x3 <=405
x1 >=0   x2 >=0   x3 >=0
end
```

需要注意,最末有一个“end”. 还有,目标函数中没有“z =”.

全国各地的客人即便说他们自己的家乡话,大体都能在武汉市与人们交往. 如果他能入乡问俗,多了解一些武汉的方言和习俗,交往会更加亲切有效.

软件 LINDO 是一个开放的环境. 如果用户能了解它的规则,就能更好地和它打交道,更有效地使用它,理解它所显示的符号的准确意义.

一、软件 LINDO 默认:

大小写字母是等效的.

such that, subject to, st 有相同的意义.

两组关系符号“≤, <=, <”;“≥, >=, >”;分别表示同一个意思.

所有变量约束都是非负的. 而且形如 x1 >=0 等等的变量约束可以省略不写.

二、软件规定:

只接受小数形式的实数.

只有七个符号是合法的,它们是 +, -, =, <, > 以及惊叹号! 和右半圆括号). 像优先计算的括号对( )以及≤, ≥等等都是非法的.

在约束条件中,关系符的左侧只写代数项,关系符的右侧只写常数项.

可以在任何位置插入注解. 在注解行的最左端需加惊叹号“!”.

可以在约束条件的前面添加说明,以右半圆括号“)”表示说明结束. 软件自动把目标函数的代号记作“1)”,而主约束条件的代号依次记作“2),3),4)”等等.

三、在 end 之后,可以输入进一步的条件:例如

TITLE ex301:给文件起一个(包括后缀)不超过 8 个字母的名字 ex301.LTX. 这一行不仅可以写在 end 之后,也可以写在第一行. 以后的输出,文件名将是 C:\LINDO\EX301.LTX

GIN x1:(general integer):变量 x1 是非负整数.

INT x1 % x1 是{0,1}变量.

SLB x1 20(simple lower bound) % 下界为 20 的变量 x1.

SUB x2 10(simple upper bound) % 上界为 10 的变量 x2.

所有这些已经足以保证输入线性规划以及整数规划的种种数字题了.

于是,例 3.1 的求解程序可以写成下面的格式.

```
TITLE EX31
MAX 2X1 +3X2 +3.666X3
ST
X1 + X2 + X3 <135
X1 +4X2 +7X3 <405
END
```

软件更"欢迎"这样的格式:输入大写字母,用 <, =, > 作为主约束条件的关系符,更便于软件进行编译,而省略了变量约束条件之后,人们统计这个题目时,说例 3.1 有两个(而不是 5 个)约束条件.

§3.10.2　运行与输出

像 §2.12.2 中所说,用户把已经建立认可的数字题,称为**实际模型**. 用户输入数据后,自行与实际模型核对,再自行检查有无语法错误. 认可之后,得到一个**模型草稿**.

可以使用 Solve | Solve,或者 Ctrl + 5,或者工具行中的 3 组第 1 个图形如红色磁盘的按钮,让系统开始运行.

第 1 步. 对模型草稿进行编译检查. 凡有出错,光标立即指向所在的那一行,并在屏幕上显示错误提示:

An error ocourred during compilation on line: *n*

用户修改之后再启动运行,反复若干次,直至没有语法错误为止. 得到语法无误的**求解模型**.

求解模型与实际模型是否一致,只能由用户自己核对,软件 LINDO 是不负责的.

第 2 步. 对求解模型进行计算. 按照指定的时间段,窗口不断显示出计算器工作现状(*solver status*),向用户提供工作信息,包括:

迄今得到的解的状态(status);有四种可能:最优的,可行的,不可行的,无界的.

已经迭代的次数(iterations),

不可行的约束条件数(infeasibility),

目标函数值(objective),

已经运行的时间(elapsed Time).

对于整数规划的题目,还有

迄今最好的整数解(best IP),

目标函数的迄今理论上界(IPBound)

已经作了分支的次数(branches),等等.

当然,对于一个中小型的数字题运行的时间如果小于指定的时间段(例如 3 秒),一次显示的就是最后的信息.

屏幕同时出现报告窗口(reports window),包括得到答案所经历的迭代次数;所得到的目标函数值;各个变量的值和增大利润率(/降低成本率,reduced cost,参看 §3.1.4);各行的松弛变量或者剩余变量的值以及影子价格.

第 3 步,系统自动提问是否需要作灵敏度分析:

Do range(sensitivity)analysis?

如果需要,在上述的报告窗口接上所要的分析:它是指在当前最优基不变的前提下,所给的数字题中目标函数的各个变量的系数与约束条件的各行右端可以改变的范围,包括:本来的系数或右端的值,它们各自可允许的增大值和可减小值.

软件还提供计算过程各个计算框(迭代)的表格显示功能,这里不再详细介绍.

至此,读者将会同意,软件 Mathematica 与 LINDO 确实是解决问题的好帮手.

练 习 3

3.1 下面是练习 2.5(1)

$$\max z = 2x_1 + 3x_2 + x_3,$$
$$\text{s. t.} \quad x_1 + 2x_2 + x_3 \leqslant 8,$$
$$2x_1 + 3x_2 + x_3 \leqslant 11,$$
$$x_1, x_2, x_3 \geqslant 0.$$

问目标函数中 x_2 的系数在什么范围内变化,原最优结构不变?

3.2 有线性规划问题

$$\max z = -5x_1 + 5x_2 + 13x_3,$$
$$\text{s. t.} \quad -x_1 + x_2 + 3x_3 \leqslant 20,$$
$$12x_1 + 4x_2 + 10x_3 \leqslant 90,$$
$$x_1, x_2, x_3 \geqslant 0.$$

先用有限改进法求出最优解,再分别讨论在下列各种条件单独变化的情况下最优解的变化情况:

(1) 约束条件(2)的右端项由 90 变为 70;

(2) 目标函数中 x_3 的系数由 13 变为 8;

(3) 变量 x_2 的系数由 $\begin{bmatrix}5\\1\\4\end{bmatrix}$ 变为 $\begin{bmatrix}6\\2\\5\end{bmatrix}$;

(4) 增加一个约束条件 $2x_1+3x_2+5x_3\leqslant 50$.

【答:原题的解是 $x_1=0$, $x_2=20$, $x_3=0$; $z=100$.

(1) $x_1=0$, $x_2=5$, $x_3=5$; $z=90$.

(2) $x_1=0$, $x_2=0$, $x_3=6\dfrac{2}{3}$; $z=87\dfrac{2}{3}$.

(3) $x_1=2\dfrac{3}{4}$, $x_2=0$, $x_3=11\dfrac{3}{8}$; $z=122\dfrac{3}{4}$.

(4) $x_1=0$, $x_2=12\dfrac{1}{2}$, $x_3=2\dfrac{1}{2}$; $z=95$.】

3.3 计算例 3.4 末的建议. 即在最优产品结构不变的条件下,讨论乙产品每 m 利润的变化范围.

【答:下限为 $2\dfrac{5}{6}$ 元,上限为 8 元.】

3.4 在例 3.1 中,在最优产品结构不变的条件下,计算工时变化的范围.

【答:下限为 135,上限为 540.】

3.5 某厂可生产 A,B,C 三种产品,它们的消耗系数,工时定额,单位产品利润和资源拥有量如下:

	A	B	C	拥有量
利润(元)	3	1	4	?
工时	6	3	5	45
原材料(m)	3	4	5	30

(1) 计算获利最大的产品结构和生产方案;

(2) 问产品 A 的所需单位工时在什么范围内变动时,上述最优结构不变?

(3) 如设计一种新产品 D,单件工时 8,材料消耗系数为 2 m,每件可获利 3 元. 该种产品是否值得生产?

(4) 如工时数量不变,材料不足时可以从市场购买,每 m 的价格是 0.4 元. 问该厂要不要购进原材料扩大生产,购多少为宜?

3.6 用软件 Mathematica 讨论例 3.8 因改变第 1 或者第 3 种资源对最大总利润的影响.

3.7 写下下面问题的对偶问题.

(1) $\max z=2x_1+3x_2+x_3$,

$$\text{s.t.}\quad \begin{aligned} x_1+2x_2+x_3&\leqslant 8,\\ 2x_1+3x_2+x_3&\leqslant 11,\\ x_1,x_2,x_3&\geqslant 0;\end{aligned}$$

(2) $\max z=2x_1-x_2+x_3$,

$$\text{s.t.}\quad \begin{aligned} 3x_1+x_2+x_3&\leqslant 60,\\ x_1-x_2+2x_3&\leqslant 10,\\ x_1+x_2-x_3&\leqslant 20\\ x_1,x_2,x_3&\geqslant 0.\end{aligned}$$

3.8　用软件 LINDO 求解下面的整数规划问题

(1) $\max z = x_1 + x_2$,

s.t. $-2x_1 + 5x_2 \leqslant 8$,

$6x_1 + x_2 \leqslant 30$,

x_1, x_2:非负整数;

(2) $\max z = 9x_1 + 6x_2 + 5x_3$,

s.t. $-2x_1 + 3x_2 + 7x_3 \leqslant 17.5$,

$4x_1 + 9x_2 \leqslant 15$,

x_1, x_2, x_3:非负整数;

(3) $\max z = x_1 + x_2$,

s.t $4x_1 - 2x_2 \geqslant 1$,

$4x_1 + 2x_2 \leqslant 11$,

$2x_2 \geqslant 1$,

x_1, x_2:非负整数.

【答案:(1) $x_1 = 4, x_2 = 3, z = 7$;(2) $x_1 = 3, x_2 = 3, x_3 = 0; z = 45$;(3) $x_1 = 2, x_2 = 1, z = 3$.】

第 4 章

线性规划的实例与实务

本章主要讨论三个题目.

一是讲在生产和生活实际中,发现产品结构优化问题的客观基础和一般过程.

二是分散在几节中讲在建立一个具体的产品结构优化问题的模型时,应该注意的事项、前人的经验教训,以及有关的常识.读者如果把它们连在一起,将看到几乎可以改写成一篇文章,叫做产品结构优化问题的实务.

三是使用软件 LINDO,继续讨论求解(普通/整数)线性规划的应用问题.

§4.1 建立产品结构优化问题的一般过程

§4.1.1 客观基础和一般过程

单凭局部的实际经验,要想发现生产管理中的数学问题是不容易的. 把它建成数学模型,探索求解方法,往往就更加困难. 运用科学方法解决实际问题,总有难点与注意事项,用线性规划求解产品结构优化问题,也不例外. 为了尽快提高科学管理水平,学习前人已经发现的、可以应用的方面,了解他人已经成功解决的模型、一再遇到的难点与注意事项,是很有裨益的. 模仿它们解决本单位的某些问题,将是一个捷径. 如果在以后,能够发现新的应用和方法,则是再好不过的事.

产品结构优化问题至少有两大类:

一类是:设有若干种可以生产的产品. 已知各产品一个单位所需诸种资源各多少和售后利润各若干. 问在给定的资源限量的条件下,如何组织生产,使得总利润最大. 前面三章全都讨论这类问题.

另一类是:设有若干种资源,已知它们的单位价格和所含的成分. 问选取哪几种混合在一起,成为一种新的产品,使得一个单位的新产品不仅所含成分满足规定的指数,而且其单位成本最低.

作为第二类问题的一个例,我们来研究食用油如何找到合理配比方案的发展过程.

人总是希望健康长寿,又总会患病.心脑血管疾病是致人死命的杀手.患这种病的,老中青年人都有.发病的原因很复杂,已经有了许多治疗方法和药物.

人们思考,为什么人会患上心脑血管病?这类疾病,与病菌、病毒似乎关系不直接.许多人相信,到头来,还是病从口入.那么与摄入的食物有什么关系?总结先人和自身的经验教训,形成了种种的养生之道.其中一条是,饮食不宜油腻厚味.主张清淡,七分饱.避免过于肥胖.脂肪问题被提了出来.

用现代的科学方法来研究问题,当然要深刻得多.营养学家全面研究人类日常摄入的各种食物对心脑血管疾病的正负面的作用.有的医学专家开展了大规模的社会调查工作,用统计的方法,研究心脑血管病高发地区和低发地区的不同之处.有的提出种种假设,用科学试验的方法,得出合乎逻辑的见解.有的从基础理论入手,深入研究食用油中的脂肪构成,探讨各个成分对疾病的影响,等等.

研究结果表明:心脑血管病发生的众多原因中,有很大把握说,饮食是最重要的一个.与普遍过多摄取脂肪确实有关.

食用油含有三类油脂:饱和脂肪酸,单元不饱和脂肪酸和多元不饱和脂肪酸.

饱和脂肪酸可供应人体所需的热量.摄取过量,容易发生心脑血管疾病.单元不饱和脂肪酸可以降低血液中不好的低密度胆固醇,而不会破坏有强化血管壁作用的高密度胆固醇,对于预防中风等心脑血管疾病有显著的正面作用.多元不饱和脂肪酸是人体无法自行合成的必需脂肪酸,可促进人体的发育.但是由这种脂肪酸分解出的过氧化物,是细胞膜受损的主要原因.过度摄取,容易产生血栓,而它是引发心脑血管病以及癌症等的导火索.可见多元不饱和脂肪酸的作用是有好有坏.

人们在陆续得到种种成果的过程中,逐步认识到,摄入营养物质绝不是越多越好.三种脂肪酸之间要有合理的搭配.中国营养学会在“中国居民平衡膳食宝塔”中对食用油的推荐量是每人每天 25 g.人们提出各种主张.例如:动物油含有过多的饱和脂肪酸,建议要少吃,甚至不吃猪油,肥肉.家中放好几种食用油,轮流食用,避免单一油种的缺点.可以按 1∶3 的比例搭配摄用动、植物油;提倡在市场上出售各种食用调和油,等等.

这些见解,都是人们在探索食用油的优化结构,而且逐步从定性向定量发展过程中的成果.

有一篇文章讲,美国营养学家提出了一个食用油的配比方案:饱和脂肪酸占

25 %，单元不饱和脂肪酸 50 %，多元不饱和脂肪酸占 25 %. 据说，按此比例，特别针对高发心脑血管疾病人群，可以有效地保护健康.

人们还没有发现一种天然的食用油，恰好符合上述的比例关系. 能否把几种常用油进行搭配，使得基本满足上述方案？用数学方法，可以得到许多种搭配方案.

§4.1.2　食用油的结构优化问题

例 4.1　营养学家公布了七种食用油所含脂肪酸的成分. 人们又获知市场上某日的价格，合并列表如下(表 4.1)：

表 4.1

	熟猪油	豆油	玉米油	花生油	芝麻油	棉籽油	菜籽色拉油
成本(元/kg)	18	7.8	7.6	10.0	22.0	8.0	9.2
饱和脂肪酸(%)	42.7	14.8	15.2	16.2	12.5	27.9	4.5
单元不饱和脂肪酸(%)	48.9	22.9	36.5	42.5	40.9	16.5	74.0
多元不饱和脂肪酸(%)	8.4	62.3	48.3	41.3	46.6	55.6	21.5

美国营养学家提出了，三种脂肪酸的合理成分为 25 %，50 % 和 25 %，以最低价格为目标，问用哪些油，按什么配比方案，供应心脑血管疾病高发人群使用？

上述数据，除了市场价格外，都是营养学家的科研成果. 记载如下.

营养学家的建议

基本数据：　见表 4.1

主约束：饱和脂肪酸：　25 %

单元不饱和脂肪酸：　50 %

多元不饱和脂肪酸：　25 %

现在，运筹学工作者开始和营养学家讨论问题.

首先，任务是求总价格(即目标函数)的最小值.

设在 1 kg 的混合油中，表 4.1 中所列的几种食用油所占成分自左至右依次记作 $x_1, x_2, \cdots, x_7$. 它们都是非负的百分数，且其和应该等于 1.

需要考虑的问题是，每一个主约束条件该取 $\leqslant$，$=$，$\geqslant$ 中的哪一个关系符.

饱和脂肪酸不宜多吃，建议取 $\leqslant$.

单元不饱和脂肪酸对健康有益，可建议取 $\geqslant$.

多元不饱和脂肪酸在高温下易于分解，产生有害的过氧化物，建议取 $\leqslant$.

如果按照这三个关系来说,菜籽色拉油全都满足.然而,它的成分离所说的25 %,50 %和25 %,相差很大.双方进一步协商,达成以下协议:

营养学家与运筹学工作者的协议

基本数据: 见表4.1

主约束:23 %≤饱 和 脂 肪 酸≤25 %

50 %≤单元不饱和脂肪酸≤52 %

23 %≤多元不饱和脂肪酸≤25 %.

运筹学工作者根据协议不难建立数学模型.它有七个主约束条件.其中一个是七个决策变量之和等于1,三个脂肪酸各有两个条件.另外,还有七个变量的非负约束条件.用软件 LINDO 求解,得到最优解

$$x_1 = 0.341,\quad x_6 = 0.234,\quad x_7 = 0.425. \tag{1.1}$$

其余变量均等于零,而最小成本是

$$z = 11.964(\text{元/kg}).$$

从实际需要出发,根据其他学科所得到的知识和数据,把所给题目建立了线性规划模型,求解而得到答案,任务似乎已经结束.可是,作为应用数学,尤其对运筹学来说,仍有不少重要工作要做.像这个食用油问题,要把所做的抽象概括、论证过程、对答案的解释竭尽简化,以便高中毕业文化程度、甚至仅接受过九年义务教育的广大群众能够信服.要有方便的实行方案,家庭主妇得到了简单的搭配方案,生产者找到成本最低且符合建议的方案,可以用来开发新的产品.到此才算是真正的推广.

为了便于实际使用,写出它们的近似比例关系.我们利用连分数来求解如下:

$$\frac{0.341}{0.234} = \frac{341}{234} = 1 + \frac{1}{\dfrac{234}{107}} = 1 + \frac{1}{2 + \dfrac{1}{\dfrac{107}{20}}} = 1 + \frac{1}{2 + \dfrac{1}{5 + \dfrac{7}{20}}} \approx 1 + \frac{1}{2 + \dfrac{1}{5}} = \frac{16}{11},$$

所以 $x_1 : x_6 \approx 16:11$.同样有 $x_1 : x_7 \approx 4:5$.于是,不难得到

$$x_1 : x_6 : x_7 \approx 8:5.5:10.$$

即 熟猪油:棉籽油:色拉油≈8:5.5:10. (1.2)

按这种比例混合使用,成分是:

饱 和 脂 肪 酸:22.981 %,

单元不饱和脂肪酸:51.998 %,

多元不饱和脂肪酸:25.021 %.

仔细的读者会发现，饱和脂肪酸和多元不饱和脂肪酸的成分不满足所给的约束条件. 原因是，这组数字不是根据更为精确的比例(1.1)，而是按近似比例(1.2)算得的.

可以用软件 Mathematica 来计算这一类的比例问题. 先说一个类似的事. 譬如说，要把圆周率 π 依次取小数到 1,2,…,10 位的近似值，再分别用最简分数来表示. 读者不难读懂下面的输入表达式

Table[Rationalize[Pi,10^(-j),{j,1,10}]],

立刻得到答案：

$$\frac{22}{7},\frac{22}{7},\frac{201}{64},\frac{333}{106},\frac{355}{113},\frac{355}{113},\frac{75\,948}{24\,175},\frac{100\,798}{32\,085},\frac{103\,993}{33\,102},\frac{312\,689}{99\,532}.$$

在历史上，得到精确到小数 2 位的近似分数$\frac{22}{7}$之后，曾经花了很大的力气才得到精确到小数 6 位的分数$\frac{355}{113}$. 到今天，能够按键即得，科学技术的发展实在了不起. 用同样的语句，来计算两个比值和所得的结果是：

输入 Table[Rationalize[0.341/0.234,10^(-j),{j,1,10}]],

输出为 $\frac{3}{2},\frac{16}{11},\frac{51}{35},\frac{188}{129},\frac{341}{234},\frac{341}{234},\frac{341}{234},\frac{341}{234},\frac{341}{234},\frac{341}{234}.$

输入 Table[Rationalize[0.341/0.425,10^(-j),{j,1,10}]],

输出为 $\frac{3}{4},\frac{4}{5},\frac{49}{61},\frac{69}{86},\frac{272}{339},\frac{341}{425},\frac{341}{425},\frac{341}{425},\frac{341}{425},\frac{341}{425}.$

同时取它们的第 2 项，就得到前面的比值(1.2).

如果不介意最小成本这个目标，成本只要足够小就满意了，则有多种方法找到别的比例近似关系. 一个方法就是把线性规划软件 LINDO 当作一个实验室，适当改变油的价格，就能得到相应的解. 下面给出两组解以供参考. 一组是

熟猪油: 玉米油: 色拉油≈10:9:7,

就是说，把它们混合使用时，饱和脂肪酸，单元不饱和脂肪酸和多元不饱和脂肪酸成分依次占有 22.896 %，51.369 % 和 25.738 %. 另一组是

熟猪油: 花生油: 色拉油≈10:12:6,

混合使用时，成分依次占有 23.157 %，51.580 % 和 25.307 %. 具体操作就不详细讲了.

§4.1.3 几点思考

至此，还有相当多的问题需要注意和深思.

第一，相信营养学家和运筹学工作者达成的协议，认为表 4.1 的数据是安全合理正确的，无需怀疑的. 这是上面所得到的最优解的客观基础. 如果基础变动

了,原先所得的解的最优性和可行性当然失去了前提.

第二,根据营养学家的意见,所得到的配比方案对于高发心脑血管病区的人群,是有益的.然而,这对于其他方面(如其他疾病)有什么正副作用?是否符合消费者的习惯和口味?都需要进行调查研究.

在研究种种产品结构问题时,有时由于资源、技术以及管理等实际困难,由于心理和习惯上的偏好,对于用数学方法得到的方案作较大修改,甚至摒弃不用的事情,是可能发生的.就算是发生了,我们也不必手足无措.

第三,根据科学理论和数学方法,得到了合理的配比方案,还有如何正确使用的问题,例如,要考虑摄入脂肪的总量;要把直接从各种食物中得到的脂肪计算在内;还要注意高温烧炒时,多元不饱和脂肪酸会产生对人体极为有害的过氧化物问题,等等.

第四,人群使用某个方案一段时间后,营养学家要进行总结,研究它的实际效果是否正如所期望的?不合,则放弃它,探讨改进的途径.合适,则坚持下去.

第五,人们当然可以利用本例的方法开发新产品.如果读者核对三、五本资料,就会发现,同一种油的脂肪酸的成分,各不相同.本来,一个严肃的生产者,对所使用的油的成分,应该逐批进行化验,逐批求解最优搭配方案.我们所建立的这种数学模型应该在生产过程中不断地被调用.所谓计算机在生产中的应用,这是一个事例.

探讨科学,是一件极其严肃的事.使用科学成果同样要有科学的态度.

第六,一般来说,在生产和生活实际中,能够提出某一个(类)产品结构优化问题,往往不是想干就干的.只有许多学科(包括数学)深入发展,长期合作,得到了必要的科学结果,还要社会经济生活、技术以及管理水平得到相应的高度,才能谈得上这个问题.当人们一个月只能吃三两、半斤油的日子,当一个工厂处于管理混乱的状态,优化食品油结构问题是没有实际意义的.

花了这样多的篇幅来讲食用油问题,是因为它有一定的普遍意义:在发现、提出许多产品结构优化问题时,都有类似的这个过程.用数学方法得到结果后,也都有类似的问题需要去思考.

读者可以想象,运用这一般过程,将可发现并提出众多问题.对高发各种疾病人群的各种食物,各种年龄段的保健食品,各种家禽家畜饲料,炼焦厂配煤,机械厂合理下料,等等,它们都可归结为产品结构优化问题,都可以用线性规划来求解.一个巨大的领域等待着人们去开发、创造.

§4.1.4 目标函数问题

人们经历了很长时间的实践和几代人的努力,才逐步认清现代管理与数学的关系.就是在今天,同一位尚未接受过线性规划知识的决策者讨论,如何改善产品的结构,以增加利润时,往往认为"目标就是赚钱!""这和数学有什么关系?"他们主要注意的是市场的变化,引进新的设备,采购更多的资源,等等.这种见解国内有,国外同样有.

在1947年,Dantzig G. B教授创始了线性规划.近60年来,用它解决了无数的工业、农业、国防、科技以及管理等等方面的优化问题,为全人类做出了巨大的贡献.产品结构优化仅仅是其中的一项.

1982年,在一个学术会议上,Dantzig教授回顾了线性规划发展的过程.这篇报告有中译本:

Dantzig G. B.,回顾线性规划的起源,章祥荪,杜链译,运筹学杂志,1983(3:1)71~78

2003年美国杂志Operations Research把这篇报告又重新发表,表明了它的重要性.我们转录其中的两段.第一段是:

"如果要我总结一下自己在早期对线性规划做了哪些贡献,或者说最重要的贡献的话,我以为有三个方面:

一、在五年战争(即第二次世界大战)时期,作为一个实际规划者取得的经验,我认识到实际规划中的大多数关系可以用线性不等式来表达.

二、使用明确的目标函数(例如线性目标形式),而不是仅用一些经验原则来表达对好的或者最优的方案的选择准则.所谓经验原则充其量不过是实现目标的手段,而不是目标的本身.

三、创造了单纯形方法.这是在探讨经济理论中一个有用的方法的过程中产生的.它是人们对大规模复杂系统做出实际规划的基本工具."

这就是说,他除了发现单纯形法之外,还有两个功绩.一是总结人们的实践经验,认识到管理科学中,大多数的实际关系都可以用线性式子来表达.二是他明确地提出应该使用目标函数作为好或最优方案的选择准则.

还有一段是:

"(在一次报告会上)我报告完之后,Holeling说:'不过,我们大家都知道,这个世界是非线性的呀!'von Neumann代我回答说:'报告者的题目是《线性规划》,他很仔细地阐述了他的公理.如果您有一个应用问题适合这些公理,那就用它,如果不适合的话,就不用它.'诚然,归根到底Holeling是对的.这个世界确实是高度非线性的.然而幸运的是,我们可以用线性不等式(相对于等式而言)来逼近实际规划中所遇到的大多数非线性关系."

下面形式的函数

$$z = c_1x_1 + c_2x_2 + \cdots + c_nx_n$$

是线性的.就是说,对于每一个决策变量,它对函数值的贡献与其自身成正比;几个决策变量对函数值的贡献等于各个贡献之和.在数学上,常说线性函数具有正比性和可加性. 这种函数就有资格作为线性规划的目标函数.

在实际问题中,总利润,总成本,总产量,总产值,某些稀有材料的总使用量等等,都可以成为目标函数,它们的多快好省都可以转化为追求目标函数值的最大或最小.

因此,一个产品结构优化问题,有不止一个准则可以作为目标函数. 它们之间有时甚至是相互矛盾的. 可是,我们这里讲的线性规划只能有一个目标函数. 这只能由决策者来决定. 他在一开始就得深入思考,以解决这个难题. 第一个办法是,从中选出一个至关重要的准则. 第二个办法是把这些准则先按其重要性从优到劣地排出一个队,求出每一个准则下的最优解,再根据它们的重要性,协调出一个令人满意的可行解. 第三个办法是在几个准则中进行协调兼顾构造出一个综合的准则. 第四是学习一种新的课程,多目标线性规划理论. 根据其更深入的理论求解.

一个从事线性规划工作的人,如果他不同时是决策者,他应该向决策者介绍有哪些常规的目标函数,但是他绝对不能越俎代庖,确定哪个目标函数好,哪个不好.

无论哪一种方法,选定不同的目标函数,如果是可行的,在数学上将有不同的答案. 而在管理上,在生产单位的领导层中,可能造成巨大的争论. 是追求利润最大,还是产量最多,在历史上曾经发生过严重的斗争,这是一例. 在开始,负责课题的决策者一定要与有关各方认真协商,意见上达到真正一致. 因为,处理不当,将发生"答案全对,目标函数值最优,无人执行,全功尽弃"的令人非常遗憾的事情. 这在国内外都发生过. 这一点,决策者一定要极其谨慎,大意不得.

§4.2 决策变量的选择 配套问题

§4.2.1 配套问题

例 4.2 把例 3.2 的表 3.3 重抄如下,成为表 4.2:

表 4.2

	甲(m)	乙(m)	丙(m)	丁(m)	限 值
利润(元)	2	3	$3\frac{2}{3}$	6	?
塑料(kg)	1	1	1	3	135
工时	1	4	7	5	405

人们发现,不仅可以单独出售上述产品,还可以把它们组成套件出售.

一种是,4 m 乙产品与 3 m 丙产品组成 1 套,利润为 27 元.

另一种是,甲、乙、丁产品各 1 m 组成一套,利润为 13 元.

问如何组织生产,如何销售(单独出售甲、乙、丙、丁产品各多少,成套出售各多少),使总利润最大?

如果顺着上面提问的思路,可设四种产品的生产量为决策变量 x_1, x_2, x_3, x_4,用它们来组合成套. 虽然言之成理,但做起来将遇到很大的困难.

如果先设四种产品单独销售量为 y_1, y_2, y_3, y_4. 两种成套产品销售量为 u_1 与 u_2. 这 6 个决策变量的值求得之后,四种产品的生产量 x_1, x_2, x_3, x_4 就可用下式算得:

$$\begin{aligned} x_1 &= y_1 + u_2, \\ x_2 &= y_2 + 4u_1 + u_2, \\ x_3 &= y_3 + 3u_1, \\ x_4 &= y_4 + u_2. \end{aligned}$$

把成套的产品作为新产品. 第 1 种是乙、丙两种产品按 4:3 组合,这种产品记作(乙 4 丙 3). 乙产品 4 m 以及丙产品 3 m 组成相当于 1 m 的(乙 4 丙 3). 因此它需要 7(=4 +3) kg 塑料和 37(=4 ×4 +7 ×3)个工时. 第 2 种记作(甲乙丁),此种材料 1 m 需 3(=1 +1 +1) kg 塑料与 10(=1 +4 +5)个工时. 表 4.2 与两种成套产品合并,成为表 4.3:

表 4.3

	甲	乙	丙	丁	(乙4丙3)	(甲乙丁)	限 值
利润(元/m)	2	3	$3\frac{2}{3}$	6	27	13	?
塑料(kg/m)	1	1	1	3	7	5	135
工时	1	4	7	5	37	10	405

数学模型如下:

$$\max z = 2y_1 + 3y_2 + \frac{11}{3}y_3 + 6y_4 + 27u_1 + 13u_2,$$

$$\begin{aligned} \text{s.t.}\quad & y_1 + y_2 + y_3 + 3y_4 + 7u_1 + 5u_2 \leqslant 135, \\ & y_1 + 4y_2 + 7y_3 + 5y_4 + 37u_1 + 10u_2 \leqslant 405, \\ & y_1, y_2, y_3, y_4, u_1, u_2 \geqslant 0. \end{aligned}$$

引入两个松弛变量 s_1 与 s_2,在表 4.4 上求解如下:

表 4.4

	基变量	y_1	y_2	y_3	y_4	u_1	u_2	s_1	s_2	b	比值
Ⅰ:	z	$-2\downarrow$	-3	$-\frac{11}{3}$	-6	-27	-13				
	s_1	1^*	1	1	3	7	5	1		135	$\frac{135}{1}\rightarrow$
	s_2	1	4	7	5	37	10		1	405	$\frac{405}{1}$
Ⅱ:	z		$-1\downarrow$	$-\frac{5}{3}$	0	-13	-3	2		270	
	y_1	1	1	1	3	7	5	1		135	$\frac{135}{1}$
	s_2		3^*	6	2	30	5	-1	1	270	$\frac{270}{3}\rightarrow$
Ⅲ:	z			$\frac{1}{3}$	$\frac{2}{3}$	$-3\downarrow$	$-\frac{4}{3}$	$\frac{5}{3}$	$\frac{1}{3}$	360	
	y_1	1		-1	$\frac{7}{3}$	-3	$\frac{10}{3}$	$\frac{4}{3}$	$-\frac{1}{3}$	45	
	y_2		1	2	$\frac{2}{3}$	10^*	$\frac{5}{3}$	$-\frac{1}{3}$	$\frac{1}{3}$	90	$\frac{90}{10}\rightarrow$
Ⅳ:	z		$\frac{3}{10}$	$\frac{14}{15}$	$\frac{13}{15}$		$-\frac{5}{6}\downarrow$	$\frac{47}{30}$	$\frac{13}{30}$	387	
	y_1	1	$\frac{3}{10}$	$-\frac{2}{5}$	$\frac{38}{15}$		$\frac{23}{6}^*$	$\frac{37}{30}$	$-\frac{7}{30}$	72	$72/\frac{23}{6}\rightarrow$
	u_1		$\frac{1}{10}$	$\frac{1}{5}$	$\frac{1}{15}$	1	$\frac{1}{6}$	$-\frac{1}{30}$	$\frac{1}{30}$	9	$9/\frac{1}{6}$
Ⅴ:	z	$\frac{5}{23}$	$\frac{42}{115}$	$\frac{292}{345}$	$\frac{163}{115}$			$\frac{211}{115}$	$\frac{44}{115}$	$402\frac{15}{23}$	
	u_2	$\frac{6}{23}$	$\frac{9}{115}$	$-\frac{12}{115}$	$\frac{76}{115}$		1	$\frac{37}{115}$	$-\frac{7}{115}$	$18\frac{18}{23}$	指归形式
	u_1	$-\frac{1}{23}$	$\frac{2}{23}$	$\frac{5}{23}$	$-\frac{1}{23}$	1		$-\frac{2}{23}$	$\frac{1}{23}$	$5\frac{20}{23}$	

因此:(ⅰ) 最大总利润为 $402\frac{15}{23}$元.

(ⅱ) 最优的产品结构是:出售两种成套产品.不出售单一品种.

(ⅲ) (乙 4 丙 3)产品售出 $5\frac{20}{23}$套,(甲乙丁)产品出售 $18\frac{18}{23}$套.

(ⅳ) 于是,甲、乙、丙与丁四种产品应生产产品甲：$x_1 = y_1 \qquad\qquad + u_2 = 18\frac{18}{23} = 18.783(\mathrm{m})$，

产品乙：$x_2 = y_2 + 4u_1 + u_2 = 4\times 5\frac{20}{23} + 18\frac{18}{23} = 42\frac{6}{23} = 42.261(\mathrm{m})$，

产品丙：$x_3 = y_3 + 3u_1 \qquad = 3\times 5\frac{20}{23} = 17\frac{14}{23} = 17.609(\mathrm{m})$，

产品丁：$x_4 = y_4 \qquad\qquad + u_2 = 18\frac{18}{23} = 18.783(\mathrm{m})$.

用软件 LINDO 来求解：输入

```
MAX 2Y1 +3Y2 +3.666667Y3 +6Y4 +27U1 +13U2
ST
Y1 + Y2 + Y3 +3Y4 +7U1 +5U2 <135
Y1 +4Y2 +7Y3 +5Y4 +37U1 +10U2 <405
END
```

算得结果是

```
LP OPTIMUM FOUND AT STEP   2

        OBJECTIVE FUNCTION VALUE

        1)          402.6522

    VARIABLE          VALUE           REDUCED COST
        Y1           0.000000          0.217391
        Y2           0.000000          0.365217
        Y3           0.000000          0.846376
        Y4           0.000000          1.417391
        U1           5.869565          0.000000
        U2          18.782608          0.000000

       ROW       SLACK OR SURPLUS      DUAL PRICES
        2)           0.000000          1.834783
        3)           0.000000          0.382609

    NO. ITERATIONS =      2
```

然后再算出甲、乙、丙、丁四种产品的产量. 它们与前面计算所得到的结果是一致的. 表 4.4 最后一框的检验行中的值就是上面 REDUCED COST 的诸值.

软件 LINDO 中，总是把目标函数的代号写作 1)，约束条件的代号依次写作 2)，3)，4)等等. 不仅如此，代号为 2)的约束条件中所引入的松弛变量或者剩余变量总是叫做松弛变量 2 或者剩余变量 2 等等. 两种资源的影子价格，即对偶价格(DUAL PRICES)也已列在上面. 有了这些说明，相信读者就能读懂这张表了.

在这个数字例题中,如果规定成套的产品必须是非负整数,即 u_1, u_2 为整变量.这就变成一个混合型整数规划问题.可以像§3.9.3那样,用软件 Mathematica 来求解.但是,用软件 LINDO 要方便得多.把它作为例4.2.1,输入

```
MAX 2Y1 +3Y2 +3.666Y3 +6Y4 +27U1 +13U2
ST
Y1 + Y2 + Y3 +3Y4 +7U1 +5U2 <135
Y1 +4Y2 +7Y3 +5Y4 +37U1 +10U2 <405
END
TITLE EX421
GIN U1 U2
```

它比之于例4.2的输入只多一行整数性.计算结果是

Z = 402.0000,

U1 = 6.000000, U2 = 18.000000, Y1 = 3.000000.

再算出四种产品的产量.它们是:

甲产品 21 m,乙产品 42 m,丙产品 18 m,丁产品 18 m.

这个答案简单明了,便于生产管理,便于销售.

§4.2.2 决策变量问题

产品结构优化问题中,有些量是已知的,客观或实际存在.在所给条件下,决策者是不能调剂改变的.例如技术参数、成本等.又例如某种食用油中,有各种脂肪酸的含量,等等.把它们叫做**参数**.另一些量是未知的.在一定条件下,决策者可以调剂改变.例如生产某种产品多少 m,混合油中,某种食用油占多少成分,等等.这些是**决策变量**.

在研究一个具体问题时,首先要分清,哪些是参数,哪些是变量.

在一个问题中,决策者要确定,一种产品是否要生产,生产多少.这些量都是决策变量.然而,由于题目的复杂性,有时要引入恰当的辅助变量.

在例4.2中,当人们沿着提问的次序:"如何组织生产,如何销售,从而使总利润最大?"把生产量取为决策变量是很自然的.如果建立数学模型时发生困难,把提问的次序倒转过来,即"如何销售,然后再如何组织生产,使总利润最大?"有时会把事情简化.像例4.2配套问题,把各个产品的销售量取为决策变量,那么建立数学模型,然后求解生产量,困难就小得多.看来,选取决策变量时,注意所给问题有哪些提问的方法与次序,将是有益的.

一般来说,并没有关于引入辅助变量的规则.不同的思路,有不同的处理手法.确实各有巧妙不同,有人说,求解产品结构优化问题具有艺术性,选取决策变

量大概是其中的一个方面.

在考虑许多产品时,有时,有些产品无论技术参数,还是利润,都相差无几.我们应该尽量把它们合并,减少决策变量的数目.

§4.2.3　主约束条件问题

一般有三种主约束条件.

第一种是资源约束.例如,可供原料、电量、机器的生产能力、计划的规定,等等.

第二种是需求约束.例如,要求某种营养物质不低于多少,年总发电量不少于多少,市场至少需要多少,等等.

第三种是结构性约束.例如,几种原料按规定比例生产,某种资源必须用尽,等等.

稍稍复杂一点的产品结构优化问题,一个线性规划问题中,三种约束条件多会出现.像例4.1的七个主约束条件就含有这三种类型.

在逐一列出约束条件时,事先,根据它们的特点、性质,涉及的先后次序,要**标明特征或(/和)使用代号**,例如,把例4.1关于饱和脂肪酸上限的约束条件,可以写成下面三种形式中的一种:

饱和脂肪酸的上限:

$$42.7x_1+14.8x_2+15.2x_3+16.2x_4+12.5x_5+27.9x_6+4.5x_7\leqslant 25;$$

(1) $42.7x_1+14.8x_2+15.2x_3+16.2x_4+12.5x_5+27.9x_6+4.5x_7\leqslant 25$;

或者

(1) 饱和脂肪酸的上限:

$$42.7x_1+14.8x_2+15.2x_3+16.2x_4+12.5x_5+27.9x_6+4.5x_7\leqslant 25,$$

这样可以防止疏漏、重复,便于查核修改.为增删条件留有余地,务必做到有条不紊.

要合理地列出约束条件.一般分两步:先用文字代表参数,列出诸量之间的关系,最终再用实际数字代入.

选择约束条件时,并不是越多越好.例如讨论食用油时,三种脂肪酸以外,还有含量微小某些成分.它们对健康影响不大,规定含量各不超过多少,就显得琐碎,却大大增加计算量.把它们综合成一个指标也许就足够了.有时甚至可以略去不计.

决策变量和主约束条件多少,在很大程度上,决定着求解所需计算量及费用的多少.经验表明,一个规模为 $m\times n$ 的线性规划数字题(即有 m 个约束条件、n 个决策变量),大概要作 $m\sim 3m$ 步左右的迭代(相当于在表上做 $m\sim 3m$ 个框)才能得到答案.同时,当 m 不变时,平均迭代的次数有一个与决策变量的个数 n 成正比的上界. n 大了,计算量也增加.(《运筹学杂志》84.6 第 78 页.)

§4.3 数据的收集 种植与运输问题

§4.3.1 种植问题

例 4.3 在土质不同的两种水田里,在相同的水、肥、技术等条件下,种植三种水稻. 土地面积、所备种子可供种植的面积以及每公顷(hm^2)的产量若干吨(t)如表 4.5.

表 4.5

产量(t/hm^2)			稻种可供量(hm^2)		
			A	B	C
			50	80	90
土地实有量(hm^2)	甲	70	9	12	9.75
	乙	130	13.5	11.25	10.5

问如何种植,使总产量最大?

乍一看,这怎么会是一个线性规划问题呢?但是,它可以这样来理解:例如,“1 hm^2 甲土地种上 A 稻种,可收获 9 吨稻谷.”就是“产品甲 A.”它需要 1 hm^2 甲土地和供它种植的 A 稻谷,产量为 9 t 等等. 这就成为一个产品结构优化问题的数字题. 表 4.5 就可以改写为表 4.6.

表 4.6

产　品	甲 A	甲 B	甲 C	乙 A	乙 B	乙 C	可供量
产量(t)	9	12	9.75	13.5	11.25	10.5	?
土地甲(hm^2)	1	1	1				70
土地乙(hm^2)				1	1	1	130
稻谷 A(hm^2)	1			1			50
稻谷 B(hm^2)		1			1		80
稻谷 C(hm^2)			1			1	90

设种植 6 种“产品”的 hm^2 数为 x_1,x_2,x_3,x_4,x_5,x_6. 它们有

$$x_1,x_2,x_3,x_4,x_5,x_6 \geqslant 0. \tag{3.1}$$

目标函数为

$$z=9x_1+12x_2+9.75x_3+13.5x_4+11.25x_5+10.5x_6. \tag{3.2}$$

当然是求最大值.

题目中，一共有土地 200 hm^2，却有可供种植 220 hm^2 土地的稻种. 为了有最大的产量，土地当然要全部种植. 所以，五个主约束条件是

$$\text{土地甲}: x_1 + x_2 + x_3 = 70, \tag{3.3}$$

$$\text{土地乙}: x_4 + x_5 + x_6 = 130, \tag{3.4}$$

$$\text{稻谷}A: x_1 + x_4 \leqslant 50, \tag{3.5}$$

$$\text{稻谷}B: x_2 + x_5 \leqslant 80, \tag{3.6}$$

$$\text{稻谷}C: x_3 + x_6 \leqslant 90. \tag{3.7}$$

于是，把上面的7个式子写成数学模型，把它输入软件 LINDO，算得结果为

土地甲　种植稻谷 B:70 hm^2.

土地乙　种植稻谷 A:50 hm^2.

B:10 hm^2.

C:70 hm^2.

稻谷 C 尚有多余，可供种植 20 hm^2 土地.

最大收获量为：236.25 t.

§4.3.2 运输问题

例 4.4 某冶金公司有2个选矿场甲和乙，要把精(铁、铜)矿不断地输送给3个冶炼厂 A、B 和 C. 8月份，选矿场能供应的和冶炼厂所需的量为已知. 此外，把1个选矿场 1 kt(千吨)精矿运送到某个冶炼厂的费用也是已知的. 例如，从场甲运送 1 kt 到厂 A，费用是6万元，等等. 所有数据列表如下(表 4.7)：

表 4.7

基本数据表			冶炼厂所需量(kt)		
			A	B	C
			5	8	9
选矿场可供量(kt)	甲	7	6	8	7
	乙	13	9	7.5	4.5

公司的决策者要问：如何组织运输任务，使得总的运输费用最少？

如果也把从场甲运 1 kt 到厂 A，作为“产品甲 A”，把运费6万元作为成本，就不难写出这一问题的决策变量，目标函数和约束条件.

相信读者已经发现，本例与例 4.3 在代数结构上几乎一样，只是任务是求总运输费用最小(参看例 2.12). 经过计算，得到答案如下：

从选矿场甲运到冶炼厂 A:5 kt.

从选矿场甲运到冶炼厂 B:2 kt.

从选矿场乙运到冶炼厂 B:4 kt.

从选矿场乙运到冶炼厂 C:9 kt.

冶炼厂 B 尚缺少 2 kt 精矿,需要通过其他途径得到.

最小运费:116.5 万元.

或者在最优运输方案表中,填入最优方案和最小费如下(表 4.8):

表 4.8

最优运输方案表			冶炼厂所需量(kt)		
			A	B	C
			5	8	9
选矿场可供量(kt)	甲	7	5	2	
	乙	13		4	9
总 费 用			116.5 万元		

§4.3.3 数据的收集与管理问题

假设给定了一个产品结构优化问题.在一般的表达形式中,有技术参数、可供量、规定的指数以及利润、成本等,它们都是参数.具体到某一个问题,相应的数值称为**数据**.

在本教程中,所用数据尽是些简单整齐的数值,如 1,2,3,600,700,1 800 等等.这样做的目的在于,不把读者的注意力引向繁琐的数字计算上,以便集中精力于探讨模型的建立和求解的方法上.

在一个先进的生产单位里,基本数据往往很完备.改革开放以来,许多厂矿企业都已建立了计算机内部网络,大量数据已存入数据库.人们可以从中取得所需要的绝大部分,再收集一些特需的,就足够应用了.

如果生产单位没有完善的数据,建立数学模型时,**收集数据将是一件最花时间、最费钱财、最为艰苦,也极为重要的工作**.首先,因为数据量大,测定、记载繁琐费时,而且容易出错.如果责任心不强,张冠李戴的事情也会发生.其次,由于受到部门的权力、利益、科技知识和管理水平等因素的影响,有时不能顺利开展工作.国外有言:"输入(计算机)一堆垃圾,输出也是一堆垃圾."数据完善、精准与否,直接关系到问题的最终成果能否真正有用,是不能掉以轻心的.

收集数据不仅是解决问题所需,而且也是生产单位的一项基本建设.产品结构优化问题是多种多样、年复一年、不断进行的.第 1 年收集数据很艰难,第 2,3 年就有了头绪,继续前进.

数据收集后,有的直接引用,有的则需合并与核算,有的还要根据问题所考虑的实际情况进行推算.例如问题中的资源量,用于一周的,也许一查即得;用于一季度的,就需调查研究;用于一年以上的,就得做大量的测算工作了.

产品结构优化问题求解以后,事情并未结束.参数变化(如成本波动,利润改变等等)随时会发生.

为此,应该设置专门机构,配备专门人员,建立计算机内部网,至少有足够容量的计算机,按着制度收集、整理、计算、修正有关数据,提供信息和对策建议. 无疑,计算机为此提供了强大的支援. 需要强调的是,一定要特别注意数据的备份问题. 以免因断电、错误操作、病毒的入侵、各种灾害(如火灾、地震)甚至恶意破坏等等,造成数据、成果失真,甚至毁于一旦.

要及时提供明年的产品结构优化问题的建议,即计算结果,要有周密的计划,尤其对数据收集的时间、人力、经费的计划,一定要安排得切实可行. 刚一开始,时间估计得略微富余一点,进度抓紧一点,是必要的. 第6章介绍的统筹方法是解决这个问题的有力帮手.

上面只是就讨论一个产品结构优化问题而言的. 其实,上面所讨论的目标函数设置、约束条件安排、数据收集与管理问题对任何一个生产实际的线性规划应用题目都是可以参考的.

§4.4 整数规划题目

在§4.2中我们已经讲了一个混合型整数规划的题目. 本节再讲两个关于整数规划的题目. 读者可以发现,软件LINDO求解这些题目的功能实在太强大.

§4.4.1 值班问题

例4.5 某服务行业需要雇用服务员. 规定每个服务员连续工作五天后,连续休息两天.

一周每天需要人数为:

表4.9

周1	周2	周3	周4	周5	周6	周日
16	15	13	17	19	17	21

服务员的工资每周150元. 双方还商定,凡是在周6工作的加20元,在周日工作的加25元 法定假日另订. 问至少雇用多少人,工资付出最少?

设周1,2,3,4,5,6和周日开始上班的人数依次为 $x_1, x_2, x_3, x_4, x_5, x_6, x_7$. 把在同一天开始工作的服务员编为一个组. 周1组的工作日是从周1到周5,如下表中的周1组的那一列;在周1这一天,在岗工作的有从周4,5,6,日以及周1组来的服务员,而这一天需要至少16人. 把这件事表达在下表的周1行. 其他各行各列也有类似的意义.

表 4.10 各组在岗情况

		周 1 组	周 2 组	周 3 组	周 4 组	周 5 组	周 6 组	周日组	必须人数
各日在岗情况	周 1	x_1			x_4	x_5	x_6	x_7	16
	周 2	x_1	x_2			x_5	x_6	x_7	15
	周 3	x_1	x_2	x_3			x_6	x_7	13
	周 4	x_1	x_2	x_3	x_4			x_7	17
	周 5	x_1	x_2	x_3	x_4	x_5			19
	周 6		x_2	x_3	x_4	x_5	x_6		17
	周日			x_3	x_4	x_5	x_6	x_7	21

在表中可以看到，周 1 组的服务员周工资为 150 元，周 2 组的是 170 元，周 3 组的是 195 元，等等. 所以每周付出工资以及必须满足的条件写成一个数学模型为

$$\min w = 150x_1 + 170x_2 + 195x_3 + 195x_4 + 195x_5 + 195x_6 + 175x_7,$$

$$\text{s.t.}\quad \begin{aligned} &x_1 + x_4 + x_5 + x_6 + x_7 \geqslant 16, \\ &x_1 + x_2 + x_5 + x_6 + x_7 \geqslant 15, \\ &x_1 + x_2 + x_3 + x_6 + x_7 \geqslant 13, \\ &x_1 + x_2 + x_3 + x_4 + x_7 \geqslant 17, \\ &x_1 + x_2 + x_3 + x_4 + x_5 \geqslant 19, \\ &x_2 + x_3 + x_4 + x_5 + x_6 \geqslant 17, \\ &x_3 + x_4 + x_5 + x_6 + x_7 \geqslant 21, \\ &x_1, x_2, x_3, x_4, x_5, x_6, x_7 \in \mathbf{N}. \end{aligned}$$

其中的 **N** 是全体自然数. 这样的整数规划若真的在纸上笔算是很花时间的，可用 LINDO 来计算. 输入程序：

```
MIN 150x1 + 170x2 + 195x3 + 195x4 + 195x5 + 195x6 + 175x7
ST
x1          + x4 + x5 + x6 + x7 > 16
x1 + x2          + x5 + x6 + x7 > 15
x1 + x2 + x3          + x6 + x7 > 13
x1 + x2 + x3 + x4          + x7 > 17
x1 + x2 + x3 + x4 + x5          > 19
   x2 + x3 + x4 + x5 + x6       > 17
        x3 + x4 + x5 + x6 + x7 > 21
END
GIN 7
```

因为所需人数是正整数,这是纯整数规划.软件中约定,最好把整变量设置在最前面,如果前3个是整变量,在上面的程序最后一行,可以列出它们的名字,也可以输入语句“GIN 3”等等.现在所有7个都是整变量,所以有语句“GIN 7”.

让计算机计算这个程序,得到报告为,经过8次迭代,有结果

```
        OBJECTIVE FUNCTION VALUE
        1)           4465.000
      VARIABLE           VALUE              REDUCED COST
         X1            2.000000              150.000000
         X2            1.000000              170.000000
         X3            5.000000              195.000000
         X4            4.000000              195.000000
         X5            7.000000              195.000000
         X6            0.000000              195.000000
         X7            5.000000              175.000000

        ROW        SLACK OR SURPLUS          DUAL PRICES
         2)            2.000000               0.000000
         3)            0.000000               0.000000
         4)            0.000000               0.000000
         5)            0.000000               0.000000
         6)            0.000000               0.000000
         7)            0.000000               0.000000
         8)            0.000000               0.000000
    NO. ITERATIONS =       8
```

在报告中第2行(即第1个主约束条件)的剩余变量的值等于2,表明周1可以有两个服务员多余.

§4.4.2 投资问题

例4.6 某公司有6个项目被列入投资计划,它们的投资额和五年内每年的期望效益如表4.11:

表4.11

项 目	1	2	3	4	5	6
投资额(万元)	110	270	150	120	190	380
预期效益(万元/年)	100	210	65	80	160	420

当年该公司投资额为800万元.由于技术上的原因,投资受到以下约束:

（1）在项目1,2和3中必须只有两项被选中；

（2）项目4和5最多只能选中一项；

（3）项目6被选中的前提是项目1必须被选中.

问如何安排,使得年期望效益最大?

现在我们用整数规划来建立模型.每个项目只能最多被选中一次.用决策变量 x_i 对应项目 i,并用1,0对应是否被选中：

$$x_i=\begin{cases}1, & \text{项目 } i \text{ 被选中},\\ 0, & \text{项目 } i \text{ 未被选中},\end{cases}$$

所以这些决策变量都是{0,1}变量.

有两组主约束条件：

一是**资金约束**,这是比较容易建立的：

$$110x_1+270x_2+150x_3+120x_4+190x_5+380x_6\leqslant 800.$$

二是**技术约束**,这需要仔细地思考建立.

当项目1,2,3必须有两项被选中,那么有

$$x_1+x_2+x_3=2. \tag{4.1}$$

当项目4与5之间至多只能有一项被选中,相应的变量值之和应该不大于1：

$$x_4+x_5\leqslant 1. \tag{4.2}$$

至于条件(3),项目6被选中的前提是项目1必须被选中,这就是说,当 $x_1=1$ 时,x_6 可以取值0或者1.如果 $x_1=0$,则 x_6 必须等于0,所以

$$x_6\leqslant x_1. \tag{4.3}$$

还有目标函数为

$$z=100x_1+210x_2+65x_3+80x_4+160x_5+420x_6.$$

于是该公司的投资模型是一个{0,1}整数规划问题,它是

$$\begin{aligned}\max\ z&=100x_1+210x_2+65x_3+80x_4+160x_5+420x_6,\\ \text{s.t.}\quad &110x_1+270x_2+150x_3+120x_4+190x_5+380x_6\leqslant 800,\\ &x_1+x_2+x_3=2,\\ &x_4+x_5\leqslant 1,\\ &x_6\leqslant x_1,\\ &x_i\in\{0,1\},1\leqslant i\leqslant 6.\end{aligned}$$

我们用软件LINDO来求解.在输入时,

```
MAX 100x1 + 210x2 + 65x3 + 80x4 + 160x5 + 420x6
ST
110x1 + 270x2 + 150x3 + 120x4 + 190x5 + 380x6 < 800
x1 + x2 + x3 = 2
x3 + x4 < 1
```

```
x6 - x1 <0
END
TITLE EX46
INT 6
```

输入时,需要注意以下几点:

公式(4.2)的输入语句是“x3 + x4 < 1”,在程序中,软件规定,可以用符号 < 表示 $\leqslant$.

公式(4.3)的输入语句应该是“x6 - x1 < 0”,因为软件规定,关系符号之右是不能有变量的.

在 END 之后的一个语句“INT 6”表示(前)6 个变量都是{0,1}型的.

经过计算得知,经过 32 次迭代,得到结果

```
OBJECTIVE FUNCTION VALUE

      1)        730.0000

  VARIABLE        VALUE              REDUCED COST
        X1        1.000000           -100.000000
        X2        1.000000           -210.000000
        X3        0.000000            -65.000000
        X4        0.000000            -80.000000
        X5        0.000000           -160.000000
        X6        1.000000           -420.000000

       ROW      SLACK OR SURPLUS     DUAL PRICES
        2)        40.000000           0.000000
        3)         0.000000           0.000000
        4)         1.000000           0.000000
        5)         0.000000           0.000000

NO. ITERATIONS =      32
```

答案是:

最优方案:对第 1,2,6 三个项目投资,

多余资金: 40 万元

每年预期效益: 730 万元.

这就完成了这个例题的计算工作.

在建立整数规划的过程中,我们说变量 x 是整数. 这个条件不能表示为线性约束. 可以说整数变量是一个最基本的非线性约束. 在上面的例子中,把三种技

术条件写成线性约束，确实是很优美的.

还有，限定某个变量只能取某几个整数的条件，例如，变量 u 只能取值 2,4,5，即 $u\in\{2,4,5\}$，可以写成与它等价的条件：

$$\begin{cases}u=2\delta_1+4\delta_2+5\delta_3,\\ \delta_1+\delta_2+\delta_3=1,\\ \delta_1,\delta_2,\delta_3\in\{0,1\}.\end{cases}$$

某工厂购买若干台设备，每台价格为 b. 如果购买 12 台之内，需派车一辆、派两名采购员去机场接运回厂而发生固定费用 a，当然不购买，不发生固定费用. 现在购买 x 件所发生的成本是

$$\begin{cases}0, & x=0,\\ a+bx, & x\in\{1,2,\cdots,12\},\end{cases}\tag{4.4}$$

它不是线性约束. 我们可以建立一个与它等价的费用函数

$$c(x,\delta)=bx+a\delta,$$

而变量约束是

$$\begin{cases}\delta\leqslant x\leqslant 12\delta,\\ \delta\in\{0,1\},x\in\mathbf{N}.\end{cases}\tag{4.5}$$

上面所讲的五种整变量约束条件是很有用的.

尽管读者仅仅简略地学了整数规划的一个算法，分支定界法，尽管没有学习{0,1}整数规划的理论部分和算法，由于有了普通线性规划的基础知识，当可理解这些规划数字题所算得的主要结果.

关心生产实际问题的工程师，或者是研究各种理论问题的学者常常想方设法把那些所关心的题目归结为各种（普通，整数，{0,1}）线性规划. 这是非常有道理的. 因为一旦做到了，他们就会把有关软件作为虚拟实验室，来分析问题，寻求理论上的启发；或者把软件作为计算器，求得答案.

如果所研究的题目不能写成线性规划的模型，由于目标函数或者某些约束条件是非线性的. 运筹学中还有一个分支，叫做**非线性规划**. 它是专门研究这类问题的学问. 如果目标函数中仅含有某些变量的二次项，约束条件是线性的，叫做**二次规划**. 它可以用软件 LINDO 来求解. 如果是更为一般的情形，发行软件 LINDO 的公司还发行了一个“姊妹”软件 LINGO，它是专门求解规模更大的线性规划和非线性规划数字题的.

把普通线性规划，纯整数（线性）规划，混合整数（线性）规划和{0,1}整数（线性）规划统称为线性规划. 把线性规划，非线性规划，还有其他的规划等等通称为**数学规划**.

§4.4.3　第一部分的小结

至此读者学完了第一部分，学会了两个软件的有关操作技术．今后需逐步积累使用的经验，应用到各个方面去．趁此，再谈几点：

一个规模大的生产题目，通过生产实践、不断改进而得到一个稳定的生产方案．它能获得较多的利润或发生较少的成本，就是所谓的"不断在优化"，对这种现象不妨称作是"题目趋于成熟"．一般来说，如果这个趋于成熟的题目是一个线性规划题目，仍可以用线性规划（甚至是运筹学）理论来寻求最优解，获取最大利润或发生最小成本．经验表明，往往可以获得3％～5％的效益．手有五个指头，所以把这种现象叫做运筹学的"手指规则"．

据文献介绍，现在，从规模上讲，决策变量多到1百万个的线性规划问题也已在计算机上顺利求得答案．从速度上讲，即使在PⅡ233MHz的计算机上计算399个约束条件，1590个变量的问题，计算的时间（不包括输入数据时间和编译检核时间）也只需1.01秒．

读者在这方面的剩下的更为重要工作有下面的四个方面：

(1) 如何认定所给的题目确实是一个线性规划题目；

(2) 如何能够有条不紊地完成本章所讲到的种种实务（§4.1.4，§4.2.2，§4.2.3和§4.3.2）；

(3) 如何建立起一个全面准确反映题目实际的数学模型．

(4) 正确理解所得到的答案．

学术会议上，在著作或者论文中，有的作者讨论一个能够归结为（普通/整数）线性规划题目时，总是集中在以下几点：

采用所选的目标函数的理由．

选取决策变量的思路．

建立各个约束条件的技巧，哪些变量是整变量或者是{0,1}变量，以及确定各个变量的上、下界的规定．

认定它是一个数学规划模型后，说明在什么计算机上用哪一个软件算得的答案，如何克服所遇到的各种困难．

最后讨论对答案的理解、评论、应用的效果和前景．

这样做是有道理的．我们在例4.4～6中也是这样做的．

当人们对所研究的题目从理论上做了更深入的研究，就能对题目有更多的理解．例如，搞清楚因参数的改变、约束条件的改变致使答案所发生的变化的意义，例如就对偶问题的讨论，就能利用软件对题目有更多的理解．

顺带说一点．使用软件有时也会出现某些故障．

例如Mathematica 4.0版本．不同的计算机中，计算浮点数的硬件可能是不同的. 可能遇到含有浮点数的数字例,它在不同的计算机上会算得不同的结果. 在互联网上有人求解一个 802 次的代数方程,得到 802 个根,其中有 2 个实根,其余都是复数根. 它们都计算到 16 位数. 在不同的计算机上算得的答案在小数若干位之后的确有某些不同. 因此,对于一个规模相当大的含有浮点参数的线性规划题目,在不同计算机上所算得的答案如果有某些不同是不足为怪的.

提示信息中有时发生缺点错误. 例如在 §2.12.2 中,信息有拼写的错误,我们已做了改正. 阅读时需要注意.

正确的程序有时不能顺利运行. 例如图形画不出,又例如多个表达式得不到结果. 提示信息说,系统存在缺陷,要用户和软件网站联系. 还有一个可以尝试的简单的办法是保存当前程序之后,重新启动运行这个程序. 也许可以得到所希望的结果.

稿本是一种隔间相互独立的、交互式的文件. 软件开发者说,从第 3 版起,它已经变为书写多种课件和报告的标准工具,成为互联网上或者其他地方发表技术文件的通用的标准工具. 软件提供有数以百计的选项让用户的稿本具有所需的各种外观,以保证产生完全符合出版质量的文件.

在 4.0 版本中仍有诸多的缺陷,例如系统中具有各种中文输入的格式. 由于汉化得不够,输出常常不如人意,需要人工调整. 相信在更高的版本中会逐步得到改进.

练习 4

4.1　炼油厂可以买到两种原油,轻质的和重质的. 每桶的价格以及每桶原油可以炼出汽油、柴油和喷气机油的百分数如下表:

	汽油	柴油	喷气机油	成本(元/桶)
轻质原油	0.48	0.18	0.32	46.5
重质原油	0.34	0.38	0.22	44.7

三月份的生产任务(至少)是 15 000 桶汽油,8 000 桶柴油和 13 000 桶喷气机油. 厂长考虑完成任务的条件下,如何购买这两种原油,使总成本最小. 请建立线性规划模型.

4.2　已知某运输问题的供需以及单位运价表如下(中心矩形中的数值为单位运价):

单位运价表		需方 A	需方 B	需方 C	需方 D	需方 E	产量
产地	甲	10	15	20	20	40	50
	乙	20	40	15	30	30	100
	丙	30	35	40	55	25	150
需求量		25	115	60	30	70	

求最优调拨方案.

【答:最优调拨方案如下表

最优调拨方案		需方 A	B	C	D	E	产量
产地	甲	15	35				50
	乙	10		60	30		100
	丙		80			70	150
需求量		25	115	60	30	70	

中心矩形的诸值为运量.】

4.3　用标准长度 4.8 m 的铝合金材料切割窗架用料. 每付窗架需长 1.5 m 的材料 4 根，1.7 m 的 2 根，0.6 m 的 12 根. 生产任务是制作 100 个窗架.

(1) 要讨论最少需切割铝合金材料多少根的问题，请用线性规划建立这个问题的数学模型. 如果有软件，请算出答案.

【提示：切割 4.8 m 材料有多种方法. 例如，有一种是切成 1 根 1.7 m 的和 2 根 1.5 m 的，这时剩余 0.1 m. 先设法求出所有的切割方法，然后再建立模型.】

(2) 如果我们只设想了 4 种切割方法，现在仅就这些切割方法来求解最少需切割 4.8 m 材料多少根的问题.

(3) 问(1)与(2)的答案之间的关系.

4.4　用软件求解：

(1) 练习 2.5 的(ⅰ)与(ⅱ)；

(2) 练习 3.2.

4.5　请讨论下面的一个问题：某医院的一个病区需要 24 小时有护士值班. 每个护士每周工作 5 天，每天连续上班 9 小时. 上班的时刻为

0:00(即 24:00)，6:00，9:00，12:00，15:00，18:00 和 21:00.

(请注意：清晨 3:00 无人开始上班). 各个时间段所需护士人数至少为：

5(0:00 − 3:00)，　3(3:00 − 6:00)，　16(6:00 − 9:00)，

14(9:00 − 12:00)，　10(12:00 − 15:00)，　14(15:00 − 18:00)，

8(18:00 − 21:00)　和　6(21:00 − 24:00).

(1) 请用线性规划方法建立模型以求解这个病区至少要有护士多少；

(2) 如果有软件，请在计算机上求出答案；

(3) 请探讨这个练习的一切方面.

【提示：建议先把所给数据像上面几道题那样，列出一个表来，把护士上班当作供方，各时间段所需人数作为需方，列出表后，模型就容易建立了.】

4.6　用软件 LINDO 求解下面的整数规划问题

(1) $\max z = 2x_1 + 3x_2 + 10x_3$,

s.t.　$-x_1 + 4x_2 + 7x_3 \leqslant 10$,

$5x_1 - 2x_2 + 6x_3 \leqslant 10$,

$0 \leqslant x_1, x_2, x_3 \leqslant 4$, 整数；

(2) $\max z = x_1 + 2x_2 + 4x_3 + 3x_4$,

s.t.　$x_1 + 4x_2 + 7x_3 + 2x_4 \leqslant 10$,

$x_1, x_2, x_3, x_4: \{0,1\}$.

【答案：(1) $x_1 = 3, x_2 = 3, x_3 = 0; z = 15$；(2) $x_1 = 1, x_2 = 0, x_3 = 1, x_4 = 1; z = 8$.】

第二部分　组合最优化

以下三章讲本教程的第二部分:组合最优化.我们主要讲最短路问题(包括动态规划和统筹问题)、支撑树、匹配、流和圈的最优化问题.它们都是以图(/网络)中的某些概念为研究对象,所以,有的书还把这几个问题称之为图论最优化或网络最优化.

我们将采用类似于微分学中的导数的思路,统一地研究它们,得到有关的概念、基本性质、定理和算法.

第5章讲了图论中的最基本概念之后,讲最短路问题.再讲以它发展起来的一个分支,叫做动态规划.

第6章讲统筹问题.事实上它是最优路问题的另一个应用.

第7章讨论支撑树,匹配,流和圈的最优化问题.最后还简单地介绍求解组合最优化问题的近似方法.

各章中继续用软件 Mathematica 和 LINDO 讨论相应的问题.

第 5 章

最短路问题与动态规划

本章分四个部分.

一、图论的最基本概念.

二、两种赋权有向图上的最短路问题的性质和求解算法.在引入摹矩阵概念的基础上,把算法写成摹乘积的公式.

三、以上面两节为实践背景而发展起来的一个分支:有限阶段数(确定、不确定)型动态规划.讨论了它的理论基础,Bellman 最优化原理与递推公式,以及它们之间的关系;对于第二大节所讲的多阶段赋值有向图中的最短路问题及其算法,论述其正是决策数确定型动态规划的一种图论模型和求解算法.动态规划有极广泛的应用,§5.6 ~ §5.9 所讲的设备更新问题、动态库存问题和资源分配问题是几个入门的典型应用问题.

四、简单介绍决策数不确定型动态规划的图论模型,求解的算法和应用.

软件 Mathematica 在本章起着重要的作用.不仅可以用软件的现成的图元函数绘制组合图形,而且我们还编制了一个基本的程序,用来计算摹矩阵的摹乘积.从而求解有限决策数确定型与不确定型的动态规划应用题有了自编的程序.

§5.1 图及其基本概念

§5.1.1 图及其图形

城市之间的交通关系,家族成员之间的关系,工厂、企业、事业单位内部,部门之间的上下级关系,工程中各个工序之间的先后关系等等,用图论的概念来描述、理解往往是很有益的.

定义 5.1 图 G 是一个有序的三元组(V,E,ψ_G),其中 $V=V(G)$是非空的集合,$E=E(G)$是一个不与 V 相交的另一个集合,而 ψ_G 是关联函数,它使 E 的每

个元素 e 对应一个无序对 $u\,v(u,v\in V)$，记作 $\psi_G(e)=u\,v$.

图论是研究各种特定关系的一门学问.

把 E 的元素叫做**边**，V 的元素叫做**顶点**. 说 e 连接 u 和 v，u 和 v 是边 e 的两个端点. 这样的图简记作 $G=G(V,E)$，甚至 G.

对于一个图 G，如果用点（或圆圈，或实心圆，或文字）表示它的顶点，用以 u 和 v 为端点的线段表示它的边 e，就得到图 G 的一个**图形**.

可见，一个图 $G=G(V,E)$ 有各种各样的图形，而且画法可以大不相同. 表示两条边的两个线段可能相交于许多不是顶点的点上（如图 5.1）. 如果做一件事情允许有某种随意性，按照某个标准，就有进行选择的自由. 当然不必自找麻烦，乱画一气. 在准确的前提下，应该画得尽量简明、匀称、便于阅读. 要尽量用直线段或简单的弧段表示边.

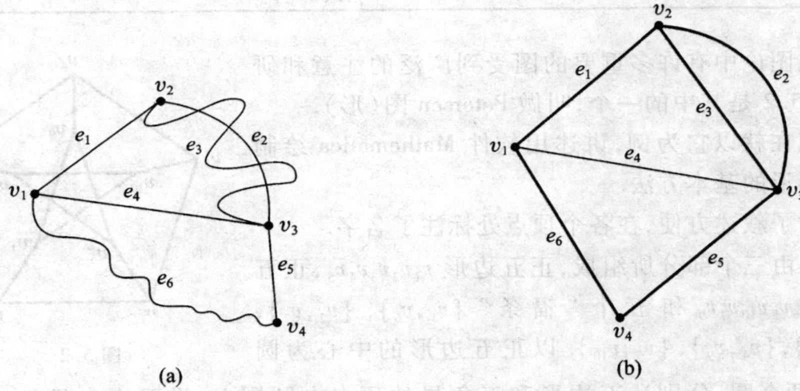

图 5.1

§ 5.1.2 用软件 Mathematica 绘制组合图形

学习了微分学的基本内容，我们还学习如何绘制一元与二元函数的图形的方法，例如 $y=3x^3+2x^2-5$，$y=\sin x$，$z=y\log x$ 等等. 现在许多科学计算软件都有绘制这些图形的功能，成了瞬即可得的事. 软件 Mathematica 有现成的表达式（命令）用以绘制图形. 在 § 3.6.2 中已经绘制图 3.1. 又例如输入

```
Plot[3x^3 + 2x^2 - 5, {x, -5, 5}],
```

就能显示出区间 $[-5,5]$ 上函数 $y=3x^3+2x^2-5$ 的图形，等等.

为了区分高等数学中的图与组合数学中的图，把前者叫做**连续（型）图**（尽管有的图具有若干个间断点），后者叫做**组合（型）图**.

在软件 Mathematica 中并没有统一的表达式用来绘制各种各样的组合图形. 但是，它提供了多个图形元素的表达式，如点，线段，圆，弧，折线，等等. 在绘图中，先用 Graphics[图形元素]作出图形表达式，再用 Show[图形表达式]演示图形表达式所表示的图形. 我们感兴趣的有下表中的表达式：

图形元素表达式	说 明
Point[{x,y}]	为{x,y}的点.
ListPlot[{{x1,y1},{x2,y2},…}]	画出点系列{{x1,y1},{x2,y2},…}.
Line[{{x1,y1},{x2,y2},…,{xn,yn}}]	依次连接{x1,y1},{x2,y2},…,{xn,yn}的折线.
Polygon[{{x1,y1},{x2,y2},…,{xn,yn}}]	依次连接{x1,y1},{x2,y2},…,{xn,yn}{x1,y1}而成的实心多边形.
TextListPlot[{{x1,y1,exp1},{x2,y2,exp2},…}]	在诸点{xi,yi}位置处各标注 expi.
LabeledListPlot[{{x1,y1,exp1},{x2,y2,exp2},…}]	在诸点{xi,yi}为中心的实心小圆旁各标注 expi.

在图论中有许多重要的图受到广泛的注意和研究. 图 5.2 是其中的一个，叫做 Petersen 图(形).

现在就以它为例，讲述用软件 Mathematica 绘制组合图形的基本方法.

为了叙述方便，在各个顶点处标注了名字. 图 5.2 由三个部分所组成，正五边形 $v_1v_2v_3v_4v_5$，正五角星 $v_6v_8v_{10}v_7v_9$ 和五个"辐条"$\{v_1,v_6\}$，$\{v_2,v_7\}$，$\{v_3,v_8\}$，$\{v_4,v_9\}$，$\{v_5,v_{10}\}$. 以正五边形的中心为圆心，画两个圆，分别让五边形和五角星的顶点在圆周上. 设两个半径是 3.8 和 1.8. 可以规定各个顶点的极坐标，余下的工作就是写出必要的表达式如下：

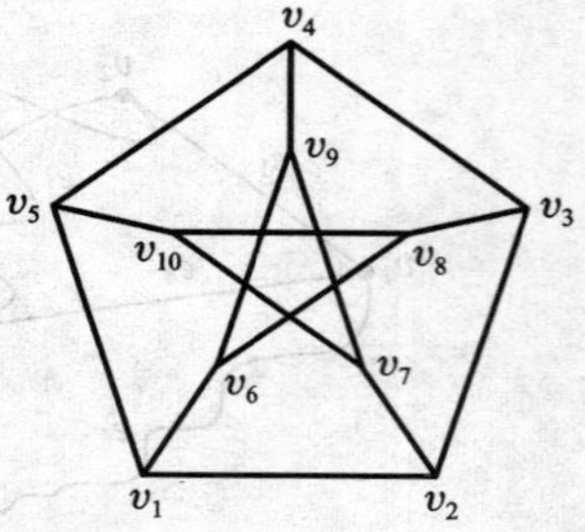

图 5.2

```
Theta[j_] = -Pi. -{Pi/5}+{2Pi/5}*j;
x[j_,r_]:=r*Cos[Theta[j]];
y[j_,r_]:=r*Sin[Theta[j]];
v[j_,r_]:={x[j_,r_],y[j_,r_]};

v[1,1];v[2,1];v[3,1];v[4,1];v[5,1];
v[1,2];v[2,2];v[3,2];v[4,2];v[5,2];

qPentgon = Graphics[Line[{v[1,3.8],v[2,3.8],v[3,3.8],v[4,3.8],
v[5,3.8],v[1,3.8]}]];

qPentStar = Graphics[Line[{v[1,1.8],v[3,1.8],v[5,1.8],v[2,1.8],
v[4,1.8],v[1,1.8]}]];
```

```
qPentSpoke = Graphics[ Line[ { v[ 1,1. 8 ], v[ 1,3. 8 ] } ] ],
Line[ { v[ 2,1. 8 ], v[ 2,3. 8 ] } ],
Line[ { v[ 3,1. 8 ], v[ 3,3. 8 ] } ],
Line[ { v[ 4,1. 8 ], v[ 4,3. 8 ] } ], Line[ { v[ 5,1. 8 ], v[ 5,3. 8 ] } ] ];

ThePetersenGraph = Show [ { qPentgon, qPentStar, qPantSpoke }, AspectRatio →
Automatic ]
```

运行所得到的就是图 5.2,只是没有标注顶点的名字. 如果需要,可以在 ThePetersenGraph 中再加一个关于标注名字的图像元素的表达式,TextListPlot 或者 LabeledListPlot.

对于有向边的绘制,箭头是一个封闭实心的非凸四边形,可以用图形元素表达式 Polygon 来绘制. 如果一个顶点是几个有向边的终点,需要安排这些箭头,使得美观合理. 我们不可能深入讨论了.

程序中,各个语句书写的种种规则,将在 § 5.12 中讨论.

§ 5.1.3　基本概念

下面讲一些基本概念. 图论中,甚至运筹学中,有许多概念往往是直接来自实际,并直接采用相应的名词,所以容易理解其大意. 但同时,又会被直观性模糊了概念的精确含义. 这是学习有关图论以及运筹学知识特别需要留意的.

在一个给定的图(V, E, ψ_G)中,如果$\psi_G(e) = u\ v$,则说顶点 u 和 v 与边 e 相**关联**,两个顶点是**相邻**的. 一条边的两个端点一致,这条边叫做**环**. 有同一个端点的两条边是**相邻**的. 几条边有相同的两个端点,则称这些边是**重边**. 在图 5.3 中,

顶点 v_1 与 v_2 相邻,　　　边 e_1 与 e_2 相邻,

边 e_3 是一个环,　　　e_7 与 e_8 是重边.

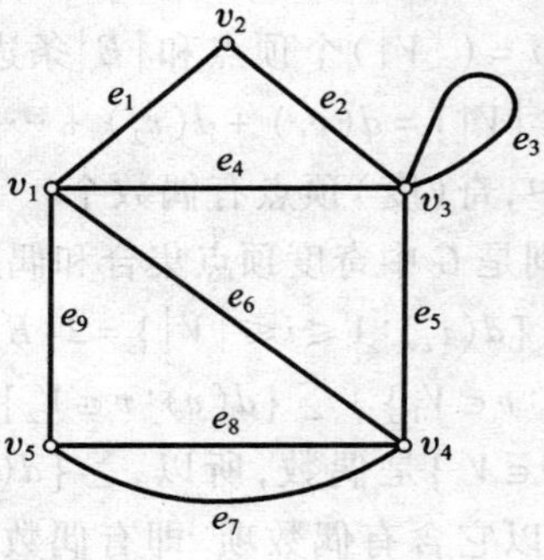

图 5.3

图 $G = G(V, E)$ 是有限的,如果顶点集合 V 和边集合 E 的基数,分别记作

$|V|$和$|E|$,都是有限的.无环无重边的图叫做**简单图**.

称H是图$G=G(V,E)$的子图(记作$H\subseteq G$),如果$V(H)\subseteq V(G)$,$E(H)\subseteq E(G)$,并且ψ_H是ψ_G在H上的限制.当$E(H)\neq E(G)$,则记为$H\subset G$,并且H叫做G的**真子图**.图H是图G的**支撑子图**(/生成子图),是指满足$V(H)=V(G)$的子图.从图G中删去所有的环,相邻的两个顶点之间如果有重边,只留下一条,而删去其余的,就得到一个**底图**.底图是简单的支撑子图.

设V'是V的一个非空子集合,以V'为顶点集合,以图G中两端点都在V'中的边的全体为边集合,这样所组成的图叫做**G关于V'的导出子图**,记作$G[V']$.

设E'是E的非空子集合.以E'为边集合,以E'中诸边的端点全体为顶点集合所组成的图称为G的**关于E'的导出子图**,记作$G[E']$.

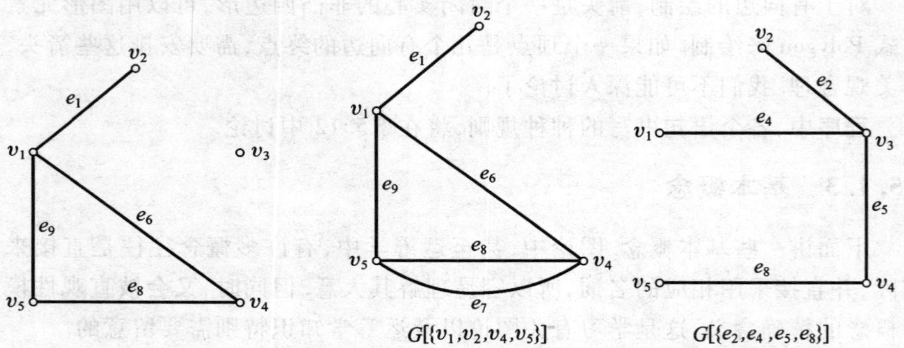

(a)顶点支撑子图　　(b)顶点导出子图　　(c)边导出子图

图 5.4

在图G中,顶点v的**度(/次)**,记作$d_G(v)$或者$d(v)$,是指G中与v关联的边的数目.一条边对它的两个端点各贡献1度.一个环对它的端点贡献2度.立刻得到

定理 5.1　设图G有$n=(|V|)$个顶点和$|E|$条边,则有

$$\sum\{d(v_i):1\leqslant i\leqslant |V|\}=d(v_1)+d(v_2)+\cdots+d(v_n)=2|E|.$$

定理 5.2　在任何图中,奇(度)顶点有偶数个.

证明　设V_1和V_2分别是G中奇度顶点集合和偶度顶点集合,由定理5.1知

$$\sum\{d(v_i):1\leqslant i\leqslant |V|\}=2|E|.$$

即
$$\sum\{d(v):v\in V_1\}+\sum\{d(v):v\in V_2\}=2|E|.$$

右端是偶数.又$\sum\{d(v):v\in V_2\}$是偶数,所以,$\sum\{d(v):v\in V_1\}$必须是偶数.然而,V_1是奇度顶点集合,所以它含有偶数项.即有偶数个奇度顶点.

介于两个顶点v_{i_0}与v_{i_t}之间的一条路是一个顶点与边交错的序列,且它的首项是v_{i_0}和末项是v_{i_t}.一般地,有

$$v_{i_0}\ e_{i_1}\ v_{i_1}\ e_{i_2}\ v_{i_2}\cdots\ v_{i_{j-1}}\ e_{i_j}\ v_{i_j}\cdots\ v_{i_{t-1}}\ e_{i_t}\ v_{i_t}. \tag{1.1}$$

例如图 5.3 中的 $v_1\ e_1\ v_2\ e_2\ v_3\ e_4\ v_1\ e_6\ v_4$ 是介于 v_1 与 v_4 的一条路，$v_4\ e_8\ v_5$ 和 $v_3\ e_3\ v_3\ e_2\ v_2$ 也都是路. 如果路中相邻两顶点之间都只有一条边，(1.1)可以简记作

$$v_{i_0}\ v_{i_1}\ v_{i_2}\cdots\ v_{i_{j-1}}\ v_{i_j}\cdots\ v_{i_{t-1}}\ v_{i_t} \tag{1.2}$$

或者

$$e_{i_1}\ e_{i_2}\cdots\ e_{i_j}\cdots\ e_{i_t}. \tag{1.3}$$

路是**简单的**，如果在序列之中，没有相同的边，也没有相同的顶点. 否则叫做**迹**. 如果首项和末项重合，这时的跡叫闭跡，路叫做**回路**. 简单的回路叫做**圈**. 以后我们讲的路常常是指简单路.

一个图是**连通**的，如果任何两个顶点之间都有路相连.

上面讲的图中，每一条边的两个端点没有先后之分. 这样的图叫做**无向图**. 如果边的端点规定了先后次序，即边规定了方向，这条边叫做**有向边**. 一个图叫做**有向图**，如果它的每一条边都是有向的. 一个图叫做是**混合的**，如果有的边是无向的，有的是有向的. 在有向图和混合图中，也有类似上面所述的路、圈等等的概念，除了明显的差异，我们都作直观的理解，而不一一细述了. 例如上面的顶点边交错序列(1.1)是从 v_{i_0} 到 v_{i_t} 的一条有向路，如果边都是有向的. e_{i_j} 的始点是 $v_{i_{j-1}}$，终点是 v_{i_j}.

赋权图 G 中每一条边都赋有一个数，叫做这条边的**权**(它常常表示这边的长度、价值、费用，时间等等). 为了书写简便起见，仍用 $G=G(V,E)$ 表示赋权图.

§5.2 最短路问题

§5.2.1 组合最优化与最短路问题的定义

设有赋权有向图 $G=G(V,E)$. 从 v_{i_0} 到 v_{i_t} 有(有向)路相连. 设(1.1)就是一条路. 如果路中的每一条边 e_{i_j} 的权被理解为长度，把这条路上诸边的权之和作为路的值或者长度，这是最直观不过的了. 从 v_{i_0} 到 v_{i_t} 一般有若干条路. 当然可以问哪一条路的长度最短(/长)，还可以问哪一条路的边数最少. 不过，后一个题目是前一个的一种特殊情形. 只要设想图中每条边的权都等于 1 就可以了.

最短路问题是指：在赋权有向图，从指定的始点到终点的诸路中，求最短(/长)路和它的值.

一个具体的(赋权)有向图是指：在给定的一个图中，每一条边都赋有具体的实数作为权. 在这个图中，求解从所给的始点到指定的终点的最短路的任务叫做求解这个最短路问题的一个数字例(/数字题). 最短路问题是它的所有数字例的全体. 有许多工程、管理等的实际问题能够归结为最短路问题.

在学习代数学时,人们研究从数字题概括出的带有一定条件的文字题,例如二次方程,以发现求解的公式和性质.我们这里也是从某些数字题中按所设定的角度概括出带有一定条件的文字题来研究,以发现问题的特征、性质和求解的算法.这种文字题叫做**实例**.由于所概括的文字题所附带的条件不同,一个问题,像最短路问题,往往有多个实例.在研究某个具体实例时,如果不致发生误解,有时也直接称呼它是问题.

《中国大百科全书 数学》(1988)第865页条目"组合最优化"所给的定义是:

组合最优化是在给定有限集的所有具备某些特性的子集中,按某种目标找出一个最优的子集的一类数学规划.

最短路问题有一个实例 $G=G(V,E)$.它要求从一个顶点 u 到另一个顶点 v 的所有路中找出最短的.如(1.3)那样,路的诸边构成集合 E 的一个子集合,记作 E''.对照上述定义,实例是在其图 G 的边集合中,在所有能够构成从 u 到 v 的路的边子集合中,按路长最短这一目标,找出最优(短)的边子集合.所以,最短路问题是一个组合最优化问题.

组合最优化是一门学问,专门研究符合上述定义的各种问题的理论、算法和应用.而算法往往是讨论的中心题目.

组合最优化有成千上万个问题,而且往往都很复杂,人们不得不研究一个一个的实例的算法.本教程只能讲很少几个最简单的最基本的题目.所幸,似乎组合最优化也符合"最简单的是最有用的"这种科学经验.

§5.2.2 最短路的基本性质

对于最短路问题的实例 $G=G(V,E)$,一个直觉不过的按定义办事的算法就是:写出边集合 E 的所有子集合,挑出能够构成从 u 到 v 的路的那些边子集合,再按路长定义,算出它们的长度,最后找出最短路的长度和相应的最短路.这叫做**枚举算法**.但是,如果所给的图的规模不太小,即 $|V|$ 和 $|E|$ 是很大的数,可以设想,这个办法的计算量就可能变为大得无法被人所忍受,所以对于最短路问题,甚至对于组合最优化中的几乎所有问题,枚举算法都是一个"言之有理,行之无效"的方法.除非数字例的规模不大,或者万不得已,是不用的.人们总是不断地追求简洁、有效,这是一种科学精神.

在古典数学中有许多求最大、最小值的应用问题,首选的求解方法是以微分和导数的理论为基础的.导数有好几个等价的定义方法.下面是其中的一个:

$$\lim_{b\to a}\frac{f(b)-f(a)}{b-a}$$

可见,"计算自变量之差 $b-a$","计算函数值之差 $f(b)-f(a)$",以及"b 与 a 异常接近”都是重要的.

如果把经过所指定的两个顶点的每一条路和这条路的边集合混称为可行解,那么,讨论两个足够“接近”的可行解之间的关系,应该会有某些启发,甚至找到有益的理论和算法.

设从始点 u 到终点 v 任意取两条路 P 与 Q. 前者的边集合记作 a,后者的边集合记作 b. 把 a 的边染成红色(粗线),b 的染成蓝色(波纹线),公共的边变成了紫色(粗线加波纹线). 把余下的红边集合记作 a_b,余下的蓝边集合记作 b_a. 例如下面的图 5.5,

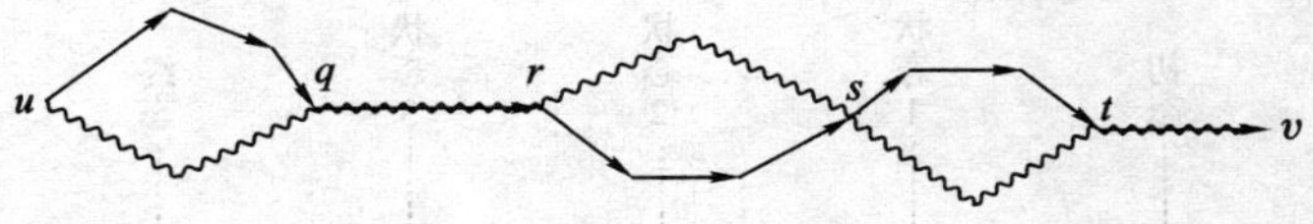

图 5.5

我们可以唯一地定出下列的顶点序列

$$u,q,r,s,t,v, \tag{2.1}$$

使得从一个顶点到后一个顶点属于 P 与 Q 的子路只有两种情形:

(1) 是相离的,即除了子路的公共的起点和终点而外,不再有其他的公共顶点. 它们是上述的两个边子集合的导出子图 $G[a_b \cup b_a]$ 中的一个部分.

(2) 是相重的,是那些变成紫色的边子集合,而且它们之前、之后的子路都是相离的.

对于相离的 P 与 Q,只有一对相离的子路,就是它们本身.

路的长度等于它们各自诸边的权和,也等于各自子路长度之和. 在导出子图 $G[a_b \cup b_a]$ 中,如果存在一对相离的子路 (P_j, Q_j),它们有 $l(P_j) > l(Q_j)$,那么用子路 Q_j 加到 P,$P \cup Q_j$ 就不再是一条路. 它含有唯一的一个圈. 而从这圈中删去红色的子路 P_j,又能得到一条路,记作 $P'' = (P \cup Q_j) \setminus \{P_j\}$. 它比 P 更短.

如图 5.6,设路 P 是从 u 到 v 的最短路. 在路上先取一点 v_r,在它之后,再取一点 v_k. 于是从 v_r 到 v_k 沿 P 的子路 P_2 也是最短的. 这是因为如果它不是最短的,R 才是最短的. 那么用 R 替代 P 中的 P_2 所得到的路比 P 更短,矛盾. 于是我们有

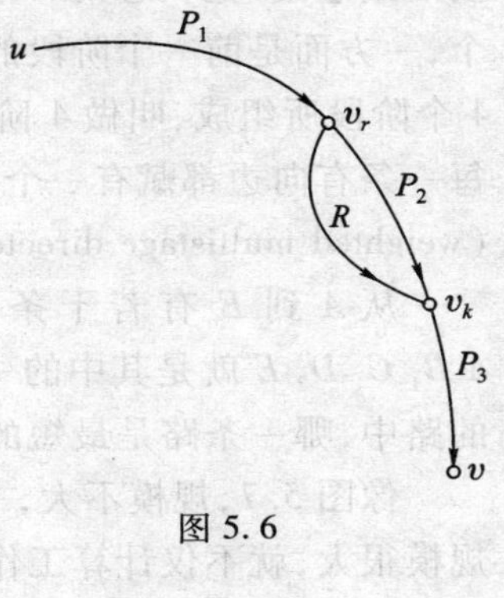

图 5.6

定理 5.3 设路的长度等于路上诸边的权之和. 最短路的任何一个子路是最短的.

从路的始点到路的某一中间顶点,以及从中间顶点到路的终点的子路分别叫做该中间顶点的前节和后节,路上任何两个顶点之间的子路统称为**节**. 因此

定理 5.4　设路的长度等于路上诸边的权之和.最短路的任何一个节(/前节/后节)是最短的.

本章和下一章将讨论在两种特殊的赋权有向图中的最优(/最短/最长)路问题.至于在更一般的图上的最短路问题,就不讲了.

§5.3　多阶段有向图中的最短路问题

设有图(图 5.7):

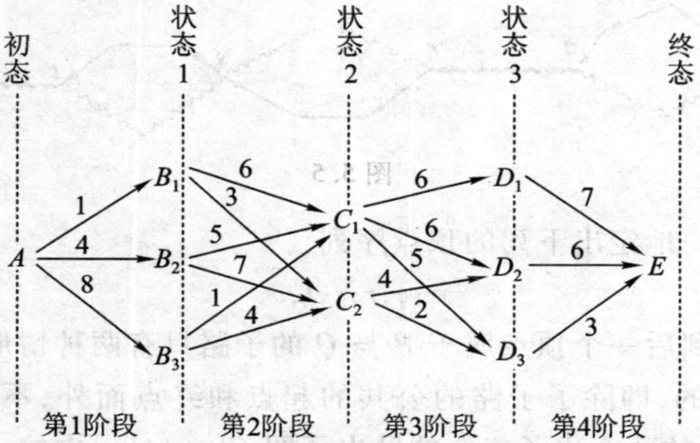

图 5.7

它的顶点集合可以分为 5 个部分:

$$\{A\},\{B_1,B_2,B_3\},\{C_1,C_2\},\{D_1,D_2,D_3\},\{E\}.$$

把每一个部分叫做状态集(合).A 的叫做**初态**(initial state)集或者状态集 0.而 B,C,D 的叫做状态集 1,2,3.而 E 的叫做**终态**(final state)集或者状态集 4.有向边的始点在状态集 $i-1$,则终点一定在状态集 i.把相邻两个状态集以及它们之间的有向边所构成的有向图叫做一个**阶段**(stage).例如第 2 阶段是由状态集 1 和 2 以及它们之间的有向边所构成.我们还把状态集 1 中的顶点叫做是第 2 阶段的**始态集**.把状态集 2 叫做是第 2 阶段的**末态集**.状态集 1,2,3 中的任何一个,一方面是前一个阶段的末态集,另一方面也是后一阶段的始态集.图 5.7 由 4 个阶段所组成,叫做 4 阶段有向图.当然有任意阶段数的多阶段有向图.如果每一条有向边都赋有一个实数,理解为权或长度,这样的图是**赋权多阶段有向图**(weighted multistage directed graph).

从 A 到 E 有若干条路.无论哪一条,它们的边数(基数)都等于 4.路 $A\ B_1\ C_1\ D_2\ E$ 就是其中的一条.它的值(长度)等于 19.我们问:从 A 到 E 的所有的路中,哪一条路是最短的?

像图 5.7,规模不大,一共只有 15 条路.当然可以用枚举算法来解决.如果规模很大,就不仅计算工作繁琐,甚至难以在合理的时间内求出答案.

首先我们有存在性. 因为从 A 到 E 确实有路可通.

其次,我们有最优性,因为只有有限条路,最短路肯定存在.

一个合理的办法是这样思考:现在来考虑状态集 C 处的两个顶点. 无论如何,最短路总要经过 C_1 或者 C_2. 如果它经过 C_1,从 C_1 到 E 的那段(子)路,即一个节,按照定理 5.4,是最短的. 是那一条呢? 从 C_1 到 E 一共只有三条路,长度分别是 13(=6+7,经过 D_1),12(=6+6,经过 D_2)和 8(=5+3,经过 D_3). 所以从 C_1 到 E 的最短路是经过 D_3 的那一条. 长度等于 8. 这件事可以写作

$$l(C_1,E)=\min\begin{Bmatrix}6+7\\6+6\\5+3\end{Bmatrix}=8, \tag{3.1}$$

$$d(C_1)=D_3. \tag{3.2}$$

这里 $l(C_1,E)$ 表示从 C_1 到 E 的最短路的长度. (3.2)表示从 C_1 到 E 的最短路是"从 C_1 出发,下一个顶点是 D_3,再……".

如果最短路经过 C_2,而从 C_2 到 E 只有两条路,于是有

$$l(C_2,E)=\min\begin{Bmatrix}4+6\\2+3\end{Bmatrix}=5, \tag{3.3}$$

$$d(C_2)=D_3. \tag{3.4}$$

我们从状态集 C 倒退一步来考虑状态集 B 的三个顶点 $\{B_1,B_2,B_3\}$. 从 A 到 E 的最短路总要经过这三个顶点中的一个. 如果经过 B_1,则从 B_1 出发的路根据定理 5.4 也应该是最短的. 如果是从 B_1 经过 C_1,再到 E,则从 C_1 到 E 的路是最短的,它的长度已经算出,等于 8. 所以从 B_1 经过 C_1,再到 E 的最短路长应该是 14(=6+8),又从 B_1 经过 C_2 再到 E 的最短路的长度等于 8(=3+5). 写成式子有

$$l(B_1,E)=\min\begin{Bmatrix}6+l(C_1,E)\\3+l(C_2,E)\end{Bmatrix}=\min\begin{Bmatrix}6+8\\3+5\end{Bmatrix}=8, \tag{3.5}$$

$$d(B_1)=C_2. \tag{3.6}$$

(3.6)表示从 B_1 出发的最短路应该是"从 B_1 出发,下一个顶点是 C_2,再……".

类似地,有

$$l(B_2,E)=\min\begin{Bmatrix}5+l(C_1,E)\\7+l(C_2,E)\end{Bmatrix}=\min\begin{Bmatrix}5+8\\7+5\end{Bmatrix}=12, \tag{3.7}$$

$$d(B_2)=C_2. \tag{3.8}$$

$$l(B_3,E)=\min\begin{Bmatrix}1+l(C_1,E)\\4+l(C_2,E)\end{Bmatrix}=\min\begin{Bmatrix}1+8\\4+5\end{Bmatrix}=9, \tag{3.9}$$

$$d(B_3)=C_1,C_2. \tag{3.10}$$

(3.10)表示从 B_3 出发的最短路应该是:"从 B_3 出发,下一个顶点是 C_1 或者 C_2,再……".

最后,我们考虑从 A 出发经过 B_1,B_2 或者 B_3 的情形,有

$$l(A,E)=\min\begin{Bmatrix}1+l(B_1,E)\\4+l(B_2,E)\\8+l(B_3,E)\end{Bmatrix}=\min\begin{Bmatrix}1+8\\4+12\\8+9\end{Bmatrix}=9, \tag{3.11}$$

$$d(A)=B_1. \tag{3.12}$$

因此,从 A 到 E 的最短路的长度等于9.这条最短路是从 A 出发,由(3.12)可知,下一个顶点是 B_1.而由(3.6),从 B_1 出发的下一个顶点是 C_2;再由(3.4),知道再经过 D_3 而至于 E.可见最短路应该是

$$A\ B_1\ C_2\ D_3\ E.$$

直接验证表明,它的长度确实等于9,而且确实是最短的.

在上面,我们虽然讨论的是一个具体的数字例,其实它具有一般性,这个过程已经讲解了运用定理5.4求解多阶段有向图中从始点到终点的最短路问题.这是一个很好的方法.

在科学的道路上,当一个重要的定理得到了一个证明,一个问题得到了一个有效的算法.事情并没有终止.人们应该对所得到的证明和算法,进行仔细分析:

——发现新的思路,而得到新的证明方法和新的算法.

——反复思考,这个结果究竟有什么用?还有什么用?

——找出它们的优点之所在的同时,积极发现它们的缺点和不足,作为进一步前进的起点.

像上面所述的方法,在计算过程中,会感到它的繁杂、琐碎.就是说,缺少数学美.对这后面一点,在"能不能更简洁一些"的思路下,我们设想出一种新的矩阵,以为现在的目的所用.

§5.4 摹矩阵 表上作业法

观察上一节中的(3.1),(3.3),(3.5)等等的书写格式,使我们联想起线性代数中的向量以及矩阵的乘法运算.

仔细想一下,矩阵中的元素都是实数,记实数的全体为 $\mathbf{R}$.实数中有两个非常重要的数,它们是0和1.在矩阵间的加法与乘法运算的规则中,只用到实数之间的加法 + 和乘法 ×.在这样的情况下,加法与乘法各自的交换律和结合律,还有分配律都成立.当然还有两个这里没有用到的特性,任何一个实数都有相反数,任何一个非0的实数都有倒数(/逆).我们把具有这些运算规则的实数集合视为一个系统,记作($\mathbf{R}$,+,×),叫做实数域.

我们把线性代数中的矩阵叫做在实数域上的矩阵.有时还叫做常义矩阵,以区别于以后的摹矩阵.

为了推广矩阵的概念,我们设想,在实数的某一个集合 S 中,规定两个运算,一是摹加法 $\oplus$,另一是摹乘法 $\otimes$. 它们能够满足下面的性质:

(1) 对于 S 中任何两个数的摹和以及摹积保证仍在 S 中;

(2) 关于 $\oplus$ 和 $\otimes$ 的各自交换律和结合律成立;

(3) 分配律成立;

(4) 具有零元素 z 和单位元素 e,

这样的系统叫做**半域**,记作 $(S,\oplus,\otimes)$. 说它是半域,是因为这个系统中没有涉及相反数和倒数的运算.

我们指望能够在半域上定义一类新的矩阵,叫做**摹矩阵**.

为了用一种摹矩阵来解决 §5.3 的计算问题,先来建立一个半域.设所论的某实数集合 S 包含着全体实数 $\mathbf{R}$,两个运算规定为 $\otimes = +$,$\oplus = \min = \wedge$. 容易验证,上述性质中的(1)、(2)、(3)都成立.零元素 z 和单位元素 e 应该等于多少呢?它们对于任意一个实数 $a\in S$,要能起到零的作用和 1 的作用,应该有

$$a\oplus z = \min\{a,z\} = a,$$
$$a\otimes z = a+z = z,$$
$$a\otimes e = a+e = a.$$

可见,z 只能是 $+\infty$,而 e 应该是实数 0. 所以集合 S 除了要包含全体实数 $\mathbf{R}$ 之外,还要包含 $+\infty$,即 $S=\{\mathbf{R}\}\cup\{+\infty\}\equiv\overline{\mathbf{R}}$. 所需的半域是 $(\overline{\mathbf{R}},\min,+)$,也即半域 $(\overline{\mathbf{R}},\wedge,+)$. 我们还指望,这种摹矩阵也能像常义矩阵那样,摹加法和摹乘法也具有像常义矩阵那样的特性.验证的结果表明,确实如我们所期望的.这里就不详细论证了.有的学者还把它叫做极小代数(或极小半域),或者 $(\min,+)$ 代数.

在极小代数上,求两个摹矩阵的摹和,例如有

$$\begin{bmatrix}2 & -1 & 3\\ 3 & 5 & -7\end{bmatrix}\oplus\begin{bmatrix}1 & 5 & 2\\ 6 & 2 & 4\end{bmatrix}=\begin{bmatrix}1 & -1 & 2\\ 3 & 2 & -7\end{bmatrix}.$$

摹和中第 1 行第 2 列的元素 -1 是这样算得的:

$$-1\oplus 5 = \min\{-1,5\} = -1.$$

关于两个摹矩阵的摹积,例如有

$$\begin{bmatrix}3 & 1 & 5\\ 2 & 3 & 7\\ 8 & 4 & 3\end{bmatrix}\otimes\begin{bmatrix}4 & 4\\ 3 & 1\\ 6 & 3\end{bmatrix}=\begin{bmatrix}4 & 2\\ 6 & 4\\ 7 & 5\end{bmatrix}.$$

在摹积的第 3 行第 1 列的元素 7 是这样得到的:

$$8\otimes 4\oplus 4\otimes 3\oplus 3\otimes 6 = \min\{8+4,4+3,3+6\} = 7,$$

等等.

半域$(\overline{\mathbf{R}}, \min, +)$上做辜乘积的规则里，就是把“相乘相加”变为“相加取小”.

我们看看(3.1)、(3.3)、(3.5)、(3.7)、(3.9)这些式子，它们全都是“相加取小”.期盼用辜矩阵这一工具来作改进，成为现实可行的事情了.

现在来讨论(3.1).从图上看，它包含有两个部分.一是从C_1到D_1,D_2和D_3的有向边的长度，二是从D_1,D_2和D_3到E的三条有向边的长度.不妨写作

$$\begin{array}{c} \\ C_1 \end{array}\!\!\begin{array}{ccc} D_1 & D_2 & D_3 \\ [6 & 6 & 5] \end{array} \quad 和 \quad \begin{array}{c} \\ D_1 \\ D_2 \\ D_3 \end{array}\!\!\begin{array}{c} E \\ \begin{bmatrix} 7 \\ 6 \\ 3 \end{bmatrix} \end{array}.$$

这样写是很合理的.读起来也自然.像数字5，它是从行号C_1到列号D_3的有向边的长度，等等.要想用这两式得到(3.1)的结果，我们用半域$(\overline{\mathbf{R}}, \min, +)$上的辜矩阵这个工具写成

$$\begin{array}{c} \\ C_1 \end{array}\!\!\begin{array}{ccc} D_1 & D_2 & D_3 \\ [6 & 6 & 5] \end{array} \otimes \begin{array}{c} D_1 \\ D_2 \\ D_3 \end{array}\!\!\begin{array}{c} E \\ \begin{bmatrix} 7 \\ 6 \\ 3 \end{bmatrix} \end{array} = C_1\overset{E}{[8/D_3]}. \tag{4.1}$$

这里$8/D_3$表示从C_1到E的最短路要经过D_3.这样(4.1)就把(3.1)与(3.2)合在一起了.

有时为了强调这里所讨论的辜矩阵是在半域$(\overline{\mathbf{R}}, \min, +)$上运算的，还把(4.1)写成

$$(\overline{\mathbf{R}}, \min, +) \quad \begin{array}{c} \\ C_1 \end{array}\!\!\begin{array}{ccc} D_1 & D_2 & D_3 \\ [6 & 6 & 5] \end{array} \otimes \begin{array}{c} D_1 \\ D_2 \\ D_3 \end{array}\!\!\begin{array}{c} E \\ \begin{bmatrix} 7 \\ 6 \\ 3 \end{bmatrix} \end{array} = C_1\overset{E}{[8/D_3]}.$$

当我们默认了所在的半域时，就可以省略不写了.

把(3.3),(3.4)写成像(4.1)的样子，要克服一个困难，从C_2到D_1没有边相连.我们不妨理解它确实有一条有向边相连，只是它的长度为$+\infty$(这样，为求最短路，谁也不会取它了).它是半域的零元素.于是有

$$\begin{array}{c} \\ C_2 \end{array}\!\!\begin{array}{ccc} D_1 & D_2 & D_3 \\ [+\infty & 4 & 2] \end{array} \otimes \begin{array}{c} D_1 \\ D_2 \\ D_3 \end{array}\!\!\begin{array}{c} E \\ \begin{bmatrix} 7 \\ 6 \\ 3 \end{bmatrix} \end{array} = C_2\overset{E}{[5/D_3]}. \tag{4.2}$$

在这个辜矩阵中，还可以把写零元素$+\infty$的位置空置.上面两个式子可以合并为

$$\begin{array}{c} \\ C_1 \\ C_2 \end{array}\overset{\begin{array}{ccc} D_1 & D_2 & D_3 \end{array}}{\begin{bmatrix} 6 & 6 & 5 \\ & 4 & 2 \end{bmatrix}} \otimes \begin{array}{c} \\ D_1 \\ D_2 \\ D_3 \end{array}\overset{E}{\begin{bmatrix} 7 \\ 6 \\ 3 \end{bmatrix}} = \begin{array}{c} \\ C_1 \\ C_2 \end{array}\overset{E}{\begin{bmatrix} 8/D_3 \\ 5/D_3 \end{bmatrix}}. \tag{4.3}$$

由此，我们得到一个启发. 要求从$\{C_1, C_2\}$到E的最短路，可以先写下阶段3和阶段4的幂矩阵，作幂乘积就得到了.

不难验证，为了计算从A到E的最短路及其长度，可以类似地写下四个阶段的幂矩阵，再作幂乘法，而得到答案. 我们记

$$\mathrm{STAGE}(A,B) = A\overset{\begin{array}{ccc} B_1 & B_2 & B_3 \end{array}}{\begin{bmatrix} 1 & 4 & 8 \end{bmatrix}}, \quad \mathrm{STAGE}(B,C) = \begin{array}{c} \\ B_1 \\ B_2 \\ B_3 \end{array}\overset{\begin{array}{cc} C_1 & C_2 \end{array}}{\begin{bmatrix} 6 & 3 \\ 5 & 7 \\ 1 & 4 \end{bmatrix}},$$

$$\mathrm{STAGE}(C,D) = \begin{array}{c} \\ C_1 \\ C_2 \end{array}\overset{\begin{array}{ccc} D_1 & D_2 & D_3 \end{array}}{\begin{bmatrix} 6 & 6 & 5 \\ & 4 & 2 \end{bmatrix}}, \quad \mathrm{STAGE}(D,E) = \begin{array}{c} \\ D_1 \\ D_2 \\ D_3 \end{array}\overset{E}{\begin{bmatrix} 7 \\ 6 \\ 3 \end{bmatrix}},$$

于是

$$l(A,E) = \mathrm{STAGE}(A,B) \otimes \mathrm{STAGE}(B,C) \otimes \mathrm{STAGE}(C,D) \otimes \mathrm{STAGE}(D,E). \tag{4.4}$$

我们可以像上节中(3.1)～(3.12)那样，从右向左逆向地算出结果. 由(4.3)已得到

$$\mathrm{STAGE}(C,D) \otimes \mathrm{STAGE}(D,E) = \begin{array}{c} \\ C_1 \\ C_2 \end{array}\overset{\begin{array}{ccc} D_1 & D_2 & D_3 \end{array}}{\begin{bmatrix} 6 & 6 & 5 \\ & 4 & 2 \end{bmatrix}} \otimes \begin{array}{c} \\ D_1 \\ D_2 \\ D_3 \end{array}\overset{E}{\begin{bmatrix} 7 \\ 6 \\ 3 \end{bmatrix}} = \begin{array}{c} \\ C_1 \\ C_2 \end{array}\overset{E}{\begin{bmatrix} 8/D_3 \\ 5/D_3 \end{bmatrix}},$$

$$\mathrm{STAGE}(B,C) \otimes \begin{array}{c} \\ C_1 \\ C_2 \end{array}\overset{E}{\begin{bmatrix} 8 \\ 5 \end{bmatrix}} = \begin{array}{c} \\ B_1 \\ B_2 \\ B_3 \end{array}\overset{E}{\begin{bmatrix} 8/C_2 \\ 12/C_2 \\ 9/C_1, C_2 \end{bmatrix}}, \quad \mathrm{STAGE}(A,B) \otimes \begin{array}{c} \\ B_1 \\ B_2 \\ B_3 \end{array}\overset{E}{\begin{bmatrix} 8 \\ 12 \\ 9 \end{bmatrix}} = A\overset{E}{\begin{bmatrix} 9/B_1 \end{bmatrix}}.$$

这就是(3.11)和(3.12).

这样做比先前的方法要优越，不仅思路和表达方式要清楚直观得多，而且在计算上“自由”得多. 因为幂乘法的结合律是成立的. 例如在(4.4)中，人们还可以顺序地来计算.

令人更高兴的是，上面的计算还可以在表上实现. 例如按顺序来计算，表格是

表 5.1

STAGE(A,B)	STAGE(B,C)
	STAGE(C,D)
	STAGE(D,E)
	答案:

所有封闭的长方形中都是已知的摹矩阵,而开口的是存放计算的中间数据.而把答案写在右下角.我们的数字例可以写在如下的表中.

表 5.2

$\begin{matrix} & B_1 & B_2 & B_3 \\ A & [1 & 4 & 8] \end{matrix}$	$\begin{matrix} & C_1 & C_2 \\ B_1 \\ B_2 \\ B_3 \end{matrix}\begin{bmatrix} 6 & 3 \\ 5 & 7 \\ 1 & 4 \end{bmatrix}$
$\begin{matrix} & C_1 & C_2 \\ A & [7/B_1 & 4/B_1] \end{matrix}$	$\begin{matrix} & D_1 & D_2 & D_3 \\ C_1 \\ C_2 \end{matrix}\begin{bmatrix} 6 & 6 & 5 \\ & 4 & 2 \end{bmatrix}$
$\begin{matrix} & D_1 & D_2 & D_3 \\ A & [13/C_1 & 8/C_2 & 6/C_2] \end{matrix}$	$\begin{matrix} & E \\ D_1 \\ D_2 \\ D_3 \end{matrix}\begin{bmatrix} 7 \\ 6 \\ 3 \end{bmatrix}$
$\begin{matrix} & E \\ A & [9/B_1]. \end{matrix}$	答案. 最短路长:9 最短路:$A\ B_1\ C_2\ D_3\ E$.

读者还可以仿此写出按逆序计算的表格.如果人们要求从 A 到 E 的最长路,所建立的表格依然适用,只需作三点修改:

一、要论述$(\underline{\mathbf{R}},\max,+)$(也即$(\underline{\mathbf{R}},\vee,+)$)是一个半域,有的学者叫它为**极大代数**,其中$\underline{\mathbf{R}}=\{$实数$\}\cup\{-\infty\}$,这个半域的单位元素是 0,而零元素是 $-\infty$.

二、对摹矩阵做摹乘法时,规则改为"相加取大".

三、相应的摹矩阵中的空格所代表的零元素不再是 $+\infty$,而是 $-\infty$.

如果规定路的"长度"等于各边"长度"之积(不是和)且要求最小,可以在$(\overline{\mathbf{R}}^+,\min,\times)$(也即$(\overline{\mathbf{R}}^+,\wedge,\times)$)上计算就可以了,其中$\overline{\mathbf{R}}^+=\{$非负实数$\}\cup\{+\infty\}$,其中,单位元素是 0,而零元素是 $+\infty$.

还有第 4 个半域$(\mathbf{R}_0^+,\max,\times)$(也即$(\mathbf{R}_0^+,\vee,\times)$),其中$\mathbf{R}_0^+=\mathbf{R}^+\cup\{0\}$.

§5.5 决策数确定型动态规划

§5.5.1 Bellman 最优化原理

应该从多种角度来理解每一个科学成果. 现在回到定理 5.3,5.4 与上节所举的数字例(图 5.7). 以发现新的事情.

上节所讲的 4 阶段有向图(图 5.7)是一个静止的图形. 我们把这静图动看,看成是一个人从城市 A 去城市 E 出差的示意图. 设想他要在中途的三组城市 $\{B_1,B_2,B_3\}$,$\{C_1,C_2\}$,$\{D_1,D_2,D_3\}$更换旅行工具. 他如何旅行呢? 他在 A 时要做决策:到达第 1 站,是去 B_1,还是 B_2,或是 B_3? 例如去 B_1,就得花费 1 小时(/天/周). 到了 B_1 他又得做一个决策,是去 C_1 还是 C_2 呢? 等等,直到目的地 E. 他做了一个决策序列,或者说作了一个策略,而相应地花费了一个时间代价(诸有向边的权之和). 当他希望旅行时间最短,问该走怎样的旅行路线呢? 应该选取的是最优策略. 答案就是那条最短路.

用抽象一些的术语来讲图 5.7,设有一项任务需要分 4 个阶段来完成. 在第 1 阶段,当任务处于初始状态 A 时要做决策:使得第 1 阶段末,到达的状态是 B_1,还是 B_2,或是 B_3? 例如是 B_1,就得花费 1 百(/千/万/千万)元. 到了状态 B_1,他进入第 2 阶段,又得做一个决策,是达到状态 C_1 还是 C_2 呢? 等等,直到实现任务的目标状态 E. 他做了一个决策序列,或者说制订了一个策略,而相应地花费了一笔代价(诸有向边的权之和). 当他希望完成任务所花的代价最小,问该如何完成任务? 他应该选取的是最优策略,也就是沿那条最短路.

比照关于最短路的定理 5.4,如果所讨论的策略值是指时间,费用之类的总和,人们就有

Bellman 最优化原理 最优策略有以下的性质:无论其初态和初始决策如何,其今后的决策序列对以第 1 个决策所形成的状态作为初态的系统而言,必须构成最优策略.

这个原理所讲的是关于最优策略的一个必要性命题. 如何利用必要性来寻求得到最优解的思路,从而求解最优策略呢? 我们同样用 §1.3.3 对例 1.1 的思考中第 3 点的办法来求解.

§5.5.2 Bellman 递推公式

还是从图 5.7 出发来得到求解的递推公式.

设图中每一条有向边的权用符号 g 表示,从状态 i 的一个顶点 x 到终态 E 的最优策略的值记作 $f_i(x)$.

首先,状态 0 只含一个顶点 A,从它到终态的最优策略的值等于 $f_0(A)$. 根据最优化原理,最优策略在初始状态 A 所做的决策,一方面它一定到达状态 1 中的某一个顶点,譬如说是 t,这时所花的代价是 $g(A,t)$. 另一方面,今后的决策序列一定是一个策略,而且是最优的,它的值等于 $f_1(t)$. 可见最优策略的代价等于 $g(A,t)+f_1(t)$. 我们不知道 t 是哪一个顶点. 所幸的是,它肯定在状态集 B,即 $\{B_1,B_2,B_3\}$中的某一个或者某几个顶点. 于是我们有

$$\begin{aligned}f_0(A)&=\min\{g(A,B_1)+f_1(B_1),g(A,B_2)+f_1(B_2),g(A,B_3)+f_1(B_3)\}\\&=\min\{g(A,t)+f_1(t):t\in\{B_1,B_2,B_3\}\}.\end{aligned}\tag{5.0}$$

如果最优策略经过顶点 B_1,根据最优化原理,从 B_1 往后的策略一定是最优的. 它的值等于 $f_1(B_1)$. 把这往后的部分再一次应用最优化原理,得到

$$\begin{aligned}f_1(B_1)&=\min\{g(B_1,C_1)+f_2(C_1),g(B_1,C_2)+f_2(C_2)\}\\&=\min\{g(B_1,t)+f_2(t):t\in\{C_1,C_2\}\}.\end{aligned}$$

如果最优策略经过顶点 B_2,同样有

$$f_1(B_2)=\min\{g(B_2,t)+f_2(t):t\in\{C_1,C_2\}\}.$$

还有一个关于 B_3 的公式. 把它们合在一起,写作

$$f_1(x)=\min\{g(x,t)+f_2(t):t\in\{C_1,C_2\}\},\ x\in\{B_1,B_2,B_3\}.\tag{5.1}$$

同样有

$$f_2(x)=\min\{g(x,t)+f_3(t):t\in\{D_1,D_2,D_3\}\},x\in\{C_1,C_2\},\tag{5.2}$$

$$f_3(x)=\min\{g(x,t)+f_4(t):t\in\{E\}\},x\in\{D_1,D_2,D_3\}.\tag{5.3}$$

然而状态 4 就是终态,它只含一个顶点 E. 我们规定从 E 到 E 的最优策略的值等于零,即

$$f_4(E)=0,\tag{5.4}$$

为了写成一致的形式,把(5.0)改写成

$$f_0(x)=\min\{g(A,t)+f_1(t):t\in\{B_1,B_2,B_3\}\},x\in\{A\}.$$

上面的几个公式写成统一的式子:

$$f_j(x)=\min\{g(x,t)+f_{j+1}(t)\},0\leqslant j\leqslant 3.$$

上面是以图 5.7 为例子来讨论问题的. 图 5.7 是一个非常特殊的数字例,把它一般化不存在任何困难. 把阶段数一般化为 n,第 k 阶段的始态集是 S_{k-1},末态集为 S_k. 第 j 阶段的始态集为状态 $j-1$,末态集为状态 j,每一条有向边的权写成 $g(x,y)$,等等. 如果所讨论的是一个多(n)阶段赋权有向图,我们有

$$f_j(x)=\min\{g(x,t)+f_{j+1}(t)\},0\leqslant j\leqslant n-1.\tag{5.5}$$

如果终态只有一个元素 v,还有

$$f_n(v)=0.\tag{5.6}$$

公式(5.5)叫做 Bellman 递推公式,(5.6)是它的边界条件.

§5.5.3 图论模型

管理者把一项任务分为多个阶段来实施,各个阶段加以调控,以便从某个状态(初态)A 开始而到达最终状态(例如,新的生产流程的试运转,治理废水的污染,等等)E. 每做一次决策(调控),就要花费一笔费用. 最终达到同一个目的 E,由于管理者做出不同的决策序列,即采用不同的策略,总费用有时会大不一样,故追求最小成本即最优策略是很自然的.

当然还有追求利润最大的问题.

这些问题的一个特点是分时间段进行决策,即所谓动态地进行规划.

在 50 多年前,美国犹太裔学者 Bellman R. (1920—1984)和他的学生们发展起来一个运筹学的分支:动态规划.

动态规划是运筹学的另一个重要分支. 它是专门研究满足 Bellman 最优化原理和递推公式(5.5),(5.6)的一大类多阶段决策问题的理论、方法和应用的学问.

实施一个策略需要做若干次决策. 在同一个策略簇中,不同的策略通常有不同的决策数. 研究这种策略优化,叫做**决策数不确定型的**题目. 如果从 s 到 t 的每一个策略都是由 n 个决策所组成,叫做**决策数(n)确定型的**题目. 这时,第 k 阶段的始态集是 S_{k-1},末态集为 S_k. 特别地,第 1 阶段的始态集 S_0 是题目的初态,第 1 阶段的末态集是 S_1.

在状态集 S_{k-1} 中的顶点 s_{k-1} 作决策到达状态集 S_k 中的顶点 $s_k(=u_k(s_{k-1}))$,发生决策值等于 $r_k(s_{k-1},u_k(s_{k-1}))$. 人们通常用左边的图式表示这件事. 一个策略是一个决策序列,有的学者就用图 5.8 左边的图式序列来表示. 其实,左边的图式与右边的赋权有向边是等价的,只要这条有向边的始点为 s_{k-1},终点为 s_k,而权等于 $r_k(s_{k-1},u_k(s_{k-1}))$. 因此,一个策略就对应一条路. 一个决策数确定型的动态规划实例总有一个图论模型:赋权多阶段有向图上的最优路问题. 它是数学模型中的一种. 不仅如此,摹矩阵的连摹乘积(4.4)可以当作求解动态规划数字题的计算公式,也可以把这连摹乘式作为这个数字题的一个代数模型.

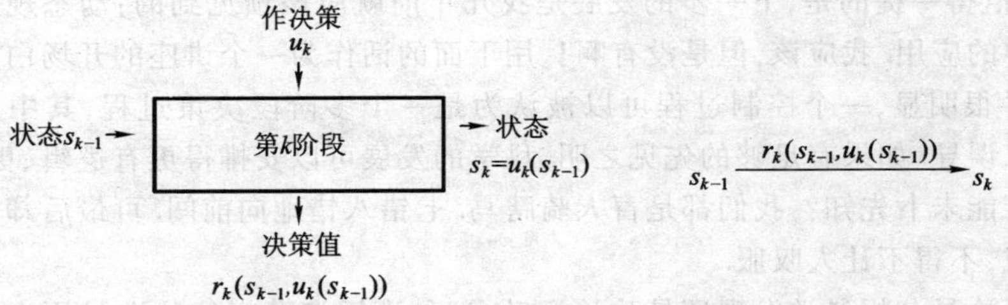

图 5.8

所以,如果一个题目可以归结为赋权多阶段有向图中的最短路问题,这个题目是一个动态规划问题.反过来我们这里所讨论的动态规划的数字题,可以把它用赋权多阶段有向图来表示,不仅容易理解,而且可以直接用表5.1的式子来求解.

在管理工程中,从投资、计划安排、生产过程、后勤支援直到售后服务等几乎所有环节,动态规划都能为管理者起到有效的助手作用,能帮助管理者利用数学方法和现代管理理论进行科学决策,并获得经济效益.

国际著名经济学家邹至庄教授(Gregory C. Chow,1918—)在《动态经济系统的分析与控制》一书中反复强调:"动态规划对微观经济学的应用多到足以形成另外一本书","这种应用是无限的".

动态规划还有一个重要的应用领域是控制论.

公式(5.5)和(5.6)是决策数确定型的递推公式.$f_j(x)$表示x是状态j中的任意一个点,而状态集是若干个顶点.其实还可以进一步推广:决策数不确定的情形,状态集合是某个实数区间,甚至是最一般的集合的情形.还有决策数等于无穷的情形和随机性的情形.在§5.11中将要简单地介绍决策数不确定的情形外,在第6章中还要用到它.别的情形和它们的应用等本教程不可能讲到.

§5.5.4 关于动态规划的一点资料

在2004年在美国运筹学杂志中,Dreyfus S.写了一篇回忆性的文章,《动态规划诞生之际的Bellman R.》(杨晓光译).简介了Bellman R.:《Eye of the Hurricane(风暴眼)》书中的两个故事,表明科学发展的艰难.他说:

"我的第一个任务是给动态规划建立一个坚实的基础.我发现我总是一次又一次地使用泛函方程中得来的同一个技巧.我把它叫做'最优化原理(the principle of optimality)'.Gross O.一天说:'这个准则不牢靠'.我答道,'当然不.甚至可以说不精确.'一个好的准则应当能引导直觉."

"我的第二个任务是研究相关的泛函方程……"

"做这些事情的时候,我开始研究控制论.我注意到经济学和运筹学中的相关问题.明白要解决它们还要费一番工夫."

"值得一提的是,下一步的发展是我几年前就应该预见到的:动态规划在控制论中的应用.我应该,但是没有啊!用下面的话作为一个讲座的开场白是很惬意的:'很明显,一个控制过程可以被认为是一个多阶段决策过程,其中…….'这有点误导.如果有足够的先见之明,科学的发展可以安排得更有逻辑、更合理.但是谁能未卜先知?我们都是盲人骑瞎马.七错八错地向前闯.可最后却总是事有所成,不得不让人叹服.

无论是分析科学发现还是政治运动,这种事后诸葛亮往往造成历史学上的误导.一旦事情在时间的长河中固定下来,我们总是从错误一面去审视它.既然知道以后会发生什么事,不难言之凿凿地说这当如何那当如何.但这类分析可不必太当真.它们比马后炮强不了多少."

学术界对于 Bellman 最优化原理与递推公式一直处于反复讨论之中.本教程的第一作者也曾发表过一些想法.甚至这整个 §5.5 也仅仅是个人的一点看法.

§5.6 两个数字例

例 5.1 有赋长度 5 阶段有向图(图 5.9).求从 A 到 F 的最短路的长度、条数及路径.

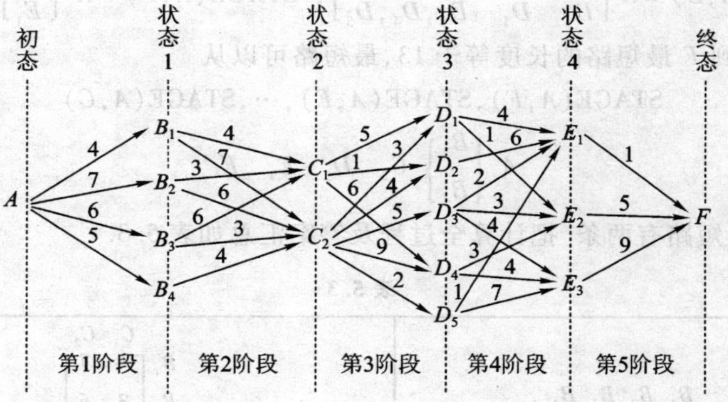

图 5.9

解 在$(\overline{\mathbf{R}},\wedge,+)$上求解.写下各阶段的摹矩阵

$$\mathrm{STAGE}(A,B)=A\begin{matrix} B_1 & B_2 & B_3 & B_4 \\ [4 & 7 & 6 & 5] \end{matrix},$$

$$\mathrm{STAGE}(B,C)=\begin{matrix} \\ B_1 \\ B_2 \\ B_3 \\ B_4 \end{matrix}\begin{matrix} C_1 & C_2 \\ \left[\begin{matrix} 4 & 7 \\ 3 & 6 \\ 6 & 3 \\ & 4 \end{matrix}\right] \end{matrix},\mathrm{STAGE}(C,D)=\begin{matrix} \\ C_1 \\ C_2 \end{matrix}\begin{matrix} D_1 & D_2 & D_3 & D_4 & D_5 \\ \left[\begin{matrix} 5 & 1 & & 6 & \\ 3 & 4 & 5 & 9 & 2 \end{matrix}\right] \end{matrix},$$

$$\mathrm{STAGE}(D,E)=\begin{matrix} \\ D_1 \\ D_2 \\ D_3 \\ D_4 \\ D_5 \end{matrix}\begin{matrix} E_1 & E_2 & E_3 \\ \left[\begin{matrix} 4 & 1 & \\ 6 & & \\ 2 & 3 & 4 \\ & 3 & 4 \\ 1 & & 7 \end{matrix}\right] \end{matrix},\mathrm{STAGE}(E,F)=\begin{matrix} \\ E_1 \\ E_2 \\ E_3 \end{matrix}\begin{matrix} F \\ \left[\begin{matrix} 1 \\ 5 \\ 9 \end{matrix}\right] \end{matrix}.$$

在这些摹矩阵中,应写而未写的元素都是半域$(\overline{\mathbf{R}},\wedge,+)$中的零元素 $+\infty$.在做摹乘积时,规定

$$\mathrm{STAGE}(A,B)\otimes\mathrm{STAGE}(B,C)\equiv\mathrm{STAGE}(A,B,C)\equiv\mathrm{STAGE}(A,C),$$

$$\mathrm{STAGE}(A,B)\otimes\mathrm{STAGE}(B,C)\otimes\mathrm{STAGE}(C,D)\equiv$$

$$\mathrm{STAGE}(A,B,C,D)\equiv\mathrm{STAGE}(A,D),$$

等等. 于是有

$$\mathrm{STAGE}(A,C)=A\begin{bmatrix}\overset{C_1}{\dfrac{8}{B_1}} & \overset{C_2}{\dfrac{9}{B_3,B_4}}\end{bmatrix},\ \mathrm{STAGE}(A,D)=A\begin{bmatrix}\overset{D_1}{\dfrac{12}{C_2}} & \overset{D_2}{\dfrac{9}{C_1}} & \overset{D_3}{\dfrac{14}{C_2}} & \overset{D_4}{\dfrac{14}{C_1}} & \overset{D_5}{\dfrac{11}{C_2}}\end{bmatrix},$$

$$\mathrm{STAGE}(A,E)=A\begin{bmatrix}\overset{E_1}{\dfrac{12}{D_5}} & \overset{E_2}{\dfrac{13}{D_1}} & \overset{E_3}{\dfrac{18}{D_3,D_4,D_5}}\end{bmatrix},\ \mathrm{STAGE}(A,F)=A\begin{bmatrix}\overset{F}{\dfrac{13}{E_1}}\end{bmatrix},$$

所以,从 A 到 F 最短路的长度等于13,最短路可以从

$$\mathrm{STAGE}(A,F),\mathrm{STAGE}(A,E),\cdots,\mathrm{STAGE}(A,C)$$

逐步得到

$$A\begin{Bmatrix}B_3\\B_4\end{Bmatrix}C_2\quad D_5\quad E_1\quad F.$$

可见最短路有两条. 把计算全过程及答案汇总如表5.3.

表 5.3

$A\begin{bmatrix}\overset{B_1}{4} & \overset{B_2}{7} & \overset{B_3}{6} & \overset{B_4}{5}\end{bmatrix}$	$\begin{matrix} & C_1 & C_2\\ B_1 & 4 & 7\\ B_2 & 3 & 6\\ B_3 & 6 & 3\\ B_4 & & 4\end{matrix}$
$A\begin{bmatrix}\overset{C_1}{\dfrac{8}{B_1}} & \overset{C_2}{\dfrac{9}{B_3,B_4}}\end{bmatrix}$	$\begin{matrix} & D_1 & D_2 & D_3 & D_4 & D_5\\ C_1 & 5 & 1 & & 6 & \\ C_2 & 3 & 4 & 5 & 9 & 2\end{matrix}$
$A\begin{bmatrix}\overset{D_1}{\dfrac{12}{C_2}} & \overset{D_2}{\dfrac{9}{C_1}} & \overset{D_3}{\dfrac{14}{C_2}} & \overset{D_4}{\dfrac{14}{C_1}} & \overset{D_5}{\dfrac{11}{C_2}}\end{bmatrix}$	$\begin{matrix} & E_1 & E_2 & E_3\\ D_1 & 4 & 1 & \\ D_2 & 6 & & \\ D_3 & 2 & 3 & 4\\ D_4 & & 3 & 4\\ D_5 & 1 & & 7\end{matrix}$
$A\begin{bmatrix}\overset{E_1}{\dfrac{12}{D_5}} & \overset{E_2}{\dfrac{13}{D_1}} & \overset{E_3}{\dfrac{18}{D_3,D_4,D_5}}\end{bmatrix}$	$\begin{matrix} & F\\ E_1 & 1\\ E_2 & 5\\ E_3 & 9\end{matrix}$
$A\begin{bmatrix}\overset{F}{\dfrac{13}{E_1}}\end{bmatrix}$	答案: 最短路的长度:13 最短路: $A\ \begin{matrix}B_3\\B_4\end{matrix}\ C_2\ \ D_5\ \ E_1\ \ F$

例 5.2 侦察机从基地 A 前去侦察目标 B，可循线路如图 5.10. 每条路上所赋的数表示顺利通过的概率. 要求顺利到达目的地的最大概率以及航行的最优路.

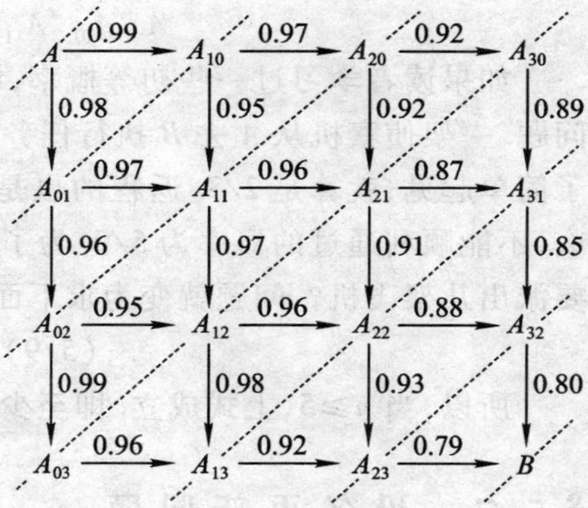

图 5.10

解 在图中，按虚线来看，它是从 A 到 B 的 6 阶段有向图. 飞机沿某条线路航行，顺利通过的概率等于所经各有向边的概率的乘积. 最大者为最优，记作 $h_6(B)$. 于是，它们可以用在极大代数 $(I,\max,\times)$，$I=[0,1]$ 上的幂乘积来表示. 在计算过程中，为了便于分辨路的优劣，取小数四位.

表 5.4

$A\begin{matrix} A_{10} & A_{01} \\ [0.99 & 0.98] \end{matrix}$	$\begin{matrix} & A_{20} & A_{11} & A_{02} \\ A_{10} & 0.97 & 0.95 & \\ A_{01} & & 0.97 & 0.96 \end{matrix}$
$A\left[\overset{A_{20}}{\frac{0.9603}{A_{10}}}\ \overset{A_{11}}{\frac{0.9506}{A_{01}}}\ \overset{A_{02}}{\frac{0.9408}{A_{01}}}\right]$	$\begin{matrix} & A_{30} & A_{21} & A_{12} & A_{03} \\ A_{20} & 0.92 & 0.92 & & \\ A_{11} & & 0.96 & 0.97 & \\ A_{02} & & & 0.95 & 0.99 \end{matrix}$
$A\left[\overset{A_{30}}{\frac{0.8835}{A_{20}}}\ \overset{A_{21}}{\frac{0.9126}{A_{11}}}\ \overset{A_{12}}{\frac{0.9221}{A_{11}}}\ \overset{A_{03}}{\frac{0.9314}{A_{20}}}\right]$	$\begin{matrix} & A_{31} & A_{22} & A_{13} \\ A_{30} & 0.89 & & \\ A_{21} & 0.87 & 0.91 & \\ A_{12} & & 0.96 & 0.98 \\ A_{03} & & & 0.96 \end{matrix}$
$A\left[\overset{A_{31}}{\frac{0.7940}{A_{21}}}\ \overset{A_{22}}{\frac{0.8852}{A_{12}}}\ \overset{A_{13}}{\frac{0.9036}{A_{12}}}\right]$	$\begin{matrix} & A_{32} & A_{23} \\ A_{31} & 0.85 & \\ A_{22} & 0.88 & 0.93 \\ A_{13} & & 0.92 \end{matrix}$
$A\left[\overset{A_{32}}{\frac{0.7790}{A_{22}}}\ \overset{A_{23}}{\frac{0.8313}{A_{13}}}\right]$	$\begin{matrix} & B \\ A_{32} & 0.80 \\ A_{23} & 0.79 \end{matrix}$
$A\left[\overset{B}{\frac{0.6567}{A_{23}}}\right]$	答案：最大概率：0.6567 最优路： $A\ A_{01}\ A_{11}\ A_{12}\ A_{13}\ A_{23}\ B$

从算得的结果可以看到，沿最优路顺利通过的概率 $h_6(B)$ 为 0.6567. 这显然是一个高风险的侦察任务. 最优路为

$$A \quad A_{01} \quad A_{11} \quad A_{12} \quad A_{13} \quad A_{23} \quad B.$$

如果读者学习过一些初等概率，请允许作者把例 5.2 引深一点，讨论另一个问题. 一架侦察机从 A 去 B 执行任务，往程顺利通过的概率 $h_6(B)=0.6567$. 为了简单起见，就算是 2/3. 返程的也是 2/3. 所以往返顺利通过的概率是 4/9. 那么，不能顺利通过的概率为 5/9. 为了使侦察任务有 90 % 以上的把握完成，至少要派出几架飞机？问题就变为求下面的不等式：

$$(5/9)^n \leqslant 1-0.90.$$

所以，当 $n \geqslant 5$，上式成立. 即至少要派 5 架侦察机.

§5.7　设备更新问题

下面通过一个数字例来讨论设备更新问题.

例 5.3　某工厂准备在 2001 年 1 月 1 日购置一台车床，或是全新的，或是役龄一年或二年的. 需使用 5 年. 到 2005 年 12 月 31 日卖掉，规定每年 1 月 1 日研究并作出决定，当时所使用的车床是否需要换成新的. 各役龄车床的价格、以旧换新的费用以及生产一年的利润如表 5.5.

表 5.5　各役龄车床价格、生产年利润及换新费用

役　龄	0	1	2	3	4	5	6	7
价　格	50	42	38	30	22	10	5	5
年 利 润	15	13	12	10	7	2	-1	
以旧换新费用	0	8	12	20	28	40	45	45

为了总利润最大，问 2001 年 1 月 1 日应购买役龄多大的车床？中途是否要换新？何时换新？又最大利润是多少？

解　每年中，有两项活动. 一是年初作决策：第 1 年初决定购买役龄多大的车床，其余 4 年初决定是否需要更新车床，从而付出相应的购买或以旧换新的费用. 二是生产一年，获得利润. 第 5 年末，还要卖出车床，回收若干费用. 我们把每一年的两项活动合成一个阶段，问题用“复合”5 阶段有向图表示出来.

请注意，这是一个有向图. 如果因为有向线段的箭号太多时，图形会显得很不好看，我们可以改用线段来表示. 这还将在图 5.12 ~5.14 会有类似的情形发生.

灰色底纹圆内的数字 i 表示役龄 i 的年初或役龄 $(i-1)$ 的结束，而白底圆内的数字 i 表示役龄 i 的年末. 所以，$(i-1)$ 的白底圆等于 i 的灰色底纹圆. 这里 INCOME(I) 包含各役龄车床生产一年的利润，叫做利润摹矩阵. REPLACE(I) 表述各役龄车床是否更新以及更新的代价，叫做以旧换新的费用摹矩阵. BUY 叫做购买摹矩阵 ，而 SALVAGE 叫做售出摹矩阵. 它们事实上都是上面的有关数据改写得

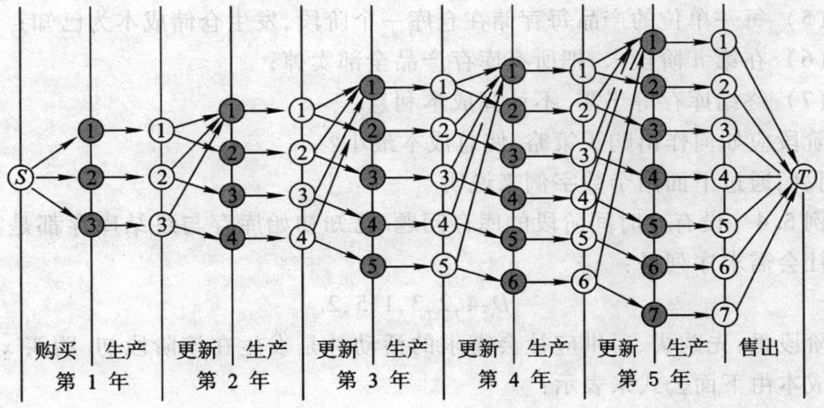

图 5.11

到的. 摹矩阵中我们可以得到

$$\mathrm{STAGE}(1)=\mathrm{BUY}\otimes\mathrm{INCOME}(1),$$
$$\mathrm{STAGE}(i)=\mathrm{REPLACE}(i)\otimes\mathrm{INCOME}(i),\quad i=2,3,4,$$
$$\mathrm{STAGE}(5)=\mathrm{REPLACE}(6)\otimes\mathrm{INCOME}(7).$$

我们应该在($\mathbf{R}$, max, +)中进行计算. 为了节约篇幅,计算过程不一一写下了. 最后得到最大利润,等于 41,经营的方案是

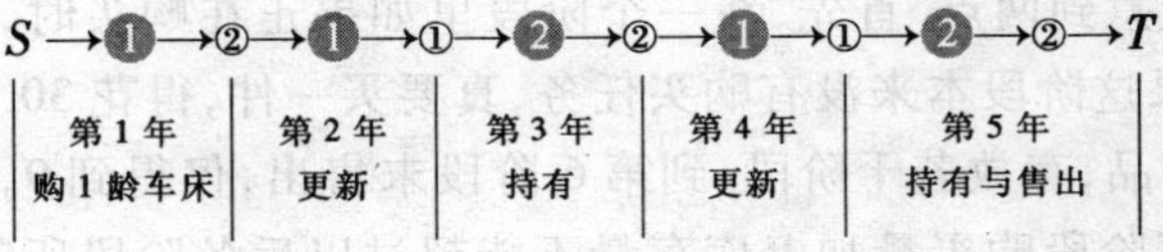

可见,最优策略是 2001 年初购买役龄为 1 年的车床,2002 年、2004 年初各替换新车床一次.

§5.8 动态库存问题

最简单的一种动态库存问题是决定型无缺货库存问题. 它的一般提法是: 设有一个 n 阶段动态库存问题,

(1) 它的初始库存为 0;

(2) 每阶段开始可以购买有(/无)上限数量的产品;

(3) 已知各阶段的社会需求序列为

$$D: d_1, d_2, \cdots, d_n;$$

(4) 每阶段开始购买后,立刻供给,保证充分满足社会需求. 供应后多余的立刻送仓库存储;

（5）每一单位的产品每存储在仓库一个阶段，发生仓储成本为已知；

（6）在第 n 阶段末，把所有库存产品全部卖掉；

（7）终结库存等于零. 不计算成本利息.

问各阶段应如何作出购买策略，使总成本最小？

我们通过下面两个数字例来说明.

例 5.4 设有 6 时间阶段的库存问题. 已知初始库存与终结库存都是零. 各阶段社会需求序列是：

$$D:4,2,3,1,5,2.$$

在各阶段里，先购买、后供应社会需求的活动总是发生在该阶段初. 购买 x 件产品的成本由下面公式来表示：

$$c(x)=\begin{cases}0, & x=0,\\ 20+10x, & x=1,2,\cdots.\end{cases}$$

如果库存水平（即存储量）为 v，计算仓储成本 $h(v)$ 的公式是

$$h(v)=2v, \quad v=0,1,2,\cdots.$$

如果在第 6 阶段末，库存水平为 $v_6>0$，则应把它卖掉. 发生终结成本为 $s(v_6)$，

$$s(v)=9v, \quad v=0,1,2,\cdots.$$

如果每一阶段里可购买的量没有限制，问如何确定购买决策序列，使总成本最小.

解 我们注意到两点. 首先，在一个阶段里如果正在购买时，多购买一件产品，花费 10. 如果这阶段本来没有购买任务，真要买一件，得花 30. 无论在哪一个阶段要想多买产品，存放若干阶段，到第 6 阶段末售出，仅得到 9，总是不会合算的. 所以，在任何阶段购买量加上库存量不能超过以后各阶段所需量的总和，否则在计算成本时是没有好处的. 第二，在一个阶段初需要购买时，就不必在这阶段之前为它多购买若干件产品而发生仓储成本. 为了总成本最小，在第 i 阶段如果需要购买产品，则购买量只能是下列诸数之一

$$d_i,d_i+d_{i+1},d_i+d_{i+1}+d_{i+2},\cdots,d_i+d_{i+1}+\cdots+d_6.$$

我们设

$$d_{ij}=d_i+d_{i+1}+\cdots+d_j.$$

本数字题可以用一个多阶段有向图来表示. 在图中，例如，有向边 $0\to d_{12}$ 表示持有量从 0 增加到 d_{12}，即购买了 $d_1+d_2=4+2=6$，发生成本 $c(d_{12})=80$. 把它作为有向边 $0\to d_{12}$ 的权. 又例如有向边 $d_{24}\to d_{34}$ 表示持有量从 d_{24} 降到 d_{34}，即供应了 d_2，把供应后的仓储成本 $h(d_{34})$ 作为有向边 $d_{24}\to d_{34}$ 的权. 最后我们定义 $d_{i+1,i}=0$. 于是可以计算出所有的 d_{ij} 和 $c(d_{ij})$. 接着，根据公式 $\mathrm{STAGE}(i)=\mathrm{BUY}(i)\otimes\mathrm{HOLD}(i)$ 算出各个阶段的摹矩阵. 第三，建议读者自己在计算表上算出所需的答案. 所有这些计算过程与 §5.3 ~ 5.4 的几乎完全一

样. 其结果应该是:

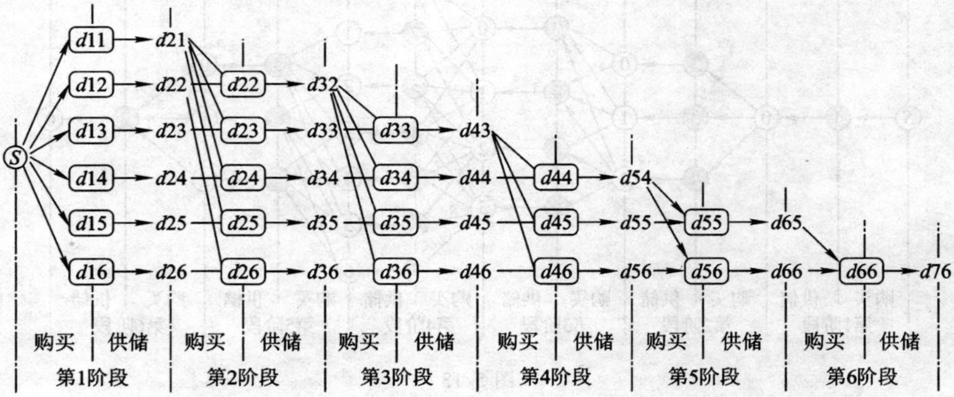

图 5.12

最小总成本:236.

最短线路:

$$0 \to d_{14} \to d_{24} \to d_{24} \to d_{34} \to d_{34} \to d_{44} \to d_{44} \to d_{54} \to d_{56} \to d_{66} \to d_{76} \to d_{76}$$

第 1 阶段 购 4 阶段量	第 2 阶段	第 3 阶段	第 4 阶段	第 5 阶段 购 2 阶段量	第 6 阶段

在这线路中可以看到:第 1 阶段里,$0\to d_{14}$表示一次购买 4 个阶段社会所需求的量. 它是 $d_{14}=d_1+d_2+d_3+d_4=4+3+1+2=10$,同样,在第 5 阶段里,按规定,$d_{54}$等于零,而有向边 $d_{54}\to d_{56}$表示购买第 5,6 两个阶段的需求量,它等于 7. 于是最优购买策略,即决策序列是

$$10,0,0,0,7,0.$$

例 5.5 在上例中,如果还规定,每一阶段里,可以购买产品至多不超过 4 件. 问应如何确定购买决策序列,使总成本最小?

本例题与上例不同之处在于:购买成本 $c(x)$变为 $c'(x)$,它是

$$c'(x)=\begin{cases}0, & x=0,\\ 20+10x, & x=1,2,3,4.\end{cases}$$

同时需要注意的是,论述上例的第二点不再成立. 其余只需作相应变动即可. 问题的多阶段有向图是图 5.13.

建议读者自己先写下各个阶段的购买矩阵 BUY 和仓储矩阵 HOLD,再算出 STAGE(1)到 STAGE(6),最后在计算表格中算出答案,应该是

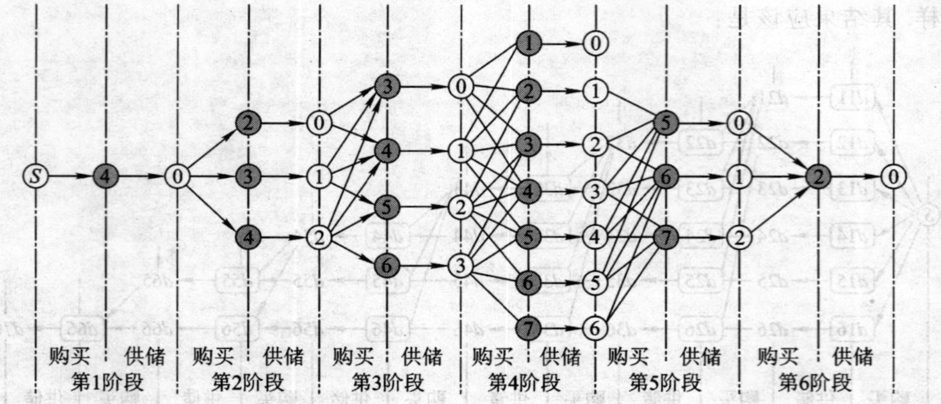

图 5.13

最小总成本:278.

最优购买决策序列:4,3,4,0,4,2.

显然如果在这例中,把第1阶段的社会需求量从4改为5,则问题无解.

一般地,如果每阶段社会需求序列 $D:d_1,d_2,\cdots,d_n$ 为已知,而每一阶段的最大购买量为 σ,问题有最优决策序列的充分而且必要条件是

$$d_1+d_2+\cdots+d_i\leqslant i\sigma,\quad 1\leqslant i\leqslant n.$$

§5.9 资源分配问题

现在讲资源分配问题.

设有资金 a,可以用于 N 种生产. 若把资金 x_i(个单位)用于第 i 种生产,可以得到经济效益 $g_i(x_i)$. 问应该如何分配这笔资金 a 于这 N 种生产,使得总经济效益最大?

在海面、地面或一个大型设备上,需要搜索某个目的物(如失事了的飞机、船只,空降的敌人,某种故障等). 人们把搜索范围划分成若干个区域 $S_1,S_2,\cdots,S_N$. 根据得到的信息(如最后呼救信息,有关地面收集到的资料、设备发生故障前出现的迹象等),认定目的物在区域 S_i 的概率为 p_i. 于是有

$$p_1+p_2+\cdots+p_N=1.$$

设准备花 b 个单位时间进行搜索. 如果在 S_i 中搜索的时间记作 w_i,于是有

$$w_1+w_2+\cdots+w_N=b.$$

若目的物确实在区域 S_i 内,找到它的概率与所花时间 w_i 的关系是

$$1-\mathrm{e}^{-rw_i},$$

其中 r 是某个正常数.

于是,找到目的物的概率是

$$p(w_1,w_2,\cdots,w_N)=\sum\{p_i(1-\mathrm{e}^{-rw_i}):1\leqslant i\leqslant N\}=1-\sum\{p_i\mathrm{e}^{-rw_i}:1\leqslant i\leqslant N\}.$$

问应如何分配时间 b,使得 $p(w_1,w_2,\cdots,w_N)$ 最大?

前一个问题研究如何分配资金,使经济效益最大,后一个问题讨论如何分配规定的时间,使搜索的期望效果最好. 这些可以归结为**资源分配问题**. 它们的一般提法是:

给定 n 个函数 $c_i(x_i)$ 及一个正整数 X,

$$\begin{aligned}&\max\ z=c_1(x_1)+c_2(x_2)+\cdots+c_N(x_N),\\ &\text{s.t.}\quad x_1+x_2+\cdots+x_N=X,\\ &\qquad\quad x_1,x_2,\cdots,x_N:\text{非负整数}.\end{aligned}$$

乍一看,这是一个整数规划问题,可以借助软件 LINDO 来求解. 如果目标函数中的各项都是正比例函数 $c_i(x_i)=k_ix_i$,这样的看法是对的. 否则,整数规划软件多半很难起作用.

现在我们用下面的思路来认识这个题目. 不是一下子选出一个可行解(即满足约束条件的解)$\{x_1,x_2,\cdots,x_N\}$,而是设想让这 n 个变量依着某个次序(例如按自然次序)逐一取值,使得它们之和等于 X,从而得到一个可行解. 首先,让第一个变量 x_1 取一个非负整数. 这个数当然不超过 X. 这个值仍记为 x_1. 然后让第二个变量 x_2 取值. 这时,首先要问,先前已经用掉了多少. 例如 x_1 已经取值是 3,而 $X=10$,x_2 只能取介于 0 与 7 之间的整数. 如果真的取 5,可以用一个有向边来表示这件事. 始点表示已经用去的,终点表示 x_2 取值之后已经总共用去的值,等等. 在这有向边上,还可记载 x_2 取值 5 而得到的利润 $c_2(5)$. 依次这样做下去. 所得到的一组值就是一个可行解. 所得到的所有有向边组成一个有向图. 它是一个 n 阶段的有向图. 余下的是求图的最长路了.

例 5.6 设有某种资源(如钢材、白糖等)5 个单位(如吨(t)、千克(kg)等),可以投入 4 种生产. 把 x 个单位的资源投入第 i 种生产,可以获得利润 $c_i(x)$. 它们是

表 5.6

x	0	1	2	3	4	5
$c_1(x)$	0	3	7	10	12	13
$c_2(x)$	0	1	2	4	8	13
$c_3(x)$	0	2	4	6	8	10
$c_4(x)$	0	1	3	6	9	12

问如何分配资源,使总利润最大?

按前面所述的思路,画出多阶段有向图如下.

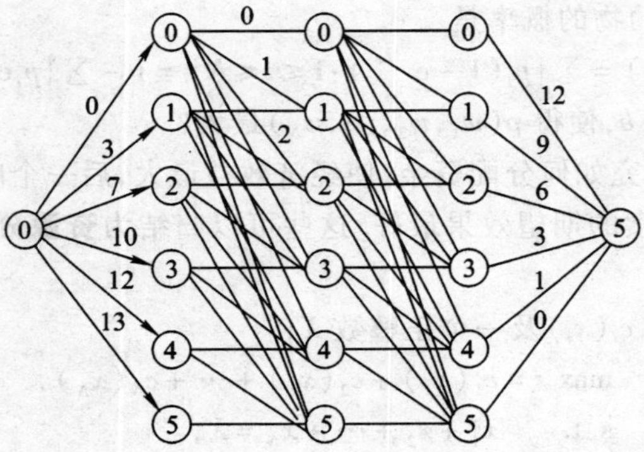

图 5.14

建议读者在表上计算出最长路的长度.最后得到最长路,从而得到答案:

最大利润是 14.

有两个最优解:

$$x_1^* = 3, x_3^* = 2, x_2^* = x_4^* = 0,$$

和

$$x_1^* = 4, x_3^* = 1, x_2^* = x_4^* = 0.$$

§5.10 摹多项式 资源分配问题(续)

在§5.4中,我们介绍了4个半域和以它们为元素的摹矩阵,并看到许多应用.既然能够把常义的矩阵加以推广,为什么不能把常义的多项式的系数也推广到半域上,而得到摹多项式呢?

对于极大代数$(S,\oplus,\otimes)=(\underline{\mathbf{R}},\max,+)$,我们已知,$\underline{\mathbf{R}}=\{$实数$\}\cup\{-\infty\}$,它的零元素是$z=-\infty$,单位元素$e$是实数0.

有两种单项式.一种是$a_i\otimes t^r$另一种是a_it^r,其中系数a_i是$\underline{\mathbf{R}}$的一个元素,指数r是一个非负整数,t是一个变量.当t取得某一个值时,前一种单项式具有意义,而后一种不具有意义.

下面只讨论第二种单项式.我们做以下规定:

$$zt^r \equiv z,$$

$$a_it^r \oplus a_jt^s = \begin{cases} a_it^r \oplus a_jt^s, & r \neq s, \\ (a_i \oplus a_j)t^s, & r = s, \end{cases} \tag{10.1}$$

$$a_it^r \otimes a_jt^s = (a_i \otimes a_j)t^{r+s}. \tag{10.2}$$

例如

$$3t^4 \oplus 2t^5 = 3t^4 \oplus 2t^5, \tag{10.3}$$

$$3t^4 \oplus 2t^4 = (3 \oplus 2)t^4 = 3t^4, \tag{10.4}$$

$$3t^4 \otimes 2t^5 = (3 \otimes 2)t^{4+5} = 5t^9, \tag{10.5}$$

$$et^0 \otimes 2t^5 = (e \otimes 2) t^{0+5} = 2t^5,$$

$$zt^0 \otimes 2t^5 = (z \otimes 2) t^{0+5} = zt^5 = z,$$

等等,不难验证,定义在极大代数上的摹多项式具有常义多项式的相加相乘那样的性质.

设 1 个单位的资源投入一种生产,得利润 3 个单位. 我们把这件事记作 $3t^1$,等等. 用这个思路来理解(10.4),它的左端表示用资源 4 个单位在两种生产方式下所得利润各为 3,2 个单位,右端表示摹加的结果是采用获利为 3 的那一种,取利润较大的. (10.5)的左端表示两种生产都做,右端结果是共花费资源 9 个单位,所得的利润为 5.

现在来讨论

例 5.7 设有某种资源 5 个单位,可以投入 4 种生产. 把 x 个单位的资源投入第 i 种生产,可以获得利润 $c_i(x)$. 它们是

表 5.7

x	0	1	2	3
$c_1(x)$	0	4	5	6
$c_2(x)$	0	2	4	8
$c_3(x)$	0	3	4	7
$c_4(x)$	0	1	6	12

用摹多项式来记载第 1 种生产的所有可能方案如下:

$$P_1(t) = et^0 \oplus 4t^1 \oplus 5t^2 \oplus 6t^3.$$

式中的⊕起到"或者"的作用. 注意,摹多项式的第 1 项 et^0 表示不投入资源,利润等于 $e=0$. 这当然是一种生产方案. 同样有

$$P_2(t) = et^0 \oplus 2t \oplus 4t^2 \oplus 8t^3,$$

$$P_3(t) = et^0 \oplus 3t \oplus 4t^2 \oplus 7t^3,$$

$$P_4(t) = et^0 \oplus 1t \oplus 6t^2 \oplus 12t^3.$$

考虑摹乘积 $P_1(t) \otimes P_2(t)$. 结果是一个 6 次摹多项式. 然而,题意对 5 次以上的项没有兴趣. 为此,我们用符号"…"来省略它们. 于是有

$$P_1(t) \otimes P_2(t) = et^0 \oplus (4/⓪) t^1 \oplus (6/①) t^2 \oplus (8/②,③) t^3 \oplus (12/③) t^4 \oplus (13/③) t^5 \oplus \cdots. \quad (10.6)$$

这是被摹乘式 $P_1(t)$ 与摹乘式 $P_2(t)$ 的摹乘积. 第 3 项 $(6/①)t^2$ 表示当资源 2 个单位投入第 1,2 种生产,最大利润是 6. 记号①表示投于对应摹乘式的生产 1 个单位,而资源余下的 1 个单位用于被摹乘式所对应的生产. 结果显然是正确的. 在第 4 项中,记号为②,③,表示可以有两种投入资源的方式. 这些与本章(3.10)中采用的记号是相仿的. 计算

$$(P_1(t)\otimes P_2(t))\otimes P_3(t)=et^0\oplus(4/⓪)t^1\oplus(7/①)t^2\oplus$$
$$(9/①)t^3\oplus(12/⓪)t^4\oplus(15/①)t^5\oplus\cdots, \tag{10.7}$$
$$((P_1(t)\otimes P_2(t))\otimes P_3(t))\otimes P_4(t)=et^0\oplus(4/⓪)t^1\oplus(7/⓪)t^2\oplus$$
$$(12/③)t^3\oplus(16/③)t^4\oplus(19/③)t^5\oplus\cdots. \tag{10.8}$$

检查(10.8)，$(19/③)t^5$ 表示最大总利润为 19 个单位，把 3 个单位的资源用于第 4 种生产，余下的 2(=5 − 3)个单位的资源用于前三种生产. 检查(10.7)中的 $(7/①)t^2$，表示将 1 个单位资源投于第 3 种生产，而把余下的 1(=2 − 1)个单位资源用于其余两种生产. 检查(10.6)中的 $(4/⓪)t^1$，可见投于第 2 种的生产为零，于是投于第 1 种的是 1 个单位. 如果把投于 4 种生产的最优方案记为 x_1^*，x_2^*，x_3^*，x_4^*，那么最优方案为

$$x_1^*=1,\quad x_2^*=0,\quad x_3^*=1,\quad x_4^*=3.$$

检查它们所对应的利润，总利润确实是 19.

把常义的矩阵和多项式推广到极大(/小)代数上去，已经得到不少应用. 其实，古典代数的内容只要不涉及到⊕的逆运算，几乎都可以得到推广，在运筹学中得到众多的应用. 如果采用第一种形式的单项式，还可以讨论方程、线性规划的推广，讨论特征向量和特征值的推广. 在 2005 年美国 Princeton 大学出版社出版了第一本极大代数的教材书名是“Max-Plus Algebra at Work”. 这是一个很值得关注的新分支.

§5.11　决策数不确定型动态规划

§5.11.1　一个数字例

在§5.5 中已经讲过，实施一个策略所需做的决策次数叫做决策数. 在同一个策略簇中，不同的策略通常有不同的决策数. 研究这种策略优化，叫做决策数不确定型动态规划的题目. 现在简单地讨论这个问题.

把§5.8 动态库存问题中所讲的例 5.4 的内容再写一遍.

设有 6 时间阶段的库存问题. 已知初始库存与终结库存都是零，各阶段社会需求序列是：

$$D:4,2,3,1,5,2.$$

在各阶段里，先购买、后供应社会需求以及把余下产品送去存库的活动总是发生在该阶段初. 购买 x 件产品的成本由下面公式来表示：

$$c(x)=\begin{cases}0, & x=0,\\ 20+10x, & x=1,2,\cdots.\end{cases}$$

如果库存水平(即存储量)为 v，计算仓储成本 $h(v)$ 的公式是

$$h(v)=2v,\quad v=0,1,2,\cdots.$$

如果在第 6 阶段末,库存水平为 $v_6>0$,则应把它卖掉. 发生终结成本为 $s(v_6)$,

$$s(v)=9v,\quad v=0,1,2,\cdots.$$

如果每一阶段里可购买的量没有限制,问如何确定购买决策序列,使总成本最小.

在开始求解时,我们注意到两点. 首先,在任何阶段购买量加上库存量不能超过以后各阶段所需量的总和,否则在计算成本时是没有好处的. 第二,在一个阶段初需要购买时,就不必在这阶段之前为它多购买若干件产品而发生仓储成本. 为了总成本最小,在第 i 阶段如果需要购买产品,则购买量只能是下列诸数量之一

$$d_i,d_i+d_{i+1},d_i+d_{i+1}+d_{i+2},\cdots,d_i+d_{i+1}+\cdots+d_6.$$

设
$$d_{ij}=d_i+d_{i+1}+\cdots+d_j.$$

现在不用多阶段有向图,而设计出另一种有向图来讨论这个题目. 在图中,题目的状态数对应 7 个顶点,每个顶点表示一个状态. 它们的名字依次是 0,1,2,…,6. 从 $i-1$ 到 i 表示第 i 阶段,例如,用有向边 0→3 表示一个决策,它承担从第 1 阶段到第 3 阶段发生的所有活动和成本,包括在初始状态购买第 1,2,3 阶段社会需求量,等于 $9(=4+2+3)$ 件产品,发生购买成本 $c(d_{13})=c(9)=110$. 随即供应第 1 阶段社会需求 4 件,余下的 5 件产品实行存储一个阶段,发生仓储成本 $h(d_{23})=h(d_2)+h(d_3)=10$,一进入第 2 阶段,立即供应社会需求的 2 件,把余下的 3 件实行再存储一个阶段,发生仓储成本 $h(d_3)=6$. 进入第 3 阶段,立即供应社会需求的 3 件,余量等于 0. 所以一共发生的成本记作 $w(0,3)$,它等于

$$\begin{aligned}w(0,3)&=c(d_{13})+h(d_{23})+h(d_3)\\&=c(d_{13})+h(d_2)+2h(d_3)=110+4+26=126.\end{aligned}$$

把这个总成本作为这个有向边的权. 人们作决策 0→3 时,已经默认在经历状态 1 与状态 2 时,是不作决策的. 用同样的方法,算出所有有向边的权,得到一个赋权有向图(图 5.15)和它的摹矩阵

$$W=[w(i,j)]=\begin{array}{c}\\0\\1\\2\\3\\4\\5\\6\end{array}\begin{array}{c}\begin{array}{ccccccc}0&1&2&3&4&5&6\end{array}\\\begin{bmatrix}0&60&84&126&142&237&276\\&0&40&76&90&170&206\\&&0&50&62&132&164\\&&&0&30&90&114\\&&&&0&70&94\\&&&&&0&40\\&&&&&&0\end{bmatrix}\end{array}.$$

摹矩阵中所有应写未写的都是极小代数$(\bar{\mathbf{R}}, \wedge, +)$的零元素 $z=+\infty$. 它是一个上三角方阵.

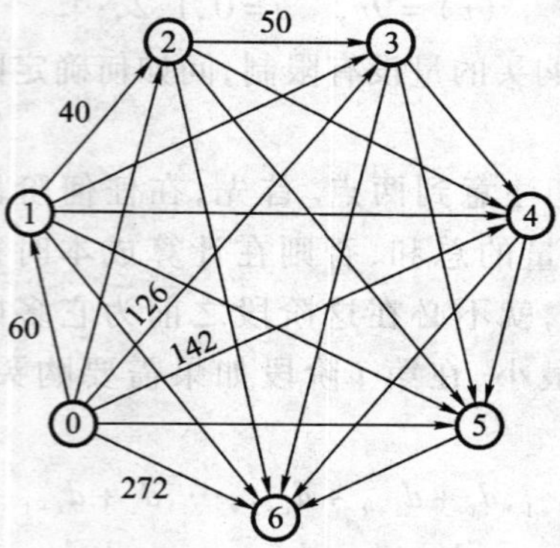

图 5.15

在图中,从顶点 0 到顶点 6 的每一条路的顶点序列都是单调增加的. 一条路,例如 0→2→5→6,对应一个购买策略:在状态 0(即第 1 阶段初)购买第 1 与第 2 阶段的社会需求量 $d_1+d_2=4+2=6$,发生购买成本 $c(d_{12})=80$. 然后,在状态 2(即第 3 阶段初)购买第 3、第 4 与第 5 阶段的社会需求量 $3+1+5=9$,最后在状态 5(即第 6 阶段初)购买这个阶段的社会需求量 2. 三条有向边的权等于 $w(0,2)+w(2,5)+w(5,6)=84+132+40=256$. 同样,路 0→3→4→5→6 是另一个策略,对应的 4 条有向边的权之和等于 266($=126+30+70+40$). 不同的策略不仅发生的成本不必相同,甚至所做的决策的次数都不一样.

在这众多的策略中,哪一个是成本最小的呢? 也就是哪一条路的值是最短的?

问题成为求这种图的从顶点 0 到顶点 6 的最短路.

§5.11.2　Bellman 最优化原理与递推公式

定理 5.3 与 5.4 依然成立. 我们可以完全平行地用 Bellman 最优化原理来建立决策数不确定型问题的求解递推公式.

设图中每一条有向边的权用符号 w 表示,从一个顶点 x 到终态 6 的最优策略的值记作 $l(x)$.

首先,状态 0 对应顶点 0,从它到终态 6 的最优策略的值等于 $l(0)$. 根据最优化原理,最优策略在初始状态 0 所做的决策,一方面它一定到达某一个顶点,譬如说是 t,这时所花的代价是 $w(0,t)$. 另一方面,今后的决策序列一定是一个策略,不仅是最优的,而且它的值等于 $l(t)$,可见最优策略的代价等于 $w(0,t)+l(t)$. 我们不知道 t 是哪一个顶点. 所幸的是,它肯定在顶点集合$\{1,2,3,4,5,6\}$中的某一个

或者某几个顶点. 于是我们有

$$l(0)=\min\{w(0,t)+l(t): t\in\{1,2,3,4,5,6\}\}. \qquad (11.1)$$

如果最优策略经过顶点 1,根据最优化原理,从 1 往后的策略一定是最优的. 它的值等于 $l(1)$. 把这以后的部分再一次应用最优化原理,得到

$$l(1)=\min\{w(1,t)+l(t): t\in\{2,3,4,5,6\}\}. \qquad (11.2)$$

如果最优策略经过顶点 2,同样有

$$l(2)=\min\{w(2,t)+l(t): t\in\{3,4,5,6\}\}. \qquad (11.3)$$

还有关于其他顶点 3,4,5 的公式. 而顶点 6 对应终态,我们规定从 6 到 6 的最短路的长度等于零,即 $l(6)=0$.

把上面的几个公式写成统一的式子:

$$l(j)=\min\{w(j,t)+l(t), t\in\{j+1,\cdots,6\}\}, j\in\{0,1,2,3,4,5\}, \qquad (11.4)$$

$$l(6)=0. \qquad (11.5)$$

上面是以图 5.15 为例子来讨论问题的,图 5.15 是一个特殊的数字例. 把状态数一般化为 n,得到上三角形的图形,不存在任何困难. 我们有

$$l(j)=\min\{w(j,t)+l(t), t\in\{j+1,\cdots,n\}\}, x\in\{0,1,2,\cdots,n-1\}. \qquad (11.6)$$

对终态 n 还有

$$l(n)=0. \qquad (11.7)$$

公式(11.6)叫做 Bellman 递推公式,(11.7)是它的边界条件.

如果用摹矩阵来表示(11.4)的诸多公式,我们有

$$\begin{bmatrix} l(0)\\ l(1)\\ l(2)\\ \vdots\\ \\ l(n-1)\end{bmatrix}=\begin{bmatrix} z & w(0,1) & w(0,2) & w(0,3) & \cdots & w(0,n)\\ & z & w(1,2) & w(1,3) & \cdots & w(1,n)\\ & & z & w(2,3) & \cdots & w(2,n)\\ & & & z & \cdots & w(3,n)\\ & & & & \cdots\cdots & \\ & & & & & w(n-1,n)\end{bmatrix}\otimes\begin{bmatrix} l(0)\\ l(1)\\ l(2)\\ \vdots\\ \\ l(n-1)\\ e\end{bmatrix}. \qquad (11.8)$$

具体应用这个公式来求解时,我们总是依次计算 $l(n-1), l(n-2), \cdots, l(1)$,最后得到 $l(0)$.

如果从顶点 0 到各个顶点 i 的最优策略的值写作 $\lambda(i)$,按照同样的最优化原理,可以得到下面的公式

$$[\lambda(1)\ \ \lambda(2)\ \ \cdots\ \ \lambda(n)] = [e\ \ \lambda(1)\ \ \lambda(2)\ \ \cdots\ \ \lambda(n-1)] \otimes \begin{bmatrix} w(0,1) & w(0,2) & w(0,3) & \cdots & w(0,n) \\ z & w(1,2) & w(1,3) & \cdots & w(1,n) \\ & z & w(2,3) & \cdots & w(2,n) \\ & & z & \cdots & w(3,n) \\ & & & \cdots\cdots & \\ & & & & w(n-1,n) \end{bmatrix}. \tag{11.9}$$

利用这个公式还可以写出与(11.1)~(11.7)等等相对应的公式.

§5.11.3　数字题的求解

现在用公式(11.1)~(11.3)等等或者用公式(11.8)来求解§5.11.1中的数字题.我们需要逆推地得到答案,首先根据边界条件(11.5),

$$l(6)=0.$$

关于顶点5,有

$$l(5)=\min\{w(5,6)+l(6)\}=5\overset{6}{[40]}\otimes\overset{6}{[0]}6=40/(5\to6).$$

还有

$$l(4)=4\ \overset{\ 5\quad 6}{[70\ \ 94]}\otimes\overset{6}{\begin{bmatrix}40\\0\end{bmatrix}}\begin{matrix}5\\6\end{matrix}=94/(4\to6),$$

$$l(3)=3\ \overset{4\quad 5\quad 6}{[30\ \ 90\ \ 114]}\otimes\overset{6}{\begin{bmatrix}94\\40\\0\end{bmatrix}}\begin{matrix}4\\5\\6\end{matrix}=114/(3\to6),$$

$$l(2)=2\ \overset{3\quad 4\quad 5\quad 6}{[50\ \ 62\ \ 132\ \ 164]}\otimes\overset{6}{\begin{bmatrix}114\\94\\40\\0\end{bmatrix}}\begin{matrix}3\\4\\5\\6\end{matrix}=156/(2\to4),$$

$$l(1)=1\ \overset{2\quad 3\quad 4\quad 5\quad 6}{[40\ \ 76\ \ 90\ \ 70\ \ 206]}\otimes\overset{6}{\begin{bmatrix}156\\114\\94\\40\\0\end{bmatrix}}\begin{matrix}2\\3\\4\\5\\6\end{matrix}=184/(1\to4),$$

$$l(0)=0\;\begin{array}{c}\begin{array}{cccccc}1&2&3&4&5&6\end{array}\\ \left[\begin{array}{cccccc}60&84&126&142&237&272\end{array}\right]\end{array}\otimes\begin{array}{c}6\\ \left[\begin{array}{c}184\\156\\114\\94\\40\\0\end{array}\right]\end{array}\begin{array}{c}\\1\\2\\3\\4\\5\\6\end{array}=236/(0\to 4),$$

所以，　　　　　　　　最小总成本:236;

　　　　　　　　　　　最短线路:0→4→6,

即在第1阶段初购买前四个阶段的社会需求量之和10,第5阶段初购买第5阶段与第6阶段的需求量之和7,即策略为

$$10,0,0,0,7,0.$$

它当然与先前计算结果相同.

§5.12 软件 Mathematica 的另一个基本概念:表达式

§5.12.1 原则集

用户使用软件 Mathematica 来做一些特定的计算,在绝大多数情形,只需要知道这系统的很小部分的知识. 用户熟悉了这些计算之后,如果他能知道设计这个软件的基本思路,就能把已经获得的知识举一反三,大大地扩充开来,而应用到其他领域和方面.

软件 Mathematica 是一个系统,它的基础是由为数不多的、功能非常强大的原则所组成(is a system built on a fairly small set of very powerful principles). 它们组成一个**原则集**(set of principles). 这些原则是编制这个软件的基本思路,是高度概括的概念. 在本教程中,不可能逐一讲清各个原则,只能讲必要的一些事项,以便完成所需的任务.

§5.12.2 基本结构和原则:表达式

即便是在同一个数学分支中两本教材或者两篇文章中,对同一个概念用不同的术语,用同一个术语表述不尽相同的内容,是常见的事. 至于对一个直接来自生活或者来自另一个学科的术语赋予新的含义,更是可以理解的. 一个严肃学习的人总是警惕望文生义所带来的危害. 注意"大同"之外,一定弄清楚"小异"的所在.

数学是一个大系统,软件 Mathematica 是另一个大系统. 在同时学习或者使用它们时,不仅需要关注这两个系统中的相同之处,更要特别分清不同之点.

在数学中，把求 $y=3x^2+2x-1$ 在一点处的值称为求该函数的值，把绘制函数的图形理解为一个算子，把一个多项式分解因式理解为变换等等. 在软件 Mathematica 中，作为一个原则，把所有这些函数的公式，多项式等称为对象，把函数，算子，命令以及其他等统一叫做**表达式**(expression)，并把执行表达式的结果说成是求所给对象的**值**.

对于数学中的函数 $f(x,y)$，f 是函数的名字，x 和 y 是它的两个自变量. 这种函数是软件中所述的表达式的一个原型.

表达式的完整格式是

f[x,y,…]　　(12.1)

例如 §1.4 中讲到的

N[x,n]　　(12.2)

NumberForm[2^100,DigitBlock ->4,NumberSeparator -> " "]　　(12.3)

以及　ConstrainedMax[目标函数,{主约束条件},{决策变量}]　　(12.4)

都是表达式. 而下面的

Timing[N[Pi,10000]]

是一个"复合"表达式，它不仅要求 N[Pi,10000]的值，而且还询问求值的过程所花的时间.

格式(12.1)中的方括号是表达式的专用符号，方括号之前的字符串是表达式的名字，方括号内存放种种的 argument. 它除了常义的变量，还可以是各种其他的东西，由于它们含义更为广泛，我们给方括号内的各个分量起一个更抽象的名字，统称为**宗量**.

表达式的称呼　一个表达式如果它确实是求一个函数的值，我们可以把这个表达式沿袭数学中的称呼，直接称为函数. 同样，可以把有的表达式直接称为命令，绘图等等.

人们甚至可以把某些内置表达式，如开平方的内置表达式 Sqrt[a_]称为一个函数、命令、算子、变换或者语句等等. 对这些称谓常常可以不必过分认真地追究其间的差异.

表达式的名字　软件 Mathematica 中允许生成长度不限的字符串. 一方面，通常采用具有含义的字符串作为表达式的名字，以便易读好记. 表达式(12.4)的名字是字符串 ConstrainedMax，它由两个英文单词 Constrained Max 所连成，意思是指，这个表达式的任务是"求具有约束条件的函数的最大值". 然而，另一方面，由于名字长度过大，输入时，容易出错. 软件中有一个快捷方式：输入表达式名字的首两(三个或更多)个字母和一个通配符"＊"(这里是"Co＊")后，输入命令 Ctrl-K | NestList，在出现的窗口中找到字符串 ConstrainedMax. 用鼠标单击它，系统就能自动补全所需的表达式的名字. 再补足必要的宗量等，就得到所需的表达式.

表达式的宗量 人们随着行文时的思路,有时把一个表达式称为函数、命令等等,有时也沿袭数学中的术语,把相应的宗量称为参数,变量等等.

一个表达式有若干个宗量,但是它和数学中的不一样.例如(12.3)有3个宗量,其实它没有第3个宗量是可以的,删去第2和第3个宗量都是合(乎语)法的.把第2和第3个宗量用花括号括起来,作为新的第2个宗量也是可以的,这个新的宗量是一个集合,由两个部分组成.所以,这个表达式的宗量规定是1,2或者3个,甚至更多.一个宗量可能是一个集合.

像(12.3)讲到2^100的输出有两类选项,一类是关于所求的值本身如何表现,例如字号大小,粗细,字体、字形斜正以及颜色等等.如果是要求绘制一条抛物线,它的线条有粗细、虚实、颜色等等之分.另一类是关于表示这个值的环境的,例如背景的灰度、外框、坐标系的表示形式等等.其实在 Mathematica 系统中,每一个表达式的值都可以赋予这两个选项.这是一个原则,一个行动规则.

例如,输入格式是

NumberForm[数学公式,{选项1},{选项2}]

选项可以是空集合.

表达式的简化 为了更便于用户的操作,软件有时可以直接输入人们最熟悉的数学式子:例如

x + y + z

等等,就不符合(12.1)的格式.可以用下面的表达式来查问这个简写了的表达式的完整格式

FullForm[%]

记号%表示"上面的式子".它的值是

Plus[x,y,z]

如果要问表达式 x + y 的名字,则用

Head[x + y]

它的值就是 Plus

用户可使用表达式 FullForm[*expr*]来查找所给表达式 *expr* 的名字.

在§2.12.3讲到,软件 Mathematica 的稿本(notebook)是一个完整的交互式的文件,可能包含文字、表格、图形、科学计算等等.系统用隔间(Cell)概念,把它们组织在一起,又能分别各自处理.这是一个原则,一个行动规则.我们在那里讨论对隔间的所作的操作,是利用菜单中的命令或者快捷键来实现的.其实,它们也是在对某些相应表达式求值.这是软件 Mathematica 的一项重要的技术创新.

表达式的求值 当我们把符合规定的对象作为宗量输入到一个表达式中,并能经过执行得到它的值,我们认定,软件内一定有一个表达式,它是专门求解这类题目的算法、程序.当我们把数据输入到规定的宗量中去,发出执行的命令,

事实上是在调用这个表达式,求它的值.

这表明,软件 Mathematica 中所有功能的实现全由"表达式求值"来完成. 表达式就是软件 Mathematica 的一切("Everything is an expression").

表达式的包和库 软件 Mathematica 把需要系统执行的所有任务全都用表达式来实现. 系统已经定义了大量的表达式,供用户使用,叫做**内置(/标准)表达式**,它们的全体构成一个库,叫做**内置表达式库**. 按照表达式任务或者学科分支的不同,把这些表达式分成若干个程序包. 随着软件版本的升级,库的含量不断扩大,表达式的功能不断深化. 这是人们评论软件功能如何强大的一个主要指标.

软件规定所有内置表达式的名字的第一个字母必须大写. 所有自定义的表达式,无论是否存库,都不能与内置表达式的名字相同. 一个简单的办法是,自定义的名字最好都使用小写字母打头的字符串.

§5.12.3 表达式的三种表示形式

定义变量的一般形式为

变量 = 表达式

或者

变量 1 = 变量 2 = 表达式

这里的运算符" = "的作用是"给变量定义一个值",即**赋值**.

因为用于不同的目的,软件 Mathematica 中,有三种形式的表达式. 我们下面仅限于讨论最为简单的表达式,函数. 譬如说,它们有:

f[x] = 3x + 5 (12.5)

f[x_] = 3x + 5 (12.6)

f[x_]:= 3x + 5 (12.7)

它们的宗量(变量)有两种获取值的方式. 一种方式是变量替换,另一种方式是赋值.

在函数(12.5)中,3x 是名字为 x 的 3 倍, Mathematica 规定,(12.5)中的" = "是一个赋值号,表示把右端的式子 3x + 1 赋给名字为 f[x]的函数,以后程序中出现了 f[x],都一律用 3x + 1 置换.

这种函数的函数名,变量名可以被置换,置换的一般格式是

expr/. lhs -> rhs

expr/. {lhs1 -> rhs1, lhs2 -> rhs2, …}

其中 lhs(left-hand side 的缩写)和 rhs(right-hand side 的缩写)可以是变量名,函数名等. 成分 lhs 是所给函数中出现的各种名字,rhs 是需要置换成的名字,执行的结果是相应的值. 例如,想求函数(12.5)当 x = 3 的值,可以输入

f[x]/. x -> 3

或者

$$3x + 1/. x -> 3$$

它们的值都是 10. 要想把变量名 x 更换为 sin t,可以按下面的格式输入

f[x]/. x -> Sin[t]

或者

3x + 1/. x -> Sin[t]

它们的值是 1 + 3Sin[t]. 这个函数名 f 也可以置换. 但是,下面的格式输入

f[2]　f[y]　f[Sin[t]]

都是非法的.

现在讨论后两种形式的函数. 它们的左端"f[x_]",方括号内的宗量"x"叫做参数,赋值之前的参数叫做形式参数,赋了值的叫做实在参数. 这个参数之后紧跟一个下划线呈形式"x_",它表示,这是一个变量,取值于一个集合,集合是一个自然数集合,而让 x 赋值 3,写作 x = 3,代入(12.6)或者(12.7),即有 f[3],Mathematica 都求得同样的值 14.

这两种形式的函数(12.6)和(12.7)的不同之处在于:前一个用的运算符是"=",表示立即赋值,并算出函数的值. 后一个用的运算符是":=",表示定义函数时不算出函数的值,延迟到调用时才算出值. 它们不同之处是进行计算的时间不同. 具体表现在以下几点:

1. 在输入这两种形式的函数,软件的反应是不同的. 例如输入两种函数和执行结果显示如下:

In[1] := f[x_] := Expand[(1 + x)^3]

In[2] = g[x_] = Expand[(1 + x)^2]

Out[2] = $1 + 2x + x^2$

对于前者,在屏幕上不作反应. 而对后者立刻得到所求得值.

2. 在输入这两种函数 g[x_] = Expand[(1 + x)^2] 与 f[x_] := Expand[(1 + x)^3] 之前,若变量 x 没有赋值,则在之后赋以任何值,两个函数的结果总是同样的.

3. 在延时赋值函数 f[x_] := Expand[(1 + x)^3] 之前,变量 x 是否赋值,与以后赋值无关.

如果在立即赋值函数 g[x_] = Expand[(1 + x)^2] 之前,赋给变量 x 一个值,例如 x = 3,则情况就大不一样. 以后再赋给 x 以任何一个值例如 4,5,1 000 等等,函数的值完全不变,全都是在 x = 3 时的值.

在进行一系列的赋值时,立即赋值函数和延时赋值函数之间的差别是非常重要的. 为了加深印象,请参看下面的例子,

x = 1;

y = x + 1; z := 3x + 5; {y, z}

x = 3;{y,z}

x = 5;{y,z}

y 是立即赋值函数,z 是延迟赋值函数,x 赋值了三次,计算的结果依次是

{2,8}　{2,14}　{2,20}

y 的值 2 始终不变,z 的值则随着 x 的赋值变化而变化.

4. 因此,在一个程序中,当我们写出一个语句 g[x_] = Expand[(1 + x)^2]时必须当心,在它之前是否出现过给 x 赋值的语句,例如 x = 3 之类. 检查是麻烦的.

一个办法是在所给语句之前写一个清除变量赋值语句"x = ."(表示清除变量 x 的值)或者"Clear[x]"(表示清除变量 x 和所定义的值);再输入 g[x_] = Expand[(1 + x)^2]就可以了. 这是必不可少的. 曾经有人做过一个试验:打开一个新文件. 输入若干个语句,其中有一句,x = 3;而后,把这个文件中所有的语句全部删掉. 继续输入,包括 h[x_] = x^2 和 x = 2. 这时就不能得到正确的答案.

另一种方法是用户完成一项任务之后,所用到的所有函数头和变量和所赋的值全都清除掉.

第三个办法是从新启动软件 Mathematica.

在 Windows 系统中,复制、移动语句非常有用. 可是新手使用 Mathematica 时,就不能如法炮制,否则有时会出现种种混乱事项.

最后,在软件 Mathematica 中还有一种联合使用":="和"="的函数:

f[x_] := f[x] = expr

访问 f[n]一次后,就有了 f[n]的值,以及计算过程中所发现的所有函数值. 这种定义方式尤其适合递推公式.

例如,要求一个数列,它的第 1,2 项都等于 1,而以后各项都等于它的前两项之和. 就是说,有函数

$$f(i)=f(i-1)+f(i-2),\quad f(1)=f(2)=1$$

我们按下面的格式输入,求这个数列的前 6 项,(当然求前 1000 项也是一样的):

```
In[1] := f[x_] := f[x] = f[x - 1] + f[x - 2]
In[2] := f[1] = f[2] = 1
In[3] := f[6]
Out[3] = 8
In[4] := ?f
```

输出的值(结果)有

```
f
f[1] = 1
f[2] = 1
```

```
f[3] =2
f[4] =3
f[5] =5
f[6] =8
f[x_] := f[x] = f[x - 1] + f[x - 2]
```

用这样简单的内置表达式就能得到这么多的结果,实在是令人满意的.

§5.13 用软件 Mathematica 编制求解动态规划问题的程序

§5.13.1 自定义的表达式和程序

在我们学习和工作的过程中,不时需要自己编写某些表达式和程序(即表达式序列).把那些常用的、自己定义了的表达式,存储备用是方便的.这样的表达式叫做**自定义表达式(和程序)**.其全体构成**自定义表达式库**.

本章已经讲了动态规划的两个题目,(决策数)确定型问题和不确定型问题.前者的图论模型是在赋权多阶段有向图上的最短路问题,后者有一个图论模型是赋权上三角形图中的最短路问题.求解这两类动态规划的题目可以转化为求解最短路和它的长度的题目.

在软件 Mathematica 中没有找到现成的程序(/表达式).

我们认为,基本的任务是编制求解在上述两种赋权有向图上的最短路问题的程序,其内容应该包括从初态到各个中间顶点,当然包括从初态到终态的所有最短路和它们的长度.因为一旦有了这个基本的程序,其他的种种题目可以在它的基础上进行修改得到.

本节讨论如何编制(即自定义)这两个程序.

把自定义表达式和变量的名字都用小写字母开头的字符串来表示.有时,为了更加符合数学的习惯,例如矩阵,用大写字母表示也是可以的.

软件 Mathematica 中,编制自定义的表达式和程序时,在开始,对数字、变量等等的类型不必做一般的说明,系统能够根据变量所赋得的值作出正确的判断.当然,愿意进行类型说明也是允许的.

通常,编制求解题目的程序时,一般需要考虑以下几个步骤:

分析题目

- 设计求解思路.
- 把求解过程分解成若干个能够独立完成的子题目.

对于每一个子题目

- 确定最终输出所需的格式.
- 在软件中找出所需的表达式.

  自行补充必要的表达式.

  弄清有关输入的注意事项.
- 利用稿本中隔间的独立性,以及隔间拆分和合并的灵活性,把每一个表达式先写在一个隔间中,输入种种数据,反复进行试算,验证其正确性. 再逐步合并,再验证,等等. 直至得到完整的一个程序.
- 努力理解子题目所得结果,直至满意为止.

§5.13.2 赋权多阶段有向图上的求解最短路的程序

本小节讨论如何编写在赋权多阶段有向图上的最短路问题的程序,以图5.7为例. 为了讨论方便,一方面将该图作为编制程序的一个数字原型,另一方面,用该图来举例和检核运算的结果.

可以分5个步骤来编写这个程序.

(1) 表示有向边和它的长度的一个方法

软件 Mathematica 中有一个重要的对象,叫做**表**(list). 它是由若干个有关联的元素所组成的一个整体. 元素可以来自任何数据类型,可以是数值,字符串,表达式,甚至表. 表具有嵌套结构. 在同一个表中,各个元素可以来自不同的数据类型. 表可以用来表示数学中的对象,数组,序列,向量,矩阵等等,它也可心表示数据库中的记录. 在软件中备有关于表,以及表之间的种种运算. 表是一个高度抽象的概念,它是表达式的一种.

可以用表来记载每一条有向边和它的长度的全部信息. 这是我们研究这个问题的一个最基本的出发点. 例如图5.7中"从 A 到 B_1 的有向边和它的长度为1"这件事可以用一个表来表示,它的名字叫做 AB1:

AB1 = {1,{{A,B1}}}

它有两个分量,依次记作 AB1[[1]]和 AB1[[2]]. 前一个分量是一个数,后一个分量是一个集合{A,B1}. 这两个分量来自不同的数据类型. 可以用这样的表写出所有其他各个有向边和它们的长度.

第1阶段是一个特殊的摹矩阵,它只有一行,是一个摹向量. 可以用它的状态名来表示:

AB = {AB1,AB2,AB3}

第2阶段的摹矩阵 BC 是

BC = {{B1C1,B1C2},{B2C1,B2C2},{B3C1,B3C2}}

这个摹矩阵的规模是 3×2,BC 的第1行 BC[[1]]是{B1C1,B1C2},第2行

BC[[2]]是{B2C1,B2C2},它的第 3 行第 2 个元素 BC[[3,2]]是 B3C2. 摹矩阵的 C1 列应该写作 BC[[A11,1]],它是

BC[[A11,1]] = {B1C1,B2C1,B3C1}

同样,C2 列是 BC[[A11,2]] = {B1C2,B2C2,B3C2}

注意,在软件系统中,输入行向量和列向量的格式是一样的. 系统会根据上下文自动识别区分是行还是列.

当然,在第 3 阶段中 C2D1 没有有向边,我们用零元素 zero 表示这边的长度,

C2D1 = {zero,{C2,D1}}

以后凡是遇到一个表,它的第 1 个分量是 zero,就知道关于第 2 个分量所表示的有向边或者路是不可能的,或者所写的路或边是不存在的.

(2) 定义摹加法和摹乘法的表达式

求最短路的长度需要在极小代数(**R**, min, +)上进行计算,它的零元素 zero 是 +∞,在软件 Mathematica 中规定用"Infinity"表示 +∞.

把任意两个有向边(即(1)中的表)写作变量 a,b,我们定义

```
zero = Infinity;
modiadd[a_,b_] := If[a[[1]] < b[[1]],a,
  If[a[[1]] > b[[1]],b,{a[[1]],Join[a[[2]],b[[2]]]}]];
moditimes[a_,b_] := {a[[1]] + b[[1]],Union[a[[2]],b[[2]]]};
```

(3) 写出两个摹向量的摹乘积的表达式

```
modidot[u_,v_] := Module[{result = moditimes[u[[1]],v[[1]]]},
[result = modiadd[result, moditimes[u[[i]], v[[i]]]], {i, 2, Length
[u]}];result];
```

在编写表达式的过程中,需要不断使用数据进行检核表达式的正确性. 例如我们输入

```
AB = {{1,{A,B1}},{4,{A,B2}},{8,{A,B3}}};
BC1 = {{6,{B1,C1}},{5,{B2,C1}},{1,{B3,C1}}};
  modidot[AB,BC1]
```

软件执行的结果是

{7,{A,B1,C1}}

这与图 5.7 中的中间值是相符合的,等等.

(4) 写出摹矩阵 P 与 Q 的(摹)乘法的表达式

```
modiProduct[P_,Q_] := Table[
moditimes[P[[i]],Q[[A11,j]]],{i,Dimensions[P][[1]]},{j,Dimen-
sions[Q][[2]]}];
```

(5) 写出从初始状态到各个状态的最优路及其长度的计算表达式

```
uptostate[i_]:= Table[modidot[uptostate[i-1],stage[i][[A11,j]]],
      {j,1,Dimensions[stage[i]][[2]]}];
   uptostate[1] = stage[1][[1]];
```

上面的程序中含有选择控制结构、循环控制结构的表达式,读者可在相关教材中找到书写的格式.把这些汇总成一个程序,用来求解最短路及其长度.通常,为了便于阅读程序,可以插入一些文字注释.这些文字前后用符号"(＊ □ ＊)"括起.

赋权多阶段有向图中求解所有最短路及其长度的程序

```
(*   程序开始   *)
Clear[zero,a,b,u,v];

<<LinearAlgebra 'MatrixManipulation'

(*   定义极小代数的运算和零元素 *)
zero = Infinity;
modiadd[a_,b_]:= If[a[[1]]<b[[1]],a,
If[a[[1]]>b[[1]],b,{a[[1]],Join[a[[2]],b[[2]]]}]];
moditimes[a_,b_]:= {a[[1]]+b[[1]],Union[a[[2]],b[[2]]]};

(*   程序的主体开始   *)
(*   计算两个摹向量的摹乘积   *)
modidot[u_,v_]:= Module[{result = moditimes[u[[1]],v[[1]]]},
  Do[result = modiadd[result,moditimes[u[[i]],v[[i]]]],
     {i,2,Length[u]}];result];

(*   从初始状态到各个状态的最优路及其长度的计算表达 *)
uptostate[i_]:= Table[modidot[uptostate[i-1],stage[i][[A11,j]]],{j,1,
Dimensions[stage[i]][[2]]}];
uptostate[1] = stage[1][[1]];
(*   主体结束   *)
(*   程序结束   *)
```

譬如说,把图5.7的数据输入如下:

```
n = 4;
stage[1] = {{{1,{A,B1}},{4,{A,B2}},{8,{A,B3}}}};
```

stage[2] = {{{6,{B1,C1}},{3,{B1,C2}}},{{5,{B2,C1}},{7,{B2,C2}}},{{1,{B3,C1}},{4,{B3,C2}}}};

stage[3] = {{{6,{C1,D1}},{6,{C1,D2}},{5,{C1,D3}}},{{zero,{C2,D1}},{4,{C2,D2}},{2,{C2,D3}}}};

stage[4] = {{7,{D1,E}}},{{6,{D2,E}}},{{3,{D3,E}}}};

下达运行命令

uptostate[4]

让软件执行,立即得到

{{9,{A,B1,C2,D3,E}}}.

它的第1个分量9表明从初态 A 到终态 E 的最短路的长度,而第2个分量是这条路的顶点序列.

如果读者希望求得从初态 A 到各个状态的顶点的最短路及其长度,我们只需要把所下达的运行命令改为

uptostate[1]　　uptostate[2]　　uptostate[3]　　uptostate[4]

即可得到答案.

如果输入了例5.1的数据,软件运行结果是

{{13,{A,B3,B4,C2,D5,E1,F}}}.

它表明从初态 A 到终态 F 的最短路的长度是13,直接读出两条最短路,一条是经过顶点 B_3,而另一条经过 B_4.

需要注意的是:在求解到达状态4的结果是一个摹向量,它的最后一项是

$$\{18,\{A,B3,B4,C2,D3,E3,A,B1,\\ C1,D4,E3,A,B3,B4,C2,D5,E3\}\}\},\tag{13.1}$$

相信读者能够从它的第2个分量读出从初态 A 到顶点 E_3 有5条最短路.但是,对于这个结果,读者有理由感到不满意.一是关于它的格式,没有能够把这几条路分割开来,二是如果(13.1)的第一个分量能够显示为{5,18}就更好了,它说明有5条最短路,长度为18.

这个程序是用来按自然顺序求解从初态到终态的所有最短路和它们的长度.读者可以按照§5.4中所讲内容,修改这个程序,来求解所有最长路和它们的长度,还可以逆序地求解相应的答案等等.

§5.13.3　赋权无回路有向图的求解最短路的程序

对于决策数不确定型的动态规划题目有一种图论模型,归结为赋权无回路有向图中的最短路问题.现在来讨论编制程序的问题.

首先,在§5.13.2中,我们已经讨论了(1)表示有向边和它的长度的一个方法,(2)定义摹加法和摹乘法的表达式,以及(3)写出两个摹向量的摹乘积的表

达式. 以它们为基础,像 § 5.11 的(11.9),有

$$\lambda(0)=0$$

和

$$w(0,0)=w(1,1)=\cdots=w(n-1,n-1)=w(n,n)=0.$$

我们需要得到的答案是一个幂向量:

$$[\lambda(1)\ \ \lambda(2)\ \ \cdots\ \ \lambda(n)]=[0\ \ \lambda(1)\ \ \lambda(2)\ \ \cdots\ \ \lambda(n)]\otimes\begin{bmatrix} w(0,1) & w(0,2) & w(0,3) & \cdots & w(0,n)\\ z & w(1,2) & w(1,3) & \cdots & w(1,n)\\ & z & w(2,3) & \cdots & w(2,n)\\ & & z & \cdots & w(3,n)\\ & & & \cdots\cdots & \\ & & & & z\end{bmatrix}.$$

为此我们所需的递推公式是

$$\lambda(i)=\lambda(0)\otimes w(0,i)\oplus\lambda(1)\otimes w(1,i)\oplus\lambda(2)\otimes w(2,i)\oplus\cdots\oplus\lambda(i-1)\otimes w(i-1,i), \tag{13.2}$$

用软件 Mathematica 的表达式来写,有

```
edgeset = UptriangularMatrix[ w,n];
lumda[0] = {0, {0,0}};
lumda[i_,edgeset] := Module[
  {result = {0,{0,0}}},
   result = modiadd[result, moditimes[lumda[i]],w[j,i]], {j,2,i - 1}; re-
   sult];
```

写成一个完整的程序是

<u>**赋权上三角有向图中求解所有最短路及其长度的程序**</u>

```
(*  程序开始  *)
Clear[zero,a,b,u,v];

<<LinearAlgebra 'MatrixManipulation'

(*  定义极小代数的运算和零元素  *)
zero = Infinity;
modiadd[a_,b_] := If[a[[1]] < b[[1]],a,
    If[a[[1]] > b[[1]],b,{a[[1]],Join[a[[2]],b[[2]]]}]];
  moditimes[a_,b_] := {a[[1]] + b[[1]],Union[a[[2]],b[[2]]]};

(*  程序的主体开始  *)
```

```
(*   计算两个摹向量的摹乘积   *)
modidot[u_,v_] := Module[
  {result = moditimes[u[[1]],v[[1]]]},
  result = modiadd[result,moditimes[u[[i]],v[[i]]],{i,2,Length[u]}];result];

(*   定义公式(13.2)的表达式   *)
edgeset = UptriangularMatrix[w,n];
lumda[0] = {0,{0,0}};
lumda[i_,edgeset] := Module[
  {result = {0,{0,0}},
    result = modiadd[result,moditimes[lumda[i]],w[j,i]],{j,2,i-1};result]];

(*   主体结束   *)
(*   程序结束   *)
```

其实这个程序与前一个程序的差别仅仅在于主体中有一段表达式不同.

我们输入§5.11.3 中的数据,例如{60,{V0,V1}},{84,{V0,V2}}等等,让软件运行,执行结果为

{236,{V0,V4,V6}}.

即在第 1 阶段初购买前四个阶段的社会需求量之和 10,第 5 阶段初购买第 5 与第 6 阶段的需求量之和 7,它当然与先前计算结果相同.

至此,我们已经在软件 Mathematica 中编制了两个程序,尽管很短,却足以用计算机为我们计算某些有关动态规划的问题和关于图论中最短路的各种问题,利用这两个程序还可以求解第 6 章中的关键路的计算问题.

其实我们不难修改这个程序,得到逆序的求解程序和求解最长路的程序,等等.

软件技术发展到 70 年代,出现了符号计算系统,并且在而后的几十年中不断充实完善. 像在软件 Mathematica 中,编制程序简直就是调用或者组合相应的内置表达式,必要时用户自己再编制几条表达式. 由于软件有效地减少了编程中的细致而又繁琐的格式和规定,简化或者改变了递归的形式. 从而大大降低了对用户编程水平的要求.

练 习 5

5.1 计算

(1) $(\bar{\mathbf{R}},\min,+)\begin{bmatrix}3&0&4\\2&-3&1\\1&4&3\end{bmatrix}\oplus\begin{bmatrix}4&4&1\\3&1&4\\6&3&2\end{bmatrix}$;

（2）$(\bar{\mathbf{R}}, \max, +)\begin{bmatrix}3 & 0 & 4\\2 & -3 & 1\end{bmatrix}\otimes\begin{bmatrix}2 & 4 & 1\\7 & 1 & 4\\6 & 3 & 2\end{bmatrix}$;

（3）$(\bar{\mathbf{R}}, \min, +)\begin{bmatrix}3 & 0 & 4\\ & 1 & \\0 & 4 & 3\end{bmatrix}\oplus\begin{bmatrix}4 & 2 & 1\\ & 1 & 4\\6 & 3 & \end{bmatrix}$;

（4）$(\bar{\mathbf{R}}, \max, +)\begin{bmatrix} & 3\\-3 & 1\end{bmatrix}\otimes\begin{bmatrix}2 & 4 & 1\\7 & & 4\end{bmatrix}$.

5.2　设有5阶段有向图，

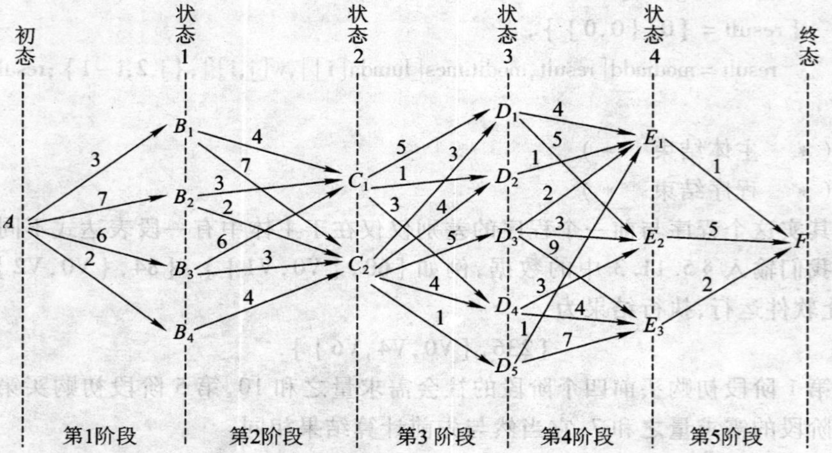

（1）求从 A 到 F 的最短路及其长度.

（2）求从 A 到 F 的最长路及其长度.

【答：(1) 最短路的长度：　9.　　　最短路：$A\ B_4\ C_2\ D_5\ E_1\ F$.

（2）最长路的长度：27.　　　最短路：$A\ B_3\ C_1\ D_1\ E_2\ F$.】

5.3　求下列两个有向图从 A 到 B 的最短路及其长度.

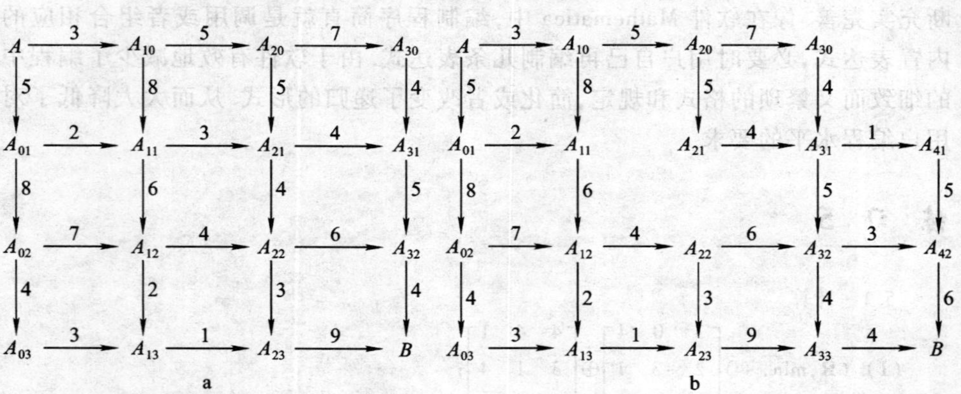

a　　　　　　　　b

【答:(a)最短路的长度:23

最短路:$A\ A_{01}\ A_{11}\ A_{21}\ A_{31}\ A_{32}\ B$.】

5.4 我们规定“乘积型的路长”等于路中诸边的权的乘积.设有下面的有向图

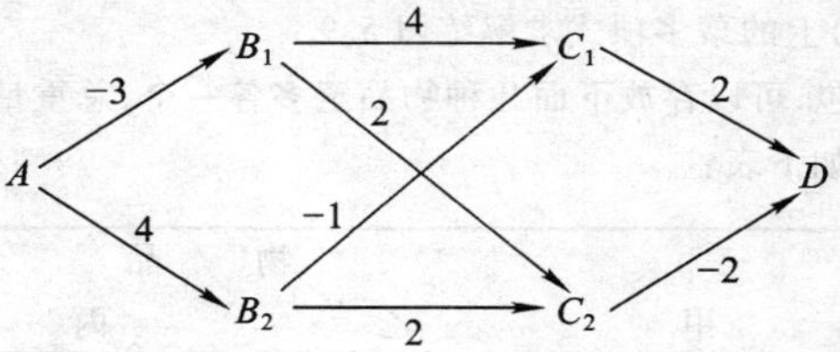

(1) 用枚举法,求出它的最短路及其长度;

(2) 用 Bellman 的两种递推公式进行计算;

(3) 以上两个结果表明 Bellman 的递推公式不能用来计算这个有向图的这种最短路长.请仔细检查定理 5.4,说明这种含有负数的“乘积型的路长”是不满足定理的.

5.5 在例 5.3 中,如何修改多阶段有向图,如果我们分别增添下面三个条件之一:

(1) 在第一年 1 月 1 日,只考虑购买全新的或者役龄一年的两种;

(2) 设备用满 3 年时必须更换;

(3) 每年更新是指换成全新的或者役龄一年的.

5.6 求解一个 4 阶段的充分供应、初始与终结库存均为零的库存问题.已知:

社会需求序列: 1,2,2,1.

购买成本公式:

购买数量	0	1	2	3	4	5	6
成　　本	0	5	9	12	14	17	20

仓储成本公式:$h(v)=v, v\geqslant 0$.

(1) 用动态规划方法求解;

(2) 如果设第 i 阶段购买量为 x_i,用整数线性规划方法建立问题的模型,并用软件 LINDO 计算它的结果.

5.7 计算例 5.4(§5.8)的结果.

5.8 计算例 5.5(§5.8)的结果.

5.9 某企业有甲乙丙三个主要市场.其市场利润与销售人员的配备有关.现有 5 个销售人员,分配到各个市场的预期利润如下:

		人员数					
		0	1	2	3	4	5
市	甲	0	60	80	105	115	130
	乙	0	65	85	110	140	—
场	丙	0	75	100	120	—	—

问应如何分配这 5 个人的工作,使总利润最大?请使用摹矩阵法求解.

5.10

(1) 计算($\underline{\mathbf{R}}$, max, +)$(3t^2 \oplus 5t^3 \oplus 2t^4) \oplus (3t^4 \oplus 2t^5)$;

(2) 计算($\underline{\mathbf{R}}$, max, +)$(3t^2 \oplus 5t^3 \oplus 2t^4) \otimes (3t^4 \oplus 2t^5)$;

(3) 用($\underline{\mathbf{R}}$, max, +)上的摹多项式求解练习 5.9.

5.11　设有一个背包,可以存放下面几种物品至多各一个,总重量至多 10kg. 每个物品的重量和对其主人的价值如下表:

	物品			
	甲	乙	丙	丁
重量/kg	3	2	6	5
价 值	5	2	7	8

问如何选置物品,使得对主人的总价值最大.

【答:最大的总重量:10 kg,　总价值:15.

最优解:$x_1^{(2)} = 1$, $x_2^{(2)} = 1$, $x_3^{(2)} = 0$　$x_4^{(2)} = 1$.】

5.12　有一学生参加 4 门期末课程考试:物理,外语,运筹学和管理学原理. 他除了必要复习时间外,还安排了 4 个机动单元,并预测了各门课程多复习若干个机动单元预期的成绩如下表.

单元 \ 课程	物理	外语	运筹学	管理原理
0	74	65	70	83
1	80	71	87	86
2	85	73	92	—
3	90	75	96	—
4	93	—	—	

问该学生如何安排时间,使得总成绩最大?

(1) 请用摹矩阵法求解;

(2) 请用摹多项式法求解.

【答:最大的总成绩:326.

有两组最优解:$x_1^{(1)} = 2$,　$x_2^{(1)} = 1$,　$x_3^{(1)} = 1$　$x_4^{(1)} = 0$.

$x_1^{(2)} = 1$,　$x_2^{(2)} = 1$,　$x_3^{(2)} = 2$　$x_4^{(2)} = 0$.】

5.13　对于例 5.4,证明它的最劣策略是各个阶段仅仅购买当前阶段的社会需求量.

第 6 章

统筹问题

本章介绍统筹问题，又称统筹方法，还称网络计划技术．它是上一章的最短路问题和动态规划的一个应用．它是用来分析、控制并执行计划的一种有效方法．

内容包括四个部分：

一、建立统筹问题的数学模型(/统筹图)：在赋权无回路有向图上的最长路．

二、建立求解数学模型的算法，并绘制活动流线图．

三、讨论活动流线图的进一步优化的技术．

四、介绍非决定型统筹问题的求解方法．

为了使统筹问题的提法与本教程的其他各章相一致，少数基本术语与传统的不一致．

§6.1 统筹问题概述

大修一台炼铁炉，种一季小麦，出版一本书，烧一个菜，开亮一盏灯等等，都是社会实践与日常生活中遇到的各种事情．我们把它们统称为**事物**．实现一个事物，就是经历从开始到结束(/完成/死亡)的一个过程．

从过程来看，事物可以分两类．一类是简单的，例如，在电视机旁，按下遥控器的开关按钮，小孩吃了一粒糖．又有这样的事物，它在一个更大事物中，作为一个整体来对待更为方便，更有利于分析问题．例如在计划一项大型土建工程时，把放样、室内装修，都作为工序，把它们当作简单事物．另一类是复杂事物，它由若干个相互具有某些联系的活动(/工序/作业)组成．

所以简单事物是由单个活动所组成的事物．复杂事物是由若干个简单事物组成．

复杂事物有两种，不可调节的和可调节的．如乘火车从武昌去北京．尽管火车经历多次的起动、运行、靠站等等，但对乘客来说，这个过程是不可调节的．生命现象是一个复杂事物,要经历从出世、幼年、青年、壮年、老年到死亡的过程.就正常的生命过程来说,不可能对调任意两个阶段.这也是不可调节的.但是大修一台设备要经历所有的工序,却可以有多种不同的修理方案.这是可调节事物.

古今中外更有许多故事.大事如修运河、造长城,建颐和园、指挥百万大军,中事如组织生产、调运物资、经营管理,还有小事如为演出而排练一个节目等等.它们都是可调节的事物.

自有人类以来,数不清的可调节事物已经做成、正在施行,以及将来还要人们去完成.把完成规定的任务这种事物叫做**项目**.主持这个项目的人叫做**管理者**.

从来,人们总是要求管理者完成任务.这是项目的目的.而如何能顺利完成,则寄希望于管理者的才能:指挥若定、精明能干和头脑清楚.

遇到急需完成的项目或作业,往往用增强脑力和体力劳动强度的办法来弥补.实在不行了,只能无奈地发生窝工待料,延误项目的工期.

人们一直认为项目管理是需要经验和才能的,是一种艺术.直到上世纪中,这种观念才开始有了变化.

也许最富启发性的可调节事物,该是客来沏茶.客人来访,要请他饮茶.需要做的事情有洗茶杯、洗茶壶、烧开水,然后把烧沸了的水倒入茶壶,泡茶,还有倒入茶杯,送到客人手里.人们可以用多种方式来做这件事.所以客来沏茶是一件可调节事物.如果规定以从“客来”到“喝茶”为止的时间为目标,按上面的顺序逐一完成,所花的时间并不经济.主人为什么不能一边烧水一边洗茶杯呢?

实施一个项目(/复杂事物),需要制定计划.对各项活动做不同的安排,所花时间常常并不一样.那么如何安排,才能使所花时间最少呢?看来,实施项目不全属于艺术,某些部分也许能够用数学来研究,成为一种科学方法.

美国制造原子弹和建造核动力潜水艇的过程中,发展出了两种科学管理方法.一是在1959年,以控制成本为目标,研究如何制定计划而发展起来的所谓关键路法(Critical Path Method,简记为CPM).另一是在1958年,以控制时间为目标,研究如何制定计划而发展起来的所谓计划评审方法(Program Evaluation and Review Technique,简记为PERT).公布它们之后,在商业、管理与军事工业中取得了巨大的成效.还引起人们巨大的兴趣,相继出现了其他种种方法,例如,GERT、DCPM、PDM等等.

20世纪60年代,华罗庚教授(1916—1986)综合了各家之长,把这些名目互异、实质类同的方法,提炼、统一成一种所谓统筹方法.上面所讲的客来沏茶就是华教授所举的既容易接受、更切中要害的一个典型例子.

统筹问题是研究如何安排有关作业,使得完成整个项目的时间最短的题目.把求解的方法叫做**统筹方法**(**/网络计划技术**).

实现可调节事物的代价主要有两种，一种是成本，另一种是时间. 成本是资源，其实，时间同样是一种资源. 没有时间，任何事情都办不成. 不仅如此，时间是一种最最宝贵的资源. 它买不到、借不到、没有代用品，还储存不了. 人只能有效地利用它，在某一个时间段里节约一部分. 在一段时间内可以同时分工实施几项活动以节省时间，却不能把两项各需十万元资金的活动由于同时进行而节省出十万元来.

用数学方法研究实际问题的一个常规思路是：

提出问题 → 建立模型 → 求解模型的答案 → 应用所得结果

研究统筹问题的核心思路也是常规的：

用建立数学模型的方法制定项目的计划，包括图论模型和代数模型；

用上一章所讲的动态规划的方法和程序，求解模型的答案，即计算出各种所需的参数；

把答案表示在图论模型上，叫做计划流线图；

应用这个图（如果已经被采纳），对计划实行控制、掌握，或进一步调整. 一旦调整，需要修改计划流线图. 一个规模大一点的计划，势必要用计算机来计算和绘图.

建立图论模型的过程是把内容繁杂的事物合理地分解成互相关联的若干个活动（/工序/作业），将这些活动之间的关系用有向图来表示. 按照理论研究的需要，把图加工成图论模型，叫做统筹图.

因为本章将集中讨论可调节事物的问题. 没有必要时，形容词“可调节”有时就省略了.

§6.2　可调节事物过程的图形表示

§6.2.1　事物过程的图形表示

设法把事物过程用图来表示.

我们要对一个复杂事物进行分析，就是研究如何把它分解为若干个活动（/工序/作业），弄清它们之间的先后次序，并把它们记载成表.

例如，客来沏茶这一事物是由洗茶杯、洗茶壶、烧水、泡茶和请客用茶（把倒茶入杯并送到客人手中合并成一个活动）这 5 个活动所组成. 这些活动之间，有的并没有明显的先后次序，例如洗茶杯和洗茶壶，主人先做哪一个，后做哪一个是无所谓的. 但是有的确实有明显的先后关系. 要泡茶，先得把水烧开，茶壶洗干净. 可见要做某些活动之前先要完成若干个其他的活动. 把紧挨它之前的那几个叫做**（紧）前活动**. 我们应该把每一个活动的前活动都弄清楚.

现在把客来沏茶的5项活动和它们的前活动汇集成表6.1.

表6.1　客来沏茶

代　号	A	B	C	D	F
活　动	洗茶杯	洗茶壶	烧水	泡茶	请客用茶
前活动	—	—	—	B,C	A,D

正如§1.1中所述，像产品结构优化问题一样，统筹问题“用表格来‘叙述’题目比用文字要清晰简明得多”. 可是在这里，表格法还不如图论方法，因为后者更为直观.

把一个活动用一条有向边来表示(如图6.1). 例如始点为h、终点为k的有向边表示为“活动P”. 如果把有向边的始点和终点叫做**事项**，还可以把活动P说作是：“始事项为h、终事项为k的活动(h,k)”.

如果活动Q必须紧接在活动P之后，就可画成如图6.2. 仅仅这一点就足以启发我们，用图论方法表示活动的前后关系，也许是一件可以进一步探讨的事. 我们要把一些基本关系用图论模型表示出来.

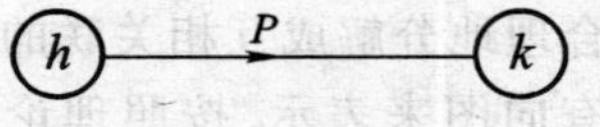

图6.1

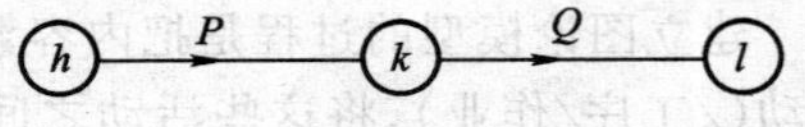

图6.2

设有事物过程(Ⅰ). 它的三项活动有关系如表6.2.

表6.2　事物过程(Ⅰ)

活　动	…	A	B	C	…
前活动		—	—	A,B	

可以用图6.3表示A,B,C这三个活动之间的关系. 但不要画成图6.4那样. 因为如果这样，就额外规定了活动A与活动B有相同的始事项，而且以后说活动(v_1,v_3)就分辨不清是指活动A还是活动B了.

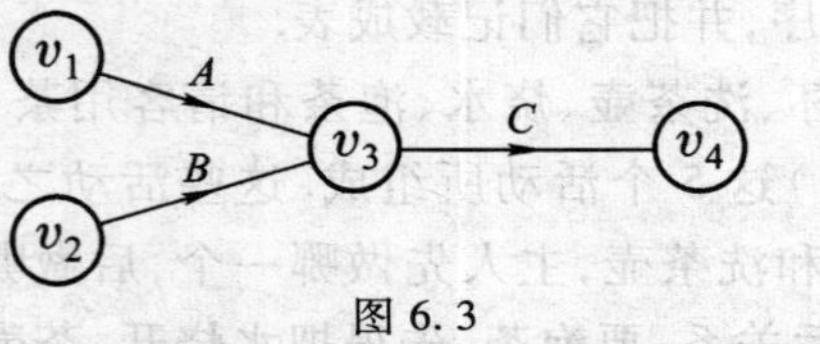

图6.3

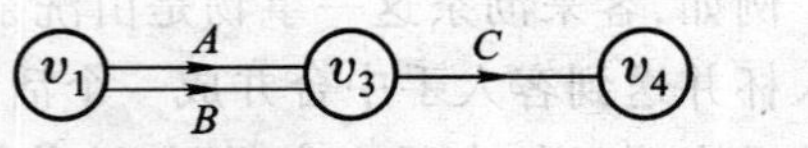

图6.4

设有事物过程(Ⅱ)，如表6.3. 它的前5个活动1,2,3,4,5可以用图6.5来表示.

表 6.3　事物过程(Ⅱ)

活　动	1	2	3	4	5	…
前活动	—	1	1	2	3	

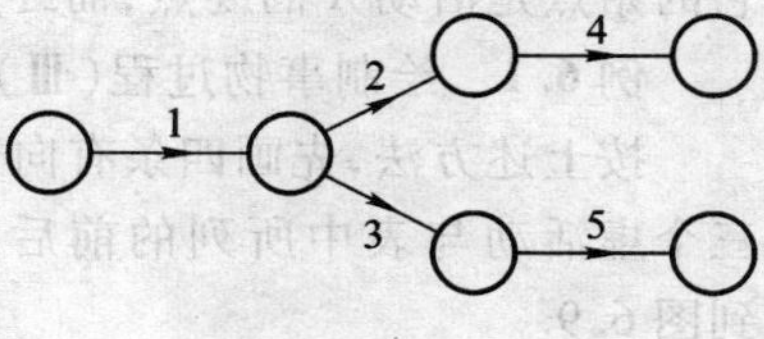

图 6.5

事物过程(Ⅲ)有四项活动如表 6.4. 我们就不容易确切地表示 H,I,J,K 这四个活动. 图 6.6 并不表示这四个活动之间的关系. 因为并未要求活动 K 在活动 H 之后. 而图形 6.6 中却表示了这一点.

表 6.4　事物过程(Ⅲ)

活　动	…	H	I	J	K	…
前活动		—	—	H,I	I	

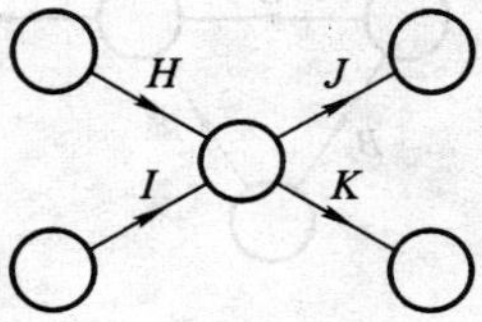

图 6.6

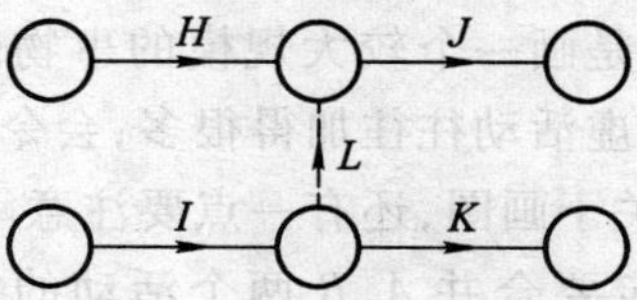

图 6.7

正确的表示方法应该是图 6.7. 这里,我们增加了一个用虚线表示的**虚活动** L. 它并不代表一个真正的活动. 但有了它,却能确切地反映出这四个活动之间的前后关系.

再举一个例. 事物过程(Ⅳ)(表 6.5)的五个活动 a,b,c,d,e 可画成图 6.8.

表 6.5　事物过程(Ⅳ)

活　动	…	a	b	c	d	e	…
前活动		—	—	—	a,b	b,c	

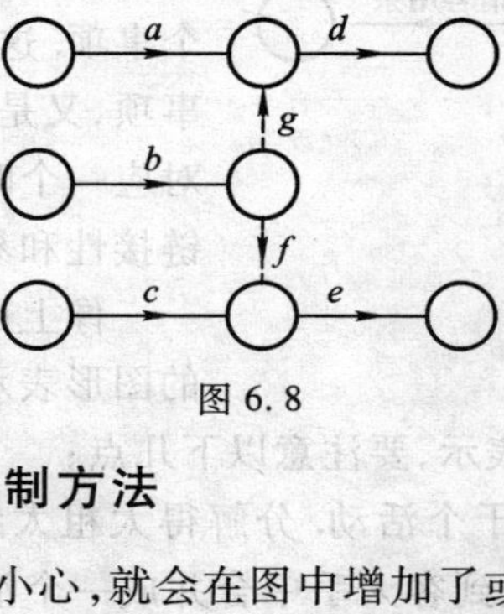

图 6.8

§ 6.2.2　图形表示的绘制方法

从以上作图来看,稍不小心,就会在图中增加了或减少了一些活动间的前后关系. 一般说,为了得到一个正确的有向图,应该要有一个有规律的绘制方法.

方法是:首先让每一个活动对应一条有向边. 这些有向边全都分开画. 然后,让每一个先后关系对应一个虚活动. 例如活动 A 在活动 B 之前,画一个虚活动,它的始点是活动 A 的终点,而终点是 B 的始点. 最后删去不必要的虚活动.

例 6.1 绘制事物过程(Ⅲ)(表 6.4)的有向图.

按上述方法,先画四条有向边,让它们与四个活动 H,I,J,K 对应. 然后再画三个虚活动与表中所列的前后关系对应,就得到图 6.9.

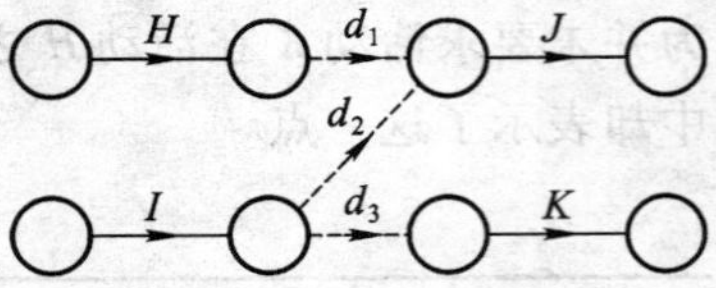

图 6.9

图 6.9 中有些虚活动是多余的. 例如,让活动 H 与活动 d_1 合并. 显然不改变 4 个活动之间的关系. 类似,d_3 也可以与 K 合并. 这样,结果就是图 6.7.

上面讲的办法保证可以得到一个正确的图形. 但是画一个较大规模的事物的关系图时,一开始,虚活动往往加得很多,会令人感到繁杂.

关于画图,还有一点要注意. 在图 6.3 中,如果一定要合并 A,B 两个活动的始点,可以在图 6.4 中引一个虚活动如图 6.10.

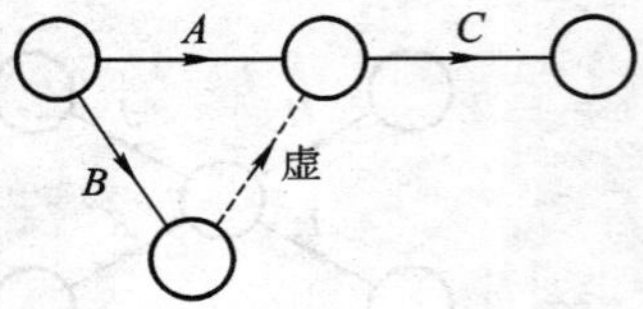

图 6.10

一个事物的诸活动及其之间的关系总可以用简单有向图(§5.1)画出来. 而且能够做到:

(1) 所有没有前活动的活动都以同一个顶点为始点,叫做**发点**.

(2) 所有没有后活动的活动都以同一个顶点为终点,叫做**迄点**.

(3) 可能存在虚拟顶点和虚拟活动(有向边).

(4) 从发点到图中任一顶点(即事项)以及从该点到迄点都有路相连.

一个事物所对应的这样的有向图叫做这事物的**图形表示**(/**图形**). 除了发点和迄点,图中的每一个顶点都是一个事项. 这个事项既是一个活动的始事项,又是另一个活动的终事项. 事项对应一个时刻,所以事项具有瞬时性、链接性和易检性.

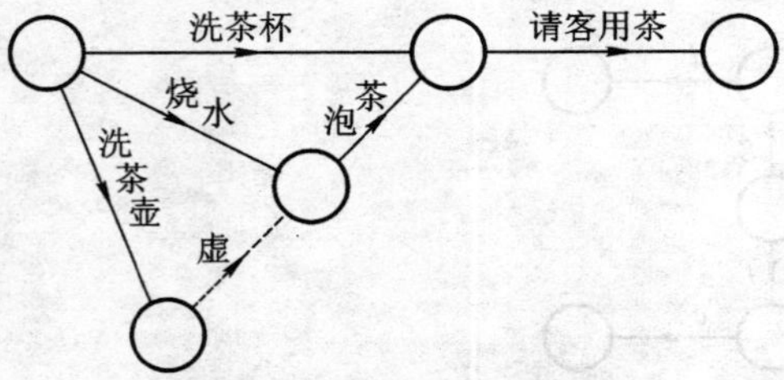

图 6.11

像上面所讲的客来沏茶这个事物的图形表示可以画成图 6.11 的形状.

绘制一个事物的图形表示,要注意以下几点:

(1) 把事物分解成若干个活动. 分解得太粗太细都不便于进一步分析. 客来沏茶中,把倒茶入杯并送到客人手中合并成一个活动,请客用茶. 这样的合并是合理的.又例如,造一幢房子,仅分解成设计与施工两个活动,如何进一步分析、研究呢?把一天的工作分解成十个活动,一个并不复杂的工程分解成成千上万个活动,弄得非常繁琐,同样也不利于分析.因此,如何合理地作必要的分解,将是具有丰富经验与专业知识的人员发挥聪明才智的地方,是一种艺术.

(2) 当活动较多时,可以先画出若干个活动的局部有向图,然后逐步拼接成完整的图形表示.

(3) 画好图形表示后,一定要仔细地反复核对.这是以后进一步研究的基础.这一步出错,以后的分析甚至会成为没有意义的事.同样是"输入一堆垃圾,输出也是一堆垃圾."

(4) 在先后关系完全没有错误的前提下,还要注意把图形画得更实用美观.

§6.3 图形表示的正则编号

图形表示可以正确表示事物的各项活动之间的关系.我们现在利用图形表示来研究统筹问题.为了以后计算方便起见,先讨论正则编号问题.

上节绘制图形表示时,没有强调各个顶点的名称问题.我们发现,总有办法把各个顶点用自然数进行编号,使得每一个活动的始事项的号码总小于终事项号码.把具有这样的顶点编号叫做是**正则的**.

很显然,不是任何有向图都能找到正则编号的.事实上,只要有向图中包含一个(单向)回路,它就不可能有正则编号.但是,一个事物的图形表示不应该含有回路.因为如果在图中有了回路,例如像图6.12,有4个活动1,2,3,4所组成的回路 C.这时,活动2须在活动1完成后开始,活动3又必须在活动2完成后开始,等等.从而这4个活动一个也开始不了.

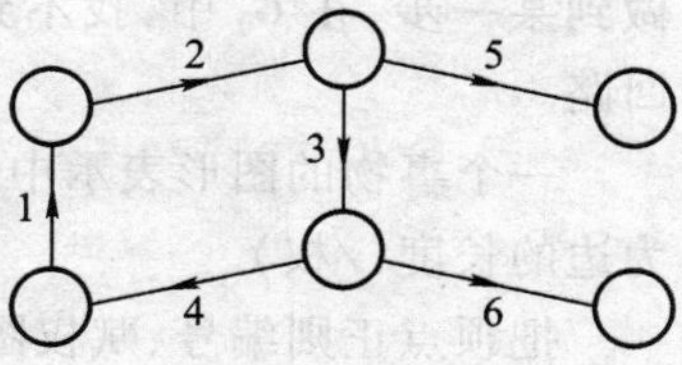

图 6.12

对于无回路的有向图来说,有下面的定理.

定理 6.1 无回路的有向图 G 一定有正则编号.

先证明一个引理.

引理 设有向图 G 没有回路,则至少存在一个顶点,它不是任何有向边的终点.

证明 用反证法.如果引理不成立,那么每一个顶点都至少是某一条有向边的终点.现在取一个顶点,不妨叫做 t.它是某一条有向边的终点.这有向边的始点譬如是 s.它应该是某一条有向边的终点:它的始点,譬如说,是 r.而 $r\neq t$,否则

就有一个回路 rst 了. r 又应是某一有向边的终点,这个有向边的始点譬如是 q,则 $q\neq t$,否则有回路 $qrst$ 了. $q\neq s$,否则又有回路 qrs. 这个推理可以一直做下去. 有向图 G 只有有限个顶点. 所以矛盾. 即证明了引理.

下面就来证明定理 6.1. 证明是构造性的,即给出一种具体构造正则编号的方法.

定理 6.1 的证明 首先,由引理,G 中至少有一个顶点,它不是任何有向边的终点. 任取这样的顶点中的一个,并且给它以编号 1. 然后,把编号为 1 的顶点以及以它为始点的所有有向边从图 G 中去掉,得到一个新的有向图 G_1. 显然 G_1 也是没有回路的. 由引理,G_1 中至少存在一个顶点,它不是任何有向边的终点. 从中任取一个,并给它以编号 2,等等. 这样做下去,显然,G 的所有顶点都可以得到编号.

这个编号是正则的. 设 $a=(x,y)$ 是 G 的任何一条有向边,其始点是 x,终点是 y. 设 y 是在某一个图 G_l(从 G 去掉一些顶点和有向边后得到的有向图)中得到编号的. 即在 G_l 中,y 不是任何有向边的终点. 因此,在 y 得到编号时,有向边 a 以及顶点 x 已经从有向图 G 中去掉了. 就是说,x 比 y 先得到编号. x 的编号比 y 的编号小. 定理证毕.

从逻辑上讲,如果要用定理 6.1 的方法来给图 G 的顶点作正则编号,首先应该检查有向图 G 是否含有回路. 但是,在具体操作时,可以不作这个检查而直接编号. 因为只要编号过程可以顺利地做到底,G 一定不会有回路. 而如果做到某一步,在 G_l 中,找不到不是任何有向边的终点的顶点,那么 G 一定含有回路.

一个事物的图形表示中,每一条有向边是一个活动. 把完成它所需的时间作为边的长度(/权).

把顶点正则编号、赋权图形表示叫做所论事物的**统筹图**.

例 6.2 设有赋权的图形表示(图 6.13).

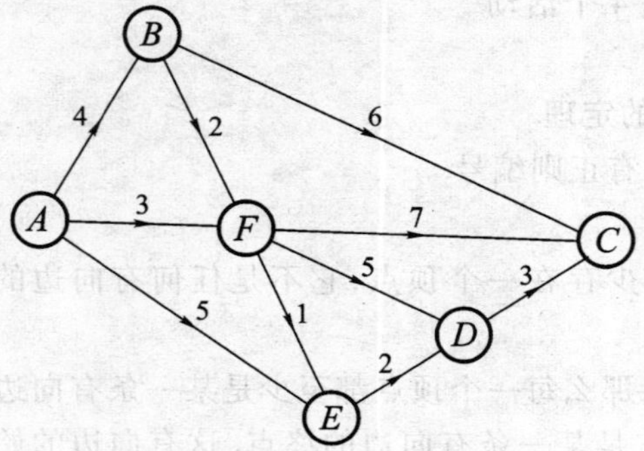

图 6.13

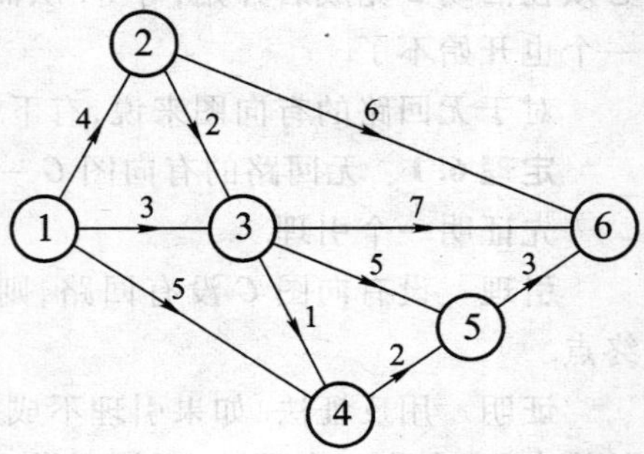

图 6.14

我们直接对顶点重新编号. 因为顶点 A 不是任何有向边的终点,记① = A. 划去顶点 A 以及有向边 AB,AE 及 AF. 在余下的有向图中,顶点 B 不是任何有向边的终点,记② = B. 划去顶点 B 以及有向边 BC 及 BF. 在余下的有向图中,顶点 F 不是任何有向边的终点. 记③ = F,等等. 把顶点重新编号成图 6.14. 这就是正则编号的有向图.

统筹图可以用方阵来表示. 图 6.14 对应下面一个方阵 Γ.

$$\Gamma = \begin{matrix} & ① & ② & ③ & ④ & ⑤ & ⑥ \\ ① & 0 & 4 & 3 & 5 & & \\ ② & & 0 & 2 & & & 6 \\ ③ & & & 0 & 1 & 5 & 7 \\ ④ & & & & 0 & 2 & \\ ⑤ & & & & & 0 & 3 \\ ⑥ & & & & & & 0 \end{matrix}. \qquad (3.1)$$

其中,它的元素是相应有向边(/活动)所需的时间,主对角线上的元素 0 理解为顶点到它自身有一个长度等于 0 的虚拟有向边,而那些应写未写的元素理解为相应的两个顶点之间没有有向边. 由于在主对角线的下侧都没有写任何数,这是一个上三角形方阵.

因此任何一个可调节事物都可以用上三角方阵来表示.

§6.4 求解统筹问题的算法

§6.4.1 关键路

设有一个统筹图 6.15.

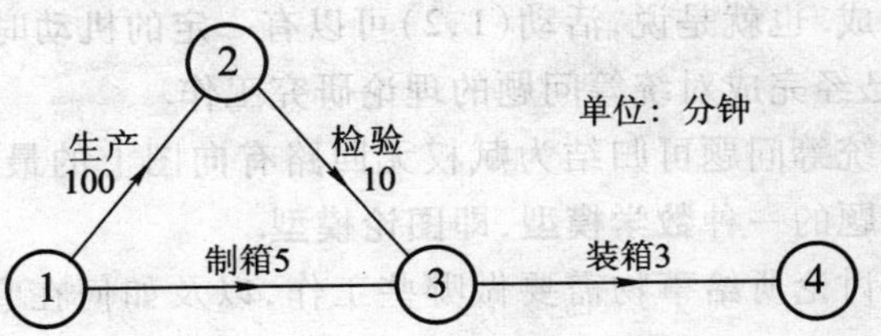

图 6.15

完成这一生产过程一共要花多少时间呢? 当然,不会说花 8 分钟(即路①③④的长度),而是 113 分钟(路①②③④的长度),而后者是这个统筹图从发点到迄点的最长路的长度.

统筹图中从发点到迄点的最长路称为**关键路**,也称**主要矛盾线**.

下面来解释关键路在统筹图中的意义. 以图 6.16 为例.

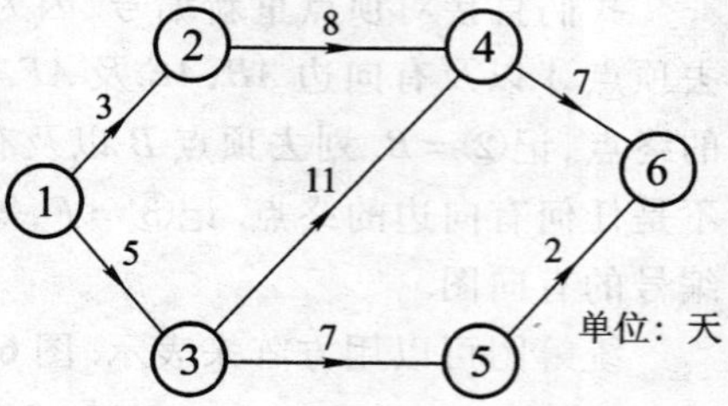

图 6.16

这里有 6 个顶点. 从顶点①到⑥有 3 条路, 即

P_1:① ② ④ ⑥(长度为 18).

P_2:① ③ ④ ⑥(长度为 23).

P_3:① ③ ⑤ ⑥(长度为 14).

最长的是 P_2, 它是关键路, 长度是 23.

要把图的每条有向边所代表的活动全部完成, 就至少需要 23 天. 理由是 P_2 上有 3 个活动(1,3), (3,4), (4,6). 在(1,3)完成以前, (3,4)不能开工, (3,4)完成以前, (4,6)不能开工. 因此这三个活动必须依次地完成. 单单它们就需要 23 天. 要完成所有活动当然至少 23 天了. 另一方面, 只要安排得当, 图 6.16 中的所有活动也确实可以在 23 天内完成. 例如在活动(1,3)开工时, 活动(1,2)可以同时进行, 这两个活动完成后, (3,4)和(2,4)分别可以立刻开工, 而且在第 16 天, 它们全都完工了. 事实上, 在第 11 天末, (1,2)与(2,4)就完工了. 而在(1,3)完工之后, 不仅(3,4)可以开工, (3,5)也可立即开工, 等等. 对其他活动也适当安排, 就可以使整个事物过程在 23 天内全部完成.

一般地, 我们可以利用图 5.5、定理 5.3 与 5.4 证明, 统筹图中关键路的长度正好等于最快完成所有活动所需的时间.

关键路上的有向边所代表的活动叫做**关键活动**, 其余的叫做**非关键活动**.

关键活动是重要的活动. 图 6.16 中, 完成所有活动至少需要 23 天. 另一方面如果想在 23 天内完成, 所有关键活动必须按期完成. 一个做完后, 下一个就接着开始. 关键活动的任何延迟, 将延误整个事物完成的时间. 而有些非关键活动则不同. 像活动(1,2), 它可以与(1,3)同时开始. 适当晚一点开始也不会耽误整个进程的按时完成. 也就是说, 活动(1,2)可以有一定的机动时间.

至此, 我们已经完成对统筹问题的理论研究工作.

一个项目的统筹问题可归结为赋权无回路有向图上的最长路问题. 我们把后者叫做统筹问题的一种**数学模型**, 即**图论模型**.

下面我们来讨论所给事物需要做哪些工作, 以及如何在它的图论模型上完成这些工作.

所谓控制整个事物以及所有各个活动, 是指在保证关键活动及时开始并按时完成, 确定所有非关键活动开始与完成的时刻. 就是说, 应该在统筹图上做以下的计算工作:

(1) 关键路及其长度.

(2) 每个活动的最早开始时刻与完成的时刻.

(3) 每个活动的最晚开始时刻与完成的时刻.

(4) 每个活动的机动时间.

把所需要计算的这些数据都叫做参数.所有这些参数值组成了所给事物的答案.

关键路是最长(时间)路.

在统筹图中,活动有它的始事项和终事项.一个活动的最早开工时刻是从发点到该活动的始事项的最长(时间)路的长度,等于在统筹图中从图的发点到各个顶点的最长路的长度.

一个活动的最晚完工时刻必须保证它的终事项具有到达迄点的最长(时间)路的长度.它等于关键路的长度减去这个长度.要求各个活动的最晚完工时刻,首先需要计算从各个顶点到迄点的最长(时间)路的长度.

有了这些长度,上述的其余参数就不难得到.

所以,求解统筹图的主要任务,事实上是在求解一个决策数不确定型的动态规划问题,是在求从发点到各个顶点的最长路的长度以及从各个顶点到迄点的最长路的长度.

§6.4.2 求解最长路及其长度的算法

把项目的代数表达式(3.1)看成一个极大代数($\underline{\mathbf{R}}$, max, +)上的摹矩阵.§5.11 讨论决策数不确定型动态规划的公式全都可以用来求解统筹问题的数学模型,只是需要注意,这里的摹和是取大而不是取小.

例 6.3 在图 6.14 中,

(1) 求解从发点到各个顶点最长路及其长度;

(2) 求解各顶点到迄点的最长路及其长度.

解 (1) 图 6.14 的摹矩阵 Γ 是(3.1):

$$\Gamma = \begin{array}{c} \\ ① \\ ② \\ ③ \\ ④ \\ ⑤ \\ ⑥ \end{array} \begin{array}{c} \begin{array}{cccccc} ① & ② & ③ & ④ & ⑤ & ⑥ \end{array} \\ \begin{bmatrix} 0 & 4 & 3 & 5 & & \\ & 0 & 2 & & & 6 \\ & & 0 & 1 & 5 & 7 \\ & & & 0 & 2 & \\ & & & & 0 & 3 \\ & & & & & 0 \end{bmatrix} \end{array}.$$

我们有

$$l(1)=0,$$

当 $i=2$,我们有

$$l(2)=[l(1)]\otimes[w(1,2)]=[0]\otimes[4]=4,$$

$$l(3)=[l(1)\ l(2)]\otimes\begin{bmatrix}w(1,3)\\w(2,3)\end{bmatrix}=[0\ \ 4]\otimes\begin{bmatrix}3\\2\end{bmatrix}=6/②.$$

这种记载中间顶点的办法与第 5 章的一样.

$$l(4)=[l(1)\ l(2)\ l(3)]\otimes\begin{bmatrix}w(1,4)\\w(2,4)\\w(3,4)\end{bmatrix}=[0\ \ 4\ \ 6]\otimes\begin{bmatrix}5\\ \\1\end{bmatrix}=7/③,$$

$$l(5)=[0\ \ 4\ \ 6\ \ 7]\otimes\begin{bmatrix} \\ \\5\\2\end{bmatrix}=11/③,\quad l(6)=[0\ \ 4\ \ 6\ \ 7\ \ 11]\otimes\begin{bmatrix}6\\7\\ \\ \\3\end{bmatrix}=14/⑤.$$

从发点到各点的最长路及其长度,分别写下:

0(① ①), 4(① ②), 6(① ② ③),

7(① ② ③ ④), 11(① ② ③ ⑤), 14(① ② ③ ⑤ ⑥).

(2) 我们有

$$\lambda(6)=0,\quad \lambda(5)=[w(5,6)]\otimes[\lambda(6)]=[3]\otimes[0]=3,$$

$$\lambda(4)=[w(4,5)\ w(4,6)]\otimes\begin{bmatrix}\lambda(5)\\\lambda(6)\end{bmatrix}=[2\ \ \ ]\otimes\begin{bmatrix}3\\0\end{bmatrix}=5/⑤,$$

$$\lambda(3)=[w(3,4)\ w(3,5)\ w(3,6)]\otimes\begin{bmatrix}\lambda(4)\\\lambda(5)\\\lambda(6)\end{bmatrix}=[1\ \ 5\ \ 7]\otimes\begin{bmatrix}5\\3\\0\end{bmatrix}=8/⑤,$$

同样有 $\lambda(2)=10/③,\quad \lambda(1)=14/②.$

所以,各顶点到迄点的最长路及其长度分别得到如下:把这 6 项的次序倒过来,即

14(① ② ③ ⑤ ⑥), 10(② ③ ⑤ ⑥), 8(③ ⑤ ⑥),

5(④ ⑤ ⑥), 3(⑤ ⑥), 0(⑥ ⑥)

在 §5.13 中讲过求解决策数不确定型动态规划的程序. 现在我们只需在所得到的程序中更改关于 modiadd 和零元素 zero 的相关语句,输入图 6.14 的数据,软件执行结果就得到所有这些参数. 我们不详细写出了.

§6.4.3 活动流线图的绘制

按照定义,

活动(i,j)的最早可能开始时刻是 $l(i)$.

它的始事项是 i,终事项是 j. 所以,事项 i 的最早开始时刻为 $l(i)$. 例如活动(3, 6)(/事项③)的最早开始时刻是第 6 天.

活动(i,j)的最早完成时刻是$l(i)+w(i,j)$.

$\lambda(j)$具有这样的意义：当事物过程到达事项j以后，至少还需要经过$\lambda(j)$天才能完成整个事物过程. 因此，如果已经算出了关键路的长度M，那么要想在M天内完成整个事物过程，最晚不能晚于在$(M-\lambda(j))$天到达事项j，因为再晚了，加上事项j后面的$\lambda(j)$天就要超过M天了. 所以

活动(i,j)的最晚完成时刻是　在第$M-\lambda(j)$天末，

它的最晚开始的时刻是　在$M-\lambda(j)-l(i,j)$天末.

因此求出$\lambda(j)$以后，每个活动的最晚开始时刻和完成时刻也都可以求出.

不仅如此，事项i的最早开始时刻为$l(i)$.

事项i的最晚开始时刻为$M-\lambda(j)-l(i,j)$天末.

对于活动(i,j)来说，显然有：

$$\begin{aligned}\text{机动时间}&=\text{最晚开始时刻}-\text{最早开始时刻}\\&=M-\lambda(j)-l(i,j)-l(i).\end{aligned}$$

例如对于活动(4,5)，因为$l(4)=7$，$l(5)=11$，$\lambda(5)=3$，$M=14$，$l(4,5)=2$，所以活动(4,5)的机动时间是

$$14-3-2-7=2(\text{天}).$$

用上面的办法可以计算出各个活动的最早开始、最早完成、最晚开始、最晚完成时刻，以及机动时间，如表6.6所示.

表6.6　实行图14各个活动的时刻表

活动	最早开始	最早完成	最晚开始	最晚完成	机动时间
(1,2)	0	4	0	4	0
(1,3)	0	3	3	6	3
(1,4)	0	5	4	9	4
(2,3)	4	6	4	6	0
(2,6)	4	10	8	14	4
(3,4)	6	7	8	9	2
(3,5)	6	11	6	11	0
(3,6)	6	13	7	14	1
(4,5)	7	9	9	11	2
(5,6)	11	14	11	14	0

为了以后人们施行这个计划方便起见，人们还把这些数值写在统筹图的相应的位置上，表出关键路，成为该事物的**活动流线图**. 具体的方法是：

(1) 把算出的每个活动最早开始时刻写在相应事项旁的方框□内.

(2) 把算出的每个活动最晚开始时刻写在相应事项旁的三角形△内.

(3) 用粗线画出关键路.

这就是统筹问题(↗图论模型6.14)的答案.

对于工程项目，这样得到的有向图还叫做**计划流线图**. 关键路的长度叫做该**计划长度**.

图 6.17 是图 6.14 的活动流线图.

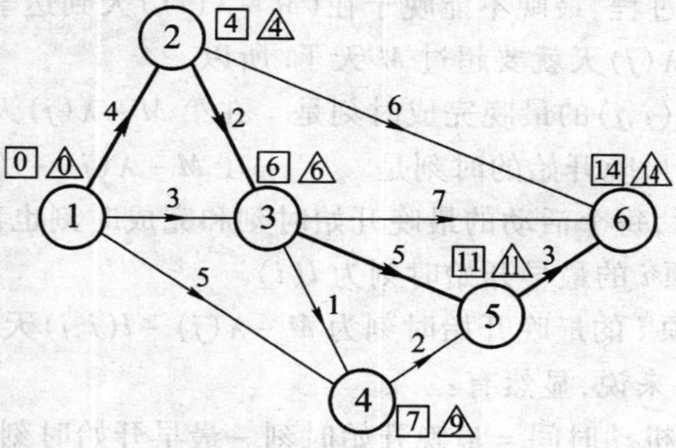

图 6.17

拿表 6.6 和图 6.17 对比一下就会发现，关键路上的活动的机动时间都是零. 换句话说，“机动时间等于零”是关键（路上的）活动的一个必要条件.

把客来沏茶的例再讨论一下. 设这一事物中每个活动及其所花时间列表如下（表 6.7）.

表 6.7 客来沏茶

代号	*A*	*B*	*C*	*D*	*F*
活动	洗茶杯	洗茶壶	烧水	泡茶	请客用茶
完成时间	2	5	4	2	0.5
前活动	—	—	—	*B*, *C*	*A*, *D*

并把它画成统筹图（图 6.18）.

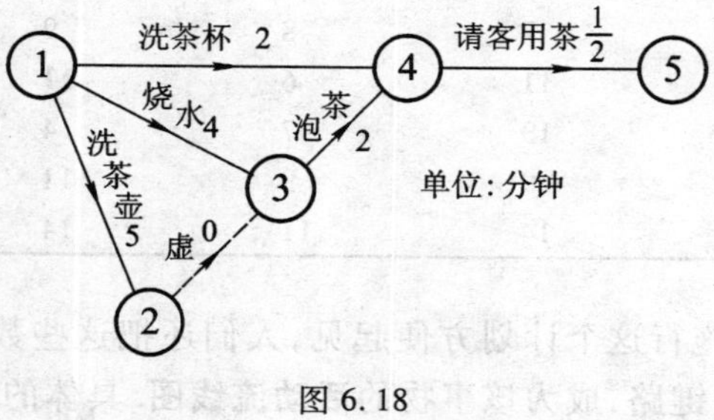

图 6.18

利用它计算出 $l(i)$ 与 $\lambda(j)$. 各个活动最早、最晚、开始、完成的时刻及机动时间列表如下. 因此关键路是① ② ③ ④ ⑤，共需 $7\frac{1}{2}$ 分钟. 它的活动流线图是图 6.19.

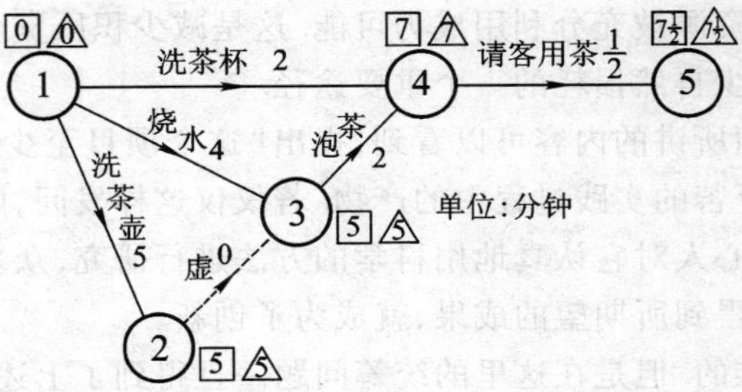

图 6.19

表 6.8　实行客来沏茶各个活动的时刻表

活　　动	最早开始	最早完成	最晚开始	最晚完成	机动时间
(1,2)洗茶壶	0	5	0	5	0
(1,3)烧水	0	4	1	5	1
(1,4)洗茶杯	0	2	5	7	5
(2,3)虚拟	5	5	5	5	5
(2,6)泡茶	5	7	5	7	0
(3,4)请客用茶	7	$7\frac{1}{2}$	7	$7\frac{1}{2}$	0

可见最优次序是边烧开水，边洗茶杯和洗茶壶，水烧开后泡茶，2 分钟后，把茶倒入茶杯，请客用茶. 这样的次序与人们的生活经验是一致的.

§6.4.4　活动流线图的使用

至此，我们用统筹方法研究可调节事物的基本理论内容就全部解决了统筹问题.

把活动流线图送交上级部门，就成为他们是否批准施行这一项目的重要辅助资料.

批准了的活动流线图将成为

——上级今后检查、督促项目执行进程的根据；

——成为管理者有条不紊地指挥全局的依据，能帮助他们掌握重点，统筹安排；

——各个活动的负责人可以了解到自己在整个事物过程中所处的地位，了解相关活动的任务情况，这有利于调动完成任务的积极性，有利于互相促进，互相支援；

——后勤支援部门不仅可以做到合理安排供销支援计划，而且往往可以从中得到节约投资的好处. 例如，借活动流线图能更准确地计算出某一时期应该购进何种材料各多少，准备多少资金. 这不仅能保证事物顺利进行，而且可以使库存尽量减少、各种资源被充分利用成为可能. 这是减少积压资金,少用管理人员,少占仓库场地,减少自然损耗的一个重要途径.

回顾本章前面所讲的内容可以看到,提出“这个项目至少需要多少时间”就是人类经历千辛万苦的实践过程中的产物. 若仅仅这样发问,则只不过是一个好的想法. 但经过有心人对它认真地用科学的方法进行研究,众多学者不断提出探索途径,共同努力得到所期望的成果,就成为了创新.

创新总是艰难的. 但是在这里的统筹问题一旦得到了上述的结果,就变成可以重复实现、可以传授、容易理解、很容易推广的具有科学意义的技术. 它特别适用于“一次性”即“不重复”过程的计划.

依据活动流线图来管理所给的项目的方法叫做**统筹方法**.

40 多年来,统筹方法在我国的各行各业中得到广泛深入的应用,提高了他们对各种项目的管理水平,并取得了巨大的经济效益.

实践表明,一个人在统筹方法的理论方面即使很精通,但如果不懂得科技知识,不懂得所做计划的有关业务,也是不可能做出全面合理的建议和决策的.

为此,要想发挥统筹方法的作用,必须

(1) 熟练掌握其基本原理与方法;

(2) 充分了解问题的复杂情况、管理工作的要求,以及各项活动应花的代价;

(3) 具有广博的各种相关知识.

在本章里,我们事实上只在(1)方面作一个介绍.

末了,还要强调一点:统筹方法,事实上,任何一种管理方法,都只能帮助人们发现问题,提出问题,提供信息和方案,以帮助人们做出决策. 决策是由管理者综合一切方面的材料作出的. 统筹方法仅提供一个侧面的信息.

§6.5 活动流线图的调整

我们可以利用某些活动的弹性来调整、改进计划.

例如,活动流线图本身是可行的,根据更大计划的要求,认为本计划的长度(即关键路的长度)太长;又例如,活动流线图即使得到批准,在安排具体执行计划的过程中,需要与实际之间仍可能会发生种种矛盾. 在指定的时间里,某一活动需要 200 名工人,而实际只有 180 名. 另一活动需要用 8 000 度电,而只能供应 7 000 度. 再例如,由于某个活动的延误而影响了整个计划的进程等等. 所有这些都必须及时修改计划.

可见调整工程项目的计划是经常发生的,所要解决的事情也是不少的. 这里仅限于举一个例来说明,在工程计划中,如何增加尽量少的成本以缩短关键路的长度问题. 一般的原则是:向关键活动要时间,向非关键活动要节约.

例 6.4 设有某项生产计划,它的各项活动的时间和成本如表 6.9.

表 6.9

活动	完成时间		成本		最多缩短	赶工所增	赶工成本
	正常	赶工	正常	赶工	天数	成本	元/天
(1,2)*a*	6	5	100	160	1	60	60
(1,3)*b*	9	5	200	360	4	160	40
(1,4)*c*	10	6	400	500	4	100	25
(2,3)*d*	5	3	60	120	2	60	30
(2,4)*e*	10	5	300	650	5	350	70
(3,4)*f*	8	6	240	360	2	120	60

小计:1 300

还规定:在 14 天内完工,间接成本等于 400 元. 超过 14 天者,多一天增加间接成本 70 元.

这个数字例取自杨浩然《作业研究》.

先讨论正常状态的统筹图. 它是图 6.20.

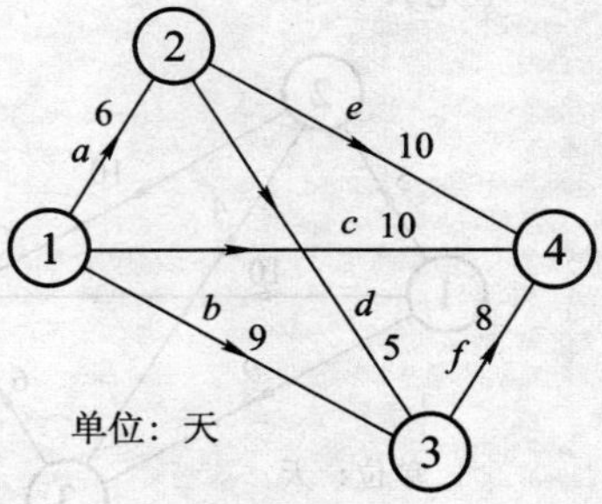

图 6.20

关键路:① ② ③ ④.

长度:19 天.

总成本:正常成本 + 赶工成本 + 间接成本

$= 1\,300 + (0 + 400 + 70 \times (19 - 14))$

$= 2\,050$(元).

我们把这个作为基本方案. 现在讨论几个改进方案如下.

改进方案(1). 它的统筹图是图 6.21.

改进:(2,3)缩短 2 天.

关键路:① ② ③ ④或① ③ ④,共 2 条.

长度:17 天.

总成本:$1\,300 + 30 \times 2 + (400 + 70 \times (17 - 14)) = 1\,970$(元).

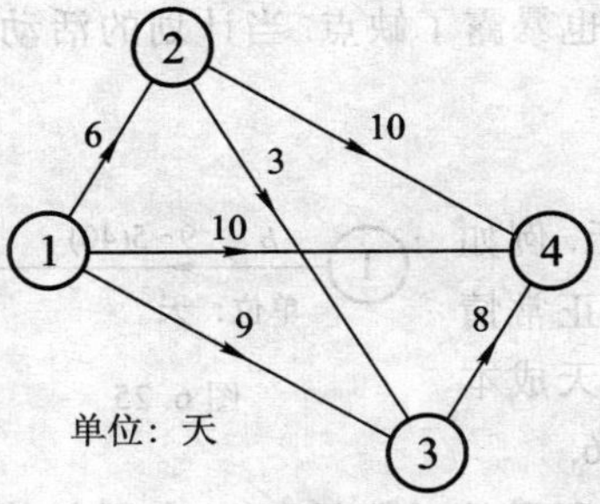

图 6.21

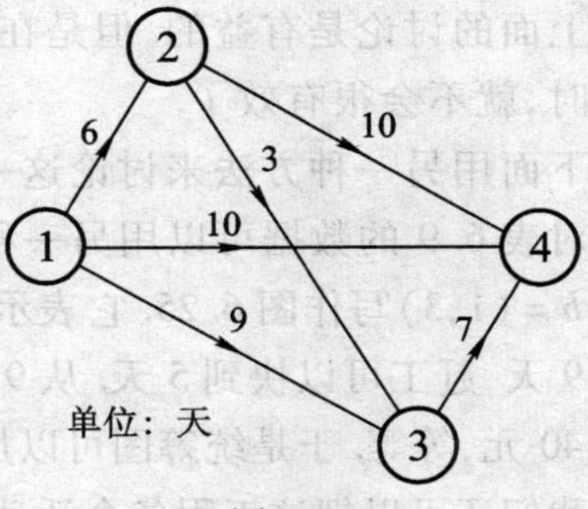

图 6.22

改进方案(2). 它的统筹图是图 6.22.

改进:(2,3)缩短 2 天,(3,4)缩短 1 天.

关键路:① ② ④,① ② ③ ④以及① ③ ④,共 3 条.

长度:16 天.

总成本:1 300 + (30 × 2 + 60 × 1) + 400 + 70 × 2 = 1 960(元).

改进方案(3). 它的统筹图是图 6.23.

改进:(1,2),(2,3),(3,4)依次缩短 1,1,2 天.

关键路:① ② ④,① ② ③ ④以及① ② ④,共 3 条.

长度:15 天.

总成本:1 300 + (30 × 1 + 60 × 1 + 60 × 2) + (400 + 70 × 1) = 1 980(元).

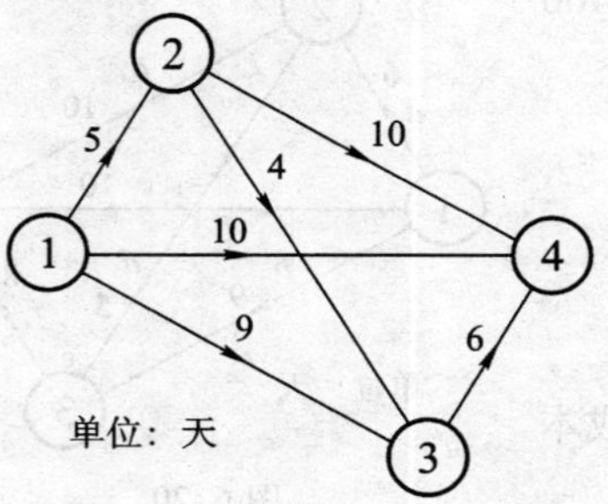

图 6.23

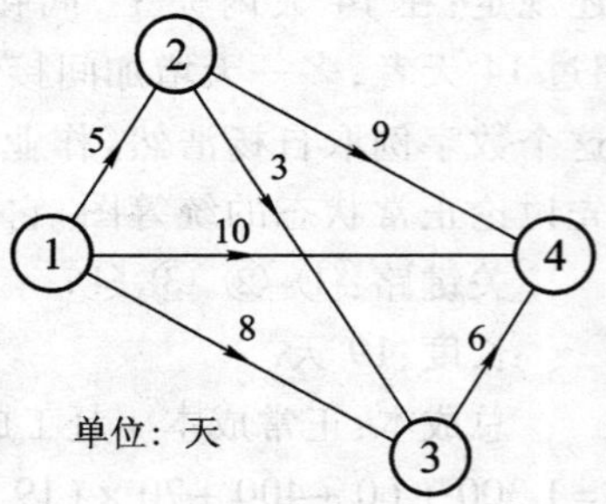

图 6.24

改进方案(4). 它的统筹图是图 6.24.

改进:(1,2),(1,3),(2,4)各缩短 1 天,(2,3),(3,4)各缩短 2 天.

关键路:① ② ③ ④,① ② ④或① ③ ④,共 3 条.

长度:14 天.

总成本:2 050(元).

以上分析可知,耗时 16 天,总成本 1 960 元是这 4 个改进方案中最低的.

上面的讨论是有益的. 但是在讨论过程中也暴露了缺点. 当计划的活动项目较多时,就不会很有效了.

下面用另一种方法来讨论这一例题.

对表 6.9 的数据可以用另一种方法来表示. 例如活动 $b=(1,3)$写作图 6.25. 它表示完成活动 b 正常情形需 9 天,赶工可以快到 5 天. 从 9 天起每赶 1 天成本增加 40 元,等等. 于是统筹图可以加工成图 6.26.

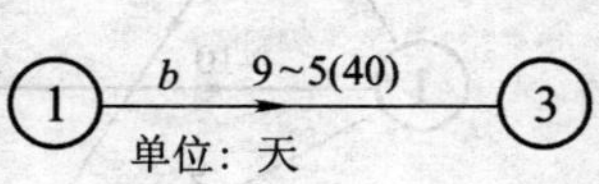

图 6.25

我们还可以把这工程各个活动间的关系和所需的天数画在 20 条平行等距竖线上. 如图 6.27.

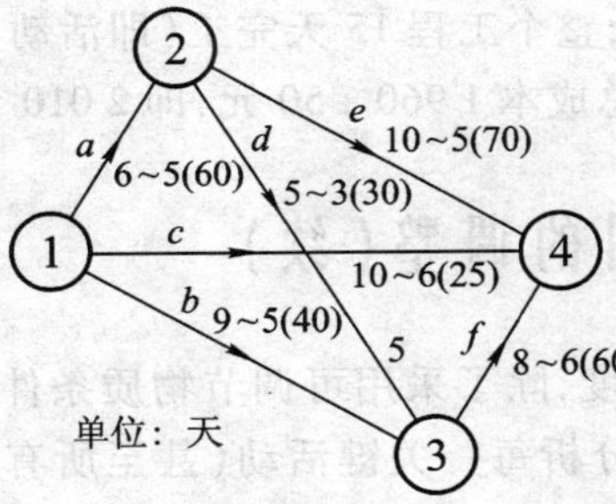

图 6.26

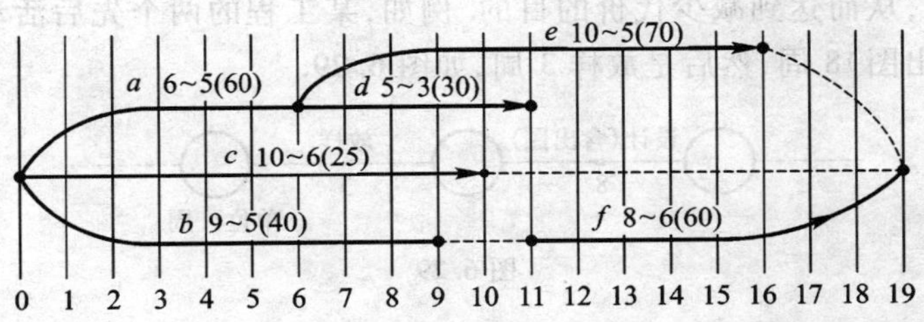

图 6.27

整个工程正常需要 19 天. 但是在最后的 3 天里，完全是为了完成活动 f. 为了使工程总时间缩短，一方面可以要求活动 f 赶工，另一方面让活动 d 赶工，以使活动 f 提前开工. 此外，活动 d 可赶工 2 天，每天增加成本 30 元. 而 f 也可赶工两天，却每天增加成本 60 元. 还有，工程提前 1 天，虽然增加了赶工成本，但同时可节省间接成本 70 元. 可见，为了让整个工程提前 2 天完工，让活动 d 赶工 2 天，活动 f 提前 2 天开工，净省了 80($=70\times2-30\times2$)元投资. 这就是改进方案(1). 这样便宜的事谁都该争着做.

我们还可以让活动 f 再赶工 1 天，这还可以净省 10 元投资. 这时图 6.27 改画成图 6.28. 整个工程需 16 天完成，总成本比正常状态的 2 050 元节省 90 元，即 1 960 元. 这就是改进方案(2).

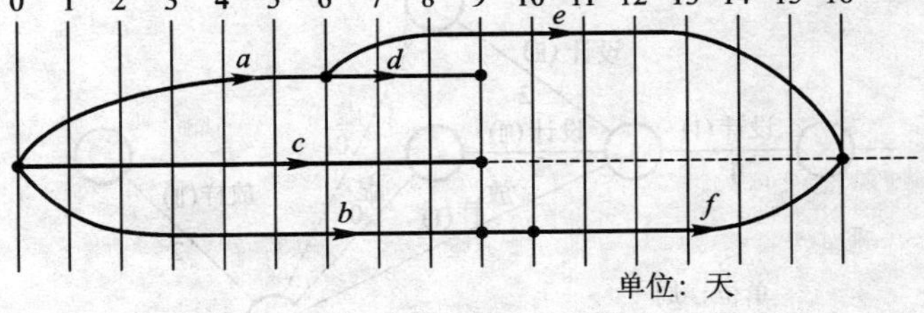

图 6.28

现在，由于任务的需要，还要从改进方案(2)再缩短工程的时间，就要从 1 960 元增加成本了. 例如让活动 a，f 各赶工 1 天，将增加赶工成本 120 元，节省间接成本 70 元，净增 50 元. 所以，整个工程 15 天完工（即活动 a 赶工 1 天，活动 d 赶工 2 天，活动 f 赶工 2 天）需总成本 1 960 + 50 元，即 2 010 元.

§6.6 活动流线图的调整（续）

对于缩短关键路的长度，除了采用可调节物质条件以缩短关键活动代价的办法，更为值得注意的是分析每一关键活动（甚至所有活动），研究它们有没有可能通过改变管理技术，或者在不增加或增加很少物质条件的情况下，分解成若干个子活动，从而达到减少代价的目的. 例如，某工程的两个先后活动次序是结构设计（含出图）8 周，然后是放样 3 周，如图 6.29.

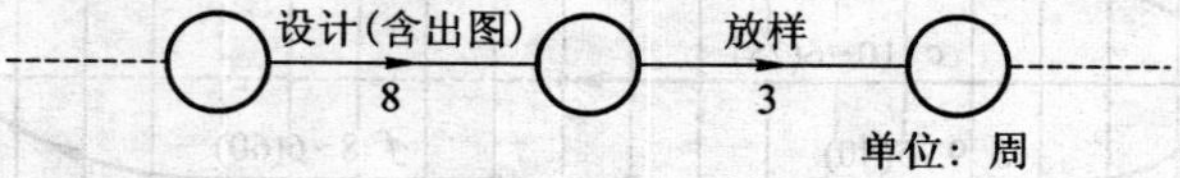

图 6.29

如果结构设计能分解成 3 个先后衔接的活动，放样也相应进行分解，例如有图 6.30.

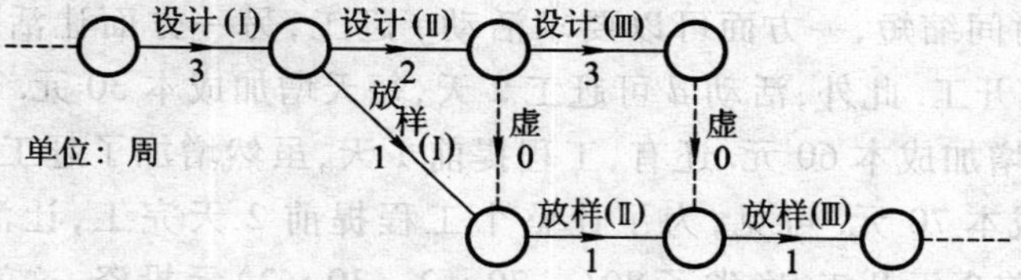

图 6.30

这样，就使原先完成这两个活动所需时间从 11 周缩短为 9 周了. 有的活动还可以分解为若干个并联、串联的子活动，例如图 6.29 也许可以分解为图 6.31. 这就可以使原先的 11 周缩短为 8 周.

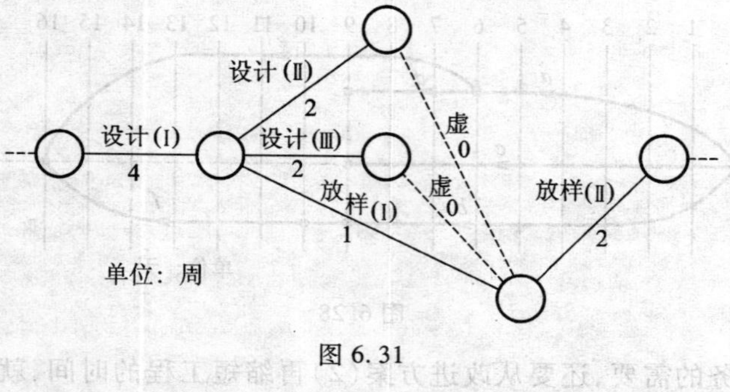

图 6.31

最后，要强调一下，活动调整之后，活动流线图要重新绘制，关键路也随之而改变.

§6.7 非决定型问题

以上几节讨论计划时,总假定每项活动都能按给定代价如期完成. 这就是所谓决定型问题. 现实生活中,能遇到这种决定型问题的机会是不多的. 这是因为在做像科研、战争、甚至很简单的计划时,总存在着种种预见不到的因素. 因而把活动所花代价看作非决定型问题,应该是更接近于实际,更为有用、合理.

下面我们仅讨论一种非决定型的模型.

对于计划的一项活动,我们不要求一个确切的代价,而是给出三个代价:最乐观的估计,最保守的估计和最大可能的估计. 例如,完成某一活动所需要的代价是:最乐观的估计值是 a,最保守的估计值是 c,最大可能的估计值是 b. 于是. $a\leqslant b\leqslant c$. 这个活动不妨记作图 6.32 和一个数例如图 6.33.

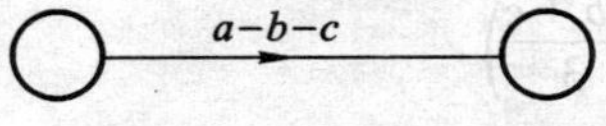

图 6.32

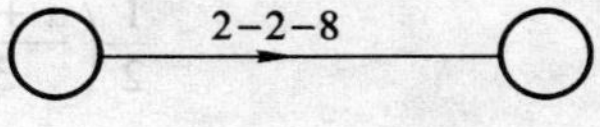

图 6.33

设有一个工程,它的每一项活动,像上面所述,都有三个估计值(所有的数字以 1 周为时间单位). 同样可以画出一个统筹图,如图 6.34.

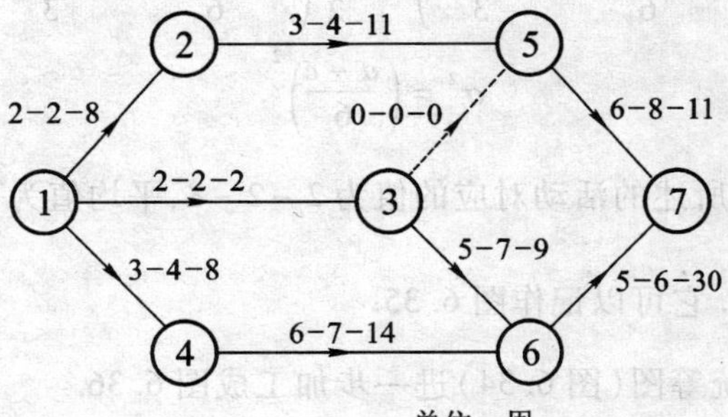

图 6.34

有两种方法处理这种非决定型问题.

一种是,在统筹图中,对每一项活动都只考虑最保守的估计值. 我们可以算出它的关键路及其长度. 这个长度是完成计划所需代价的最保守的估计. 有了这个代价,一定能够完成计划. 同样,我们只考虑所需代价的最乐观的估计,因而又可以在统筹图中画出一条关键路,并算出它的长度. 这就是完成计划的最乐观估计值. 它是完成任务所需的最少代价. 如果用两种办法所得到的关键路是同一条路,那么,它上面各活动的最大可能估计代价之和也就是这项计划所需要的最大可能估计值.

但是，这个方法只在很特殊的情形中才有效. 因为上述的两条关键路一般并不一致.

另一方法是平均方差法.

每一活动的代价对应三个数且 $a\leqslant b\leqslant c$. 我们认为，实现最乐观的估计值 a 的概率或实现最保守的估计值 c 的概率，比之实现最大可能估计值 b 的概率理应小些. 如果设想，就 a,b 来说，实现 a 的概率为 $\frac{1}{3}$，实现 b 的为 $\frac{2}{3}$，它们的平均值为

$$\frac{1}{3}a+\frac{2}{3}b \quad 或 \quad \frac{a+2b}{3}. \tag{7.1}$$

类似的，对于 b,c 来说，也有平均值

$$\frac{1}{3}c+\frac{2}{3}b \quad 或 \quad \frac{2b+c}{3}. \tag{7.2}$$

至于(7.1)与(7.2)两个值出现的概率可以认为各是 $\frac{1}{2}$，于是有

$$\frac{1}{2}\left(\frac{a+2b}{3}\right)+\frac{1}{2}\left(\frac{2b+c}{3}\right),$$

即

$$\frac{a+4b+c}{6}. \tag{7.3}$$

而这个平均值对之于(7.1)、(7.2)的方差记作 σ^2，为

$$\frac{1}{2}\left(\frac{a+4b+c}{6}-\frac{a+2b}{3}\right)^2+\frac{1}{2}\left(\frac{a+4b+c}{6}-\frac{2b+c}{3}\right)^2,$$

即

$$\sigma^2=\left(\frac{a-c}{6}\right)^2. \tag{7.4}$$

例如，图6.33所述的活动对应的值为 $2-2-8$，平均值为 $\frac{2+4\times2+8}{6}=3$，而方差是 $\left(\frac{8-2}{6}\right)^2=1$. 它可以记作图6.35.

同样，可以把统筹图(图6.34)进一步加工成图6.36.

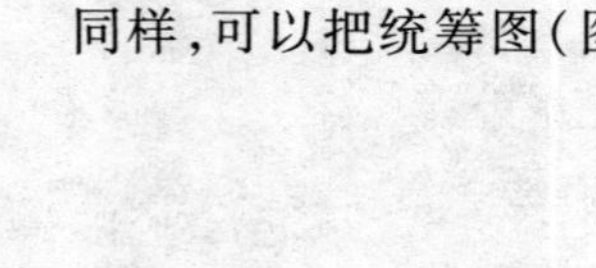

图6.35

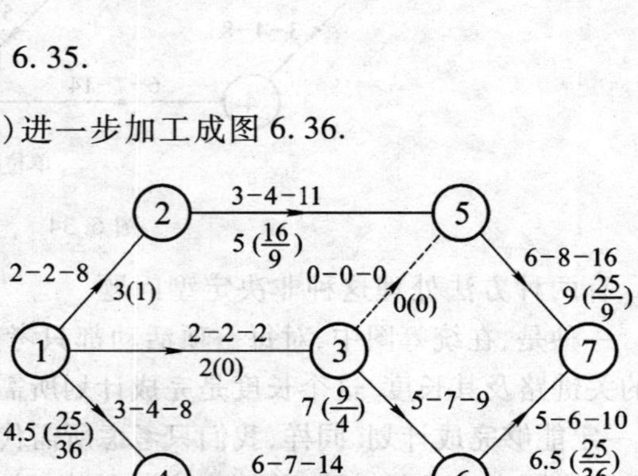

图6.36

在这个图中，我们按各个活动的平均值来计算，不难看到，关键路①④⑥⑦的长度为 19 周. 因为关键活动(1,4)的平均值为 4.5 周，方差为$\left(\frac{8-3}{6}\right)^2=\left(\frac{5}{6}\right)^2$. 同样，关键活动(4,6)与(6,7)的平均值为 8 周与 6.5 周，而它们的方差为$\left(\frac{8}{6}\right)^2$与$\left(\frac{5}{6}\right)^2$. 于是，关键路的总方差为

$$\left(\frac{5}{6}\right)^2+\left(\frac{8}{6}\right)^2+\left(\frac{5}{6}\right)^2=\frac{114}{36},$$

而它的标准差(即方差的算术根)为

$$\sigma=\sqrt{\frac{114}{36}}\approx 1.8(\text{周}).$$

假定总完成周数是一个随机变量，它服从以 M 为平均值、以 σ 为标准差的正态分布，则根据概率与数理统计的知识可以知道，在某一期限 $M+\lambda\sigma$ 之前完成的概率为 $p(\lambda)$，而 λ 与 $p(\lambda)$ 之间的关系如表 6.10.

表 6.10 标准正态分布表

λ	$p(\lambda)$	λ	$p(\lambda)$	λ	$p(\lambda)$	λ	$p(\lambda)$
-0.0	0.50	-0.14	0.08	0.0	0.50	0.14	0.92
-0.1	0.46	-0.15	0.07	0.1	0.54	0.15	0.93
-0.2	0.42	-0.16	0.05	0.2	0.58	0.16	0.95
-0.3	0.38	-0.17	0.04	0.3	0.62	0.17	0.96
-0.4	0.34	-0.18	0.04	0.4	0.66	0.18	0.96
-0.5	0.31	-0.19	0.03	0.5	0.69	0.19	0.97
-0.6	0.27	-0.20	0.02	0.6	0.73	0.20	0.98
-0.7	0.24	-0.21	0.02	0.7	0.76	0.21	0.98
-0.8	0.21	-0.22	0.01	0.8	0.79	0.22	0.99
-0.9	0.18	-0.23	0.01	0.9	0.82	0.23	0.99
-0.10	0.16	-0.24	0.01	0.10	0.84	0.24	0.99
-0.11	0.14	-0.25	0.01	0.11	0.86	0.25	0.99
-0.12	0.12			0.12	0.88		
-0.13	0.10			0.13	0.90		

于是图 6.34 中，$M=19$，$\sigma=1.8$. 如果取 $\lambda=2$，查表得 $p(\lambda)=0.98$. 而

$$M+\lambda\sigma=19+2\times 1.8\approx 22.6(\text{周}).$$

所以，本工程有 0.98 的把握在 22.6 周前完成. 同样，如果我们问有多大的把握在 20 周之前完成？即问 λ 是多少，使下式成立

$$M+\lambda\sigma=20,$$

或

$$19+1.8\lambda=20,$$

得

$$\lambda=0.56.$$

查表可知,约有70%的把握.

最后,还要讲一件事.上面所讲的办法并不是仅有的.例如前苏联戈连科 И. 和米赫利松 B. C. 建议用最乐观的估计值 a 与最悲观的估计值 b,以公式

$$t_e=\frac{3a+2b}{5} \text{ 及 } \sigma^2=0.04(b-a)^2 \tag{7.5}$$

为活动所花的平均代价及其方差.这个方法的提出是由于经验证明,要确定最可能完成的时间是很困难的,而且很不准确.而经过深入研究,(7.5)比之于(7.3)仅相差1%而已.

练习 6

6.1 画出下列事物的图论模型:

(1)

活动	A	B	C	D
前活动	—	A	A	B,C

(2)

活动	A	B	C	D	E
前活动	—	A	A,B	B,C	B

(3)

活动	A	B	C	D	E
前活动	—	—	—	A,B,C	C,B

6.2 考虑由10项活动$\{A,B,\cdots,J\}$组成的计划项目,其活动间的前、后关系和各个活动的施工时间如下表所示.

活动	A	B	C	D	E	F	G	H	I	J
前活动	—	—	—	A	B,C	B,C	C	C	D,E	F,E
作业时间	6	10	5	7	4	3	4	8	6	5

要求:(1) 画出它的图论模型;

(2) 确定本计划项目的最早完工时间;

(3) 列表写出每道活动的

(ⅰ) 最早开工时刻, (ⅱ) 最迟开工时刻,

(ⅲ) 最早完工时刻, (ⅳ) 最晚开工时刻,

(ⅴ) 标出关键活动.

6.3 核算表6.6中活动(2,3),(2,6),(3,6)的诸参数值.

6.4 已知下列资料：

活动	作业时间	前活动	费用
A	4	—	20
B	8	—	30
C	6	B	15
D	3	A	5
E	5	A	18
F	7	A	40
G	4	B,D	10
H	3	B,F,G	15
工程间接费用	500 元/天		

请求出该项工程的长度和最低费用.

6.5 在§6.7 非决定型问题的一节中，一种方法是分别按最悲观和最乐观的情形求出项目的关键路. 一般而言，它们是不相等的. 您能举出相等的例子吗？

第 7 章

树、匹配、流与圈的最优化问题

第 5 和第 6 章讨论了两种有向图上的路的最优化问题.本章继续讨论另外几个组合最优化问题.

一是在赋权连通图上的最小支撑树问题.

二是在二分图上讨论四种匹配最优化问题，它们分别规定匹配的值等于匹配的边数（基数），等于诸匹配边的权之和，等于诸匹配边的权的谷值以及诸权的峰值.

三是网络（即规定有源和汇的赋容量的有向图）的最大流问题和最小费用最大流问题.

四是在赋权图中讨论巡回商问题，并以它为例，简单介绍了近似算法.

我们继续采用 §5.2.2 研究最短路的思路，讨论本章的问题，同样得到了各自的基本性质和算法，把有些问题的数字题写成整数规划问题，并用软件 LINDO 求解.

§7.1 树及其基本性质

除了流的最优化问题外，本章讨论的图，都是无向的简单图.

一个图是连通的，是指：图中任意两点之间总有路相连. 要判定一个图 $G = G(V,E)$ 的连通性，可以这样做：任选一个顶点，把它染成红色. 把那些与这红点相邻的边以及它们的另一端点染成红色. 再把所有与新染红点相邻尚未染色的边以及端点染成红色，等等. 所有染红的顶点组成的集合记作 V_1，它的导出子图 $G[V_1]$ 是连通的，叫做图 G 的一个连通分支. 如果 $V \neq V_1$，表明图 G 不连通. 在 $V \backslash V_1$ 中任意选一个顶点，用另一种颜色染色，再重复上述的步骤. 图 G 本身是有限的，所以一个图或者是连通的，或者是由几个连通分支所组成.

要研究一个图的某些性质，可以先研究它的每一个连通分支的相应的性质.

在一个连通图中,删去若干条边而使图不再连通,这个边子集合叫做图的一个(**边**)**割集合**. 如果一个割集合只有一条边,这边叫做图的一个**边割**.

下面的定理直观上是相当显然的.

定理 7.1 在连通图中有一个割集合和一个圈,则它们的交集合的基数是一偶数(可以是零).

把无圈的连通图叫做**树**(tree). 常用符号 T 来表示树,如图 7.1.

如果一个图本身是一条路,它是一棵树.

繁衍至今的宗族家谱(如图 7.2),一个单位内所设部门之间的关系,一本教程的目录的章、节、小节,都可以用树来表示.

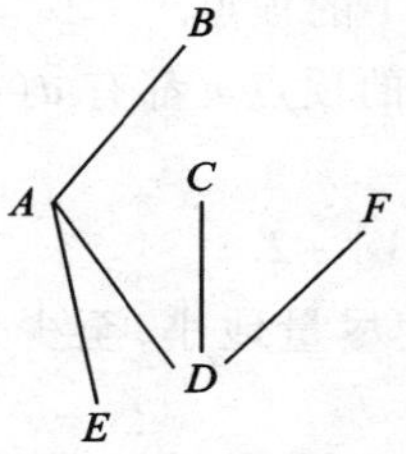

图 7.1

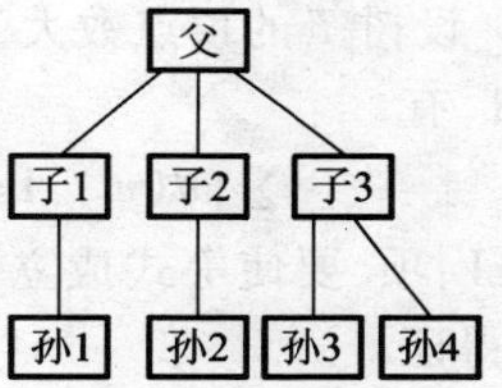

图 7.2

在 Windows 或 UNIX 的文件管理器中,文件管理的层次结构也是用伸缩自如的目录树来表示.

软件 Mathematica 中每一个稿本(notebook)是由若干个隔间(/单元/细胞)(Cell)所组成. 组隔间是一个隔间,它由若干个子隔间所组成,因此,一个稿本中的隔间全体,按照包含关系构成一个树.

有了树的概念,就能在我们周围"看到"各种各样的树.

定理 7.2 (1) 一棵树中,任意两个顶点之间均有唯一的路连接.

(2) 一棵树中,任意删去一条边,就不再连通. 即树的每一条边都是边割.

证明 (1) 树 T 是连通的,所以任意两个顶点之间有路相连. 假设介于顶点 u 与 v 之间有不相同的两条路 P 与 Q. 像 §5.2 的(2.1)与图 5.5 那样,这两条路上存在两个公共顶点 w,t,介于它们之间,子路是相离的,也就是没有内部的公共顶点. 可是它构成了一个圈,这与树的定义矛盾. 得证.

(2) 在树 T 中考虑任意一条边 $e=uv$. u 与 v 之间只有一条路,即边 e 自己. 删去了它,u 与 v 之间就不再有路相连. 边 e 就是一条边割.

定理 7.3 树 $T=T(V,E)$ 的边数等于顶点数减去 1,即 $|E|=|V|-1$.

证明 用数学归纳法.

归纳初值. 设图 T 只有一个顶点. 图是简单的,没有环,也没有边,所以定理成立.

归纳假设. 设顶点数 $|V|<k$ 时,定理总成立.

归纳推断. 讨论 $|V|=k$ 时的情形. 从树 T 中任意删去一条边 $e=uv$. 图 $T\backslash\{e\}$是由两个连通分支 T_1 与 T_2 所组成. 它们都是树,边数都小于 k. 按归纳假设,有

$$|E(T_1)|=|V(T_1)|-1,\quad |E(T_2)|=|V(T_2)|-1.$$

所以

$$\begin{aligned}|E(T)|&=|E(T_1)|+|E(T_2)|+1\\&=(|V(T_1)|-1)+(|V(T_2)|-1)+1\\&=|V(T)|-1.\end{aligned}$$

所以,顶点数为任意正整数时,定理总成立.

定理 7.4 顶点数大于 1 的树至少有两个度数为 1 的顶点.

证明 设树 T 的顶点数大于 1. 树是连通的,所有的顶点 v 都有 $d(v)>0$. 又由定理 5.1,有

$$\sum\{d(v_i):1\leqslant i\leqslant |V|\}=2|E|=2|V|-2.$$

和式中有 $|V|$ 项. 要使等式成立,即便让每个顶点的度尽量地小,至少也要有两项等于 1. 得证.

可见,设连通图 $G=G(V,E)$ 有 $|V|=n$. 如果它是树,它恰好有 $n-1$ 条边. 删去图的任何一条边,它就不再连通. 如果对树添加一条边,图就一定含有一个圈. 看来树是连通图中最为简单的一类图.

一般来说,最简单的往往是最有用的. 研究问题也往往从最简单的入手.

§7.2 最小支撑树问题

设有赋权连通图 $G=G(V,E)$, $|V|=n$. 一条边 e 的权总记作 $w(e)$.

在图中,任意取 $n-1$ 条边. 如果它的导出子图是树,记作 T,这个树叫做图 G 的一棵**支撑树**(或**生成树**). 规定树 T 的值等于它的诸边的权之和,记作 $w(T)=\sum\{w(e):e\in T\}$. 除非所给的赋权连通图 G 本身是一棵树,它含有若干棵支撑树,它们的值一般并不相等. 当然可以问:在图 G 的所有的支撑树中,哪一个的值最小?

最小支撑树问题(minimum spanning tree problem,问题 MST)是指:在赋权连通简单图中,求解值为最小的支撑树.

与最短路问题的讨论几乎完全一样,最小支撑树问题是一个组合最优化问题.

最小支撑树问题具有广泛的实践背景. 在费用最省的条件下,如何在若干个城区之间建立有线通信网络,建立公路系统等等都可以化为求解最小支撑树问题的某个实例.

把支撑树 T 或者它的边集合 $a=\{e\in T\}$，像线性规划那样，叫做一个可行解. 问题就变为在所有的可行解中求最优解. 任意取两个可行解. 一个是 T，它的边集合记作 a. 另一个支撑树记为 T'，它的边集合记作 b. 它们各有 $n-1$ 条边. 把 a 的边染成红色，b 的染成蓝色，公共的边变成了紫色. 如果余下的红边集合记作 a_b，余下的蓝边集合记作 b_a，显然有 $|a_b|=|b_a|$. 从 b_a 中取出一条蓝边 e'，加到 a 中，$T\cup\{e'\}$ 就不再是支撑树. 它含有唯一的一个圈. 而从这圈中删去一条红边 e，又能得到一棵支撑树，记作 $T''=(T\cup\{e'\})\setminus\{e\}$. T'' 或者就是 T'，或者是一个新的支撑树.

如果 $w(e')<w(e)$，T'' 的值就比 T 的值小. 为了求最小的支撑树，纵然 T'' 还不是最小的，毕竟是 T 的一个改进. 如果能够一步步地改进，也许能够最终解决问题.

定理 7.5 在赋权连通图 $G=G(V,E)$ 中，

(1) 如果 e' 是边集合中的一条最小(权)边，则 e' 一定属于某一个最小支撑树.

(2) 在赋权连通图 G 中，f 是某个圈中的最长边，则有一个最小支撑树不含有 f.

证明 (1) 设图有一个最小支撑树 T^*，它不含有那条最小边 e'. 把这条边添加到 T^* 中，图 $T^*\cup\{e'\}$ 中含有唯一的一个圈 C. C 中每一条边 e 的权 $w(e)$ 都有 $w(e')\leqslant w(e)$. 如果 $w(e')<w(e)$，于是 $(T^*\cup\{e'\})\setminus\{e\}$ 是一棵树. 它的权就比 T^* 的更小，矛盾. 现在在圈 C 中取一条边 e 使得 $w(e')=w(e)$，则 $(T^*\cup\{e'\})\setminus\{e\}$ 是含 e' 的一棵最小树.

(2) 设图 G 有一个最小支撑树 T^*，它含有圈 C 中的一条最长边 $f=uv$. 作 $T^*\setminus\{f\}$，它由两个连通分支 $T_1=T_1(V_1,E_1)$ 和 $T_2=T_2(V_2,E_2)$ 组成. 在图 G 中连接 V_1 和 V_2 的边的全体记作 U. 它是图 G 的一个边割集合，f 也在其中. 由定理 7.1，割集合与圈的交集合的基数或者等于零，或者是一个偶数. 交集合含有边 f，所以至少还含有圈的另一条边 f'. 因为 f 是圈 C 中的最长边，所以 $w(f')\leqslant w(f)$. 如果 $w(f')<w(f)$，支撑树 $(T^*\setminus\{f\})\cup\{f'\}$ 的值比 T^* 的更小. 矛盾. 如果 $w(f')=w(f)$，则 $(T^*\setminus\{f\})\cup\{f'\}$ 是一个不含 f 的最小支撑树.

§7.3 求解最小支撑树的四个算法

本节里将建立求解最小支撑树问题的四个算法.

首先，利用定理 7.5(2)，一方面，可以建立下面的破圈算法，另一方面，保证了算法所得到的支撑树确实是最小的.

破 圈 算 法

101 给定：赋权连通简单图 $G=G(V,E)$.

105 任务：求一棵最小支撑树.

111 初始. 取 $MST:=G$.

121 答案. 在图 MST 中,如果没有圈,停止. 它就是 G 的一棵最小支撑树.

131 改进. 在图 MST 中,寻找一个圈. 删去圈中一条最长的边,记作 f（如果不唯一,任取其一）.

132 作 $MST:=MST\setminus\{f\}$. 转 121.

我们还可以从任意一个可行解（一棵支撑树）T 出发,逐步调优而得到最小支撑树. 在建立算法之前,注意下列两点是有意义的：

（1）对 T 添上一条边 e',就得到一个圈 C. 删去圈 C 中其他任意一条边 e,就得到一个新的可行解,记作 $T'=(T\cup\{e'\})\setminus\{e\}$. 只要 $w(e')<w(e)$,T'就是 T 的一个改进. 为了尽快得到最小支撑树,找出圈 C 中一条边 e^*,满足 $w(e^*)=\max\{w(e):e\in C\}$. 如果 $e'=e^*$,加进 e'而删去圈中随便那一条边也得不到改进. 如果 $e'\neq e^*$,添进 e',删去 e^* 所得到的支撑树是在这一步中所能得到的支撑树中改进值最多的.

（2）我们已经注意到,图 $G=G(V,E)$的边集合 E 中边 e 的权最小,它一定在某一个最小支撑树之中；又在一个圈中有一条最长边,则一定有一棵最小支撑树不含这条最长边. 可见,先把图的边集合 E 按权由小到大排成一行,在某些情况是有益无害的.

调 优 算 法

201 给定：赋权连通简单图 $G=G(V,E)$.

205 任务：求一棵最小支撑树.

211 初始. 选定一个初始支撑树 T. $MST=T$.

212 作 $EDGE:=E\setminus MST$.

221 答案. 如果 $EDGE=\varnothing$,停止. 图 MST 就是 G 的一棵最小支撑树.

231 改进. 取边 $e'\in EDGE$.

232 在图 $MST\cup\{e'\}$ 中找出唯一的一个圈 C. 在圈中取一个 e^*,使得

$$w(e^*)=\max\{w(e):e\in C\setminus\{e'\}\}.$$

233 作 $EDGE=EDGE\setminus\{e'\}$.

234 如果 $w(e')=w(e^*)$,转 221.

235 作 $MST=(MST\cup\{e'\})\setminus\{e^*\}$. 转 221.

可以证明,调优算法所得的支撑树确实是最小的.

算法的语句 211 中,选定一个初始的支撑树(可行解)有时是有困难的. 我们像 §2.9 线性规划的(大)M 法那样,来构造一棵人工的支撑树(可行解). 设图 $G=G(V,E)$ 中,有 $V=\{v_j:1\leqslant j\leqslant n\}$. 让 v_1 与所有其他各个顶点添一条边,不妨记作 $T_M=\{f_j=v_1v_j:1<j\leqslant n\}$,并让它的每一条边的权都等于相当大的数 M. 譬如说,比边集合 E 中诸权的最大值更大的一个数. 图 $G\cup T_M$ 通常已经不再是简单图. 无需检验图 G,图 $G\cup T_M$ 总是连通的. 只要修改一下调优算法,就得到 M 算法如下.

M 算法

301 给定:赋权连通简单图 $G=G(V,E)$.

305 任务:求一棵最小支撑树.

311 初始. 作初始人工支撑树 $T_M=\{f_j=v_1v_j:1<j\leqslant n\}$. 它的诸边的权等于 M.

312 作 $MST=T_M$ 和 $EDGE=E$.

321 答案. 如果 $EDGE=\varnothing$,停止. 如果 $MST\cap T_M\neq\varnothing$,图 G 没有最小支撑树.

322 如果 $MST\cap T_M=\varnothing$,MST 是 G 的一棵最小支撑树.

331 改进. 取边 $e'\in EDGE$,满足 $w(e')=\min\{w(e):e\in EDGE\}$. 【反复使用这一句和 333,相当于把边集合按权由小到大地排成一行,依次取出.】

332 在图 $MST\cup\{e'\}$ 中寻找唯一的圈 C. 在圈中取一个 e^*,满足

$$w(e^*)=\max\{w(e):e\in C\setminus\{e'\}\}.$$

333 作 $EDGE=EDGE\setminus\{e'\}$.

334 如果 $w(e')=w(e^*)$,转 321.

335 作 $MST=(MST\cup\{e'\})\setminus\{e^*\}$. 转 321.

一位教师在白底的书写板上用黑线画了一个赋权图. 用 M 算法来求解一棵最小支撑树. 他用淡黄色画出一个人工支撑树 T_M. 又把所有黑边按权由小到大地排成一行. 他依次考虑每一条黑边,把能够添加进去的黑边染成红色,而抹去一条黄边. 如果黄边最终不能完全抹掉,就宣布图没有最小支撑树. 一旦黄边都抹掉了,就停止,而得到一棵最小支撑树. 这是因为后面的边的权都不会比属于已得到的支撑树诸边的权更小. 很遗憾,那天讲课时,天色昏暗,教室里又没有开电灯. 坐在后排的学生根本看不清那淡黄色的人工支撑树. 只看到老师考虑一条黑边时,根据它和红色的边能否构成一个圈而决定是否添加进去. 一旦有了 $n-1$

条红边就停止. 我们把这写成一个算法,叫做 Kruskal(1956)生成算法.

Kruskal 生成算法

401　给定:赋权连通简单图 $G=G(V,E)$, $|V|=n$.

405　任务:求一棵最小支撑树.

411　初始. 作 $MST := \varnothing$ 和 $EDGE := E$.

421　答案. 如果 $|MST|=n-1$,停止. MST 是图 G 的一棵最小支撑树.

422　如果 $EDGE=\varnothing$,图 G 没有最小支撑树.

431　改进. 取边 $e' \in EDGE$,满足 $w(e')=\min\{w(e): e \in EDGE\}$.

432　作 $EDGE = EDGE \setminus \{e'\}$.

433　如果 $MST \cup \{e'\}$ 中有圈,转 422.

434　作 $MST = MST \cup \{e'\}$. 转 421.

通过 M 方法建立了调优算法和 Kruskal 生成算法之间的关系. 虽然在表面上,在具体操作上,它们是大不一样的.

Kruskal 生成算法是一个再简单不过的算法. 只要把边集合按权由小到大地排成一个序列,逐一地确定能否进入最优解. 考察完(甚至不待完)了,就得到一棵最小支撑树. 这样的算法叫做**贪婪算法**. 用这个算法得到最小支撑树的过程像似一条条的边添加而成. 有的学者还把最小支撑树叫做最小生成树.

贪婪算法是一个非常重要的算法. 首先,它异常简单. 有相当不少的问题是能够用贪婪算法求得最优解的. 人们甚至研究具有什么特征的问题,贪婪法是它们的一个算法. 具有这样的特征被抽象为一个数学系统,叫做拟阵(matroid).

§7.4　求解最小支撑树的数字例

例 7.1　求赋权连通图(图 7.3)的一个最小支撑树.

(1) 用 Kruskal 生成算法;

(2) 用破圈算法.

解　把图 7.3 中的诸边从小到大排成一行:

$1(v_2v_4), 2(v_2v_3), 2(v_3v_4), 3(v_2v_6), 4(v_1v_6),$

$4(v_3v_6), 5(v_1v_2), 5(v_4v_5), 5(v_5v_6), 7(v_1v_5).$

这个排序当然不是唯一的. 例如权为 2 的两条边的次序可以颠倒,权为 5 的 3 条边更有 6 种排列方法等等.

(1) 按照生成算法的步骤,逐一在图 7.4 的诸图中添加粗线边而得到一棵最小树,如表 7.1 和图 7.4 所示.

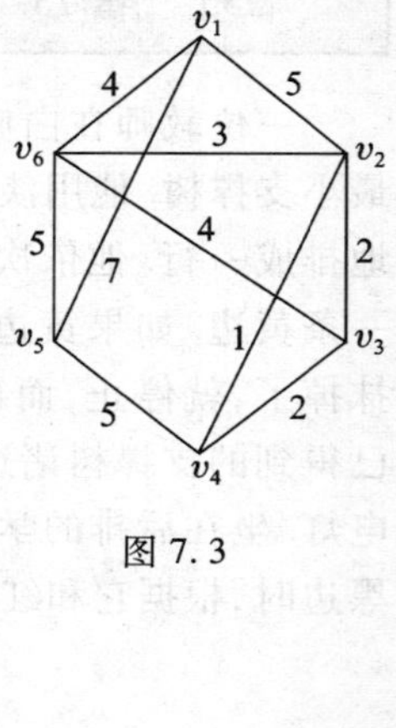

图 7.3

表 7.1 用 Kruskal 生成算法求解例 7.1

步骤	讨论对象	考虑边及其权	取舍	结果
1	图 7.3	1(v_2 v_4)	取	图 7.4(a)
2	图 7.4a)	2(v_2 v_3)	取	图 7.4(b)
3	图 7.4b)	2(v_3 v_4)	有圈 v_2 v_3 v_4 v_2,舍去 v_3 v_4	图 7.4(b)
4	图 7.4b)	3(v_2 v_6)	取	图 7.4(c)
5	图 7.4c)	4(v_1 v_6)	取	图 7.4(d)
6	图 7.4d)	4(v_3 v_6)	有圈 v_2 v_3 v_6 v_2,舍去 v_3 v_6	图 7.4(d)
7	图 7.4d)	5(v_1 v_2)	有圈 v_1 v_2 v_6 v_1,舍去 v_1 v_2	图 7.4(d)
8	图 7.4d)	5(v_4 v_5)	取	图 7.4(e)

停止 图 7.4e)的粗线边组成一个最小支撑树,值为 15. 树由 5 条边所组成:

$\{v_2 v_4, v_2 v_3, v_2 v_6, v_1 v_6, v_4 v_5\}$

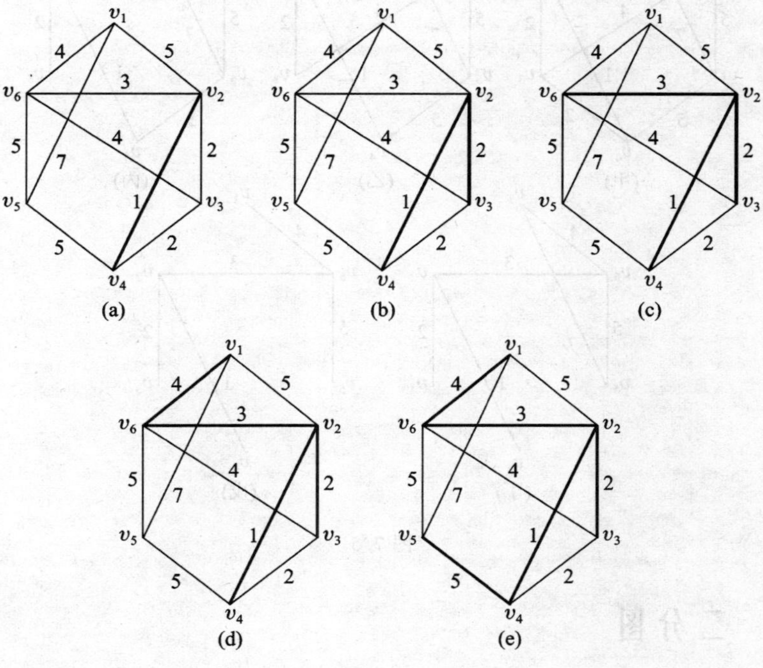

图 7.4

(2) 用破圈算法来求解(如表 7.2 和图 7.5).

表 7.2 用破圈算法求解例 7.1

步骤	讨论对象	考虑一个圈	舍去圈中最大边	结果
1	图 7.3	v_1 v_2 v_6 v_1	v_1 v_2	图 7.5(甲)
2	图 7.5 甲)	v_2 v_3 v_4 v_2	v_4 v_3	图 7.5(乙)

续表

步骤	讨论对象	考虑一个圈	舍去圈中最大边	结果
3	图 7.5 乙)	$v_2\ v_3\ v_6\ v_2$	$v_3\ v_6$	图 7.5(丙)
4	图 7.5 丙)	$v_2\ v_4\ v_5\ v_6\ v_2$	$v_4\ v_5$	图 7.5(丁)
5	图 7.5 丁)	$v_1\ v_5\ v_6\ v_1$	$v_1\ v_5$	图 7.5(戊)
停止	图 7.5 戊)是一个最小支撑树,值为 15. 树由以下 5 条边所组成.: $\{v_2\ v_4, v_2\ v_3, v_2\ v_6, v_1\ v_6, v_5\ v_6\}$			

事实上,图 7.3 的最小支撑树还不止这两个.

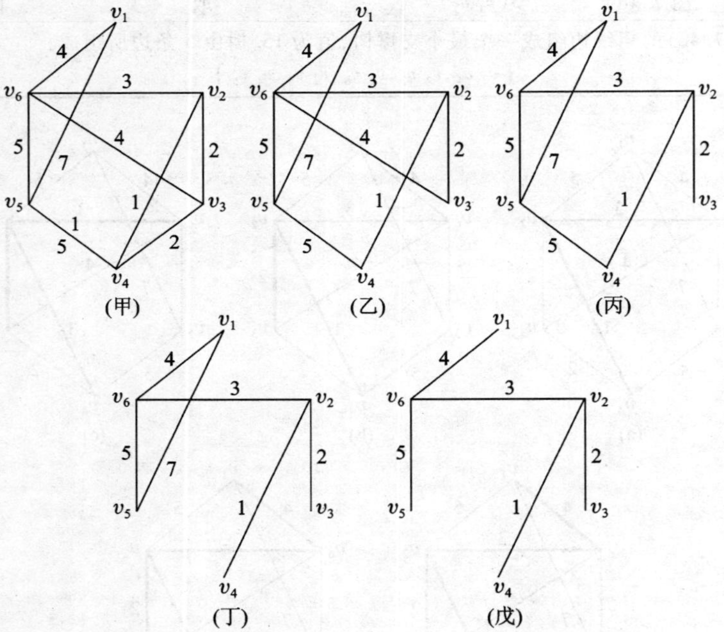

图 7.5

§7.5 二分图

图 $G=G(V,E)$ 叫做**二分图**(或**偶图**),如果它的顶点可以分成互不相交的两个部分 V_1, V_2,使得图的每一条边的两个端点分别属于 V_1 与 V_2. 有时,二分图还写作 $G=G(V_1,V_2,E)$ 或者 (V_1,V_2)-二分图.

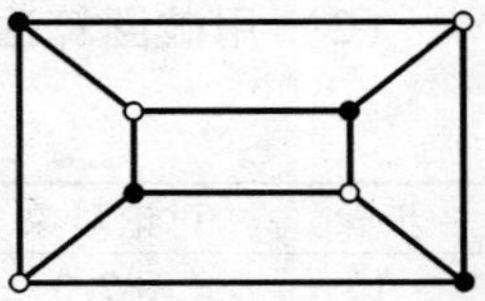

图 7.6

像图 7.6 就是二分图. 把空心顶点所成的集合当作 V_1,而那些实心顶点集合当作 V_2,就清楚了.

第 5 章讨论多阶段有向图时，每个阶段都是二分图. 从而多阶段有向图本身也是一个二分图. 它与我们现在所讨论的二分图有一个重要的不同. 就是各个边都是有向的，而现在讨论的是无向的. 有向的二分图曾用摹矩阵来表示. 其实用摹矩阵表示这里的(无向)二分图也是很合适的.

在一个交谊舞会上，有若干个男青年和若干个女青年. 一对男女青年之间有是否愿意一起跳舞的问题，这件事就可以用二分图来描述. 把男青年用空心(小圆)顶点来表示，女青年用实心(小圆)顶点来表示. 愿意一起跳舞的男女青年之间用一条边相连.

一个单位有若干个待分配工作的人员和若干个待人去做的工作岗位. 一个人有能否胜任某工作的问题，这类事也可以用二分图来描述.

定理 7.6 图 $G=G(V,E)$ 是二分图，当且仅当它不包含边数为奇数的圈.

证明 必要性. 设二分图 G 的顶点有一个划分 (V_1,V_2). C 是一个圈

$$v_0\, v_1\, v_2 \cdots v_{j-1}\, v_j \cdots v_k\, v_0.$$

设 $v_0\in V_1$，因为是二分图，所以 $v_1\in V_2$. 同理 $v_2\in V_1$，等等. 可见，$v_k\in V_2$，k 是一个奇数. 所以，圈 C 的边数是一偶数.

充分性. 仅对连通图证明就够了. 设 G 中没有一个圈的边数是奇数. 规定图的每一条边的长度等于 1. 用 $d(u,v)$ 表示两个顶点 u 与 v 之间的最短路的长度. 任意选定一个顶点 v. 把顶点集合 V 按下面的方法分成两个子集合 V_1,V_2：

$$V_1=\{u\in V: d(u,v)\text{是偶数}\},\quad V_2=\{u\in V: d(u,v)\text{是奇数}\}.$$

显然 (V_1,V_2) 是 V 的一个二部划分. 就是说，

$$V_1\cup V_2=V \text{ 且 } V_1\cap V_2=\varnothing.$$

现在来证明，在 V_1 中任意选两个顶点 w,t，它们之间没有边相连.

设 P 是介于两个顶点 v 与 w 的最短路，Q 是介于 v 与 t 的最短路，长度都是偶数. 两条路的诸公共顶点中，离 v 最远的是 u_1. 介于 v 与 u_1 之间 P,Q 的两个子路也是最短的. 所以这两个子路有相同的边数. 从 w 沿 P 到 u_1，再沿 Q 到 t 的路的长度必定为偶. 由于假设，图中没有边数为奇的圈，w,t 之间不能有边. 所以 V_1 中任何两个顶点之间没有边相连. 同样 V_2 中任何两个顶点之间不能有边相连. 图 G 是一个 (V_1,V_2) - 二分图.

§7.6 二分图的最大匹配问题

§7.6.1 二分图的(边数)最大匹配问题

设有图 $G=G(V,E)$. 边子集合 M 叫做图 G 的一个**匹配**，如果 M 中的任何两条边都不相邻，即没有公共顶点. M 中的边叫做**匹配边**. 一个顶点如果与某一匹

配边相关联,说该点是 M – 饱和的. 否则是 M – 不饱和的. 如果图 G 中至多只有一个顶点是 M – 不饱和的,则说匹配 M 是完美的. 匹配边的两个端点叫做 M – 配对的. 图 G 中有匹配 M. 如果找不到另外一个匹配 M',使得 $|M|<|M'|$,则说 M 是一个边数(/基数)**最大匹配**.

上述的概念当然对二分图 $G=G(V_1,V_2,E)$ 都成立.

像上节开始所述的舞会例子,演奏一个舞曲时,有若干对男女青年在跳舞. 就相当于在相应的二分图中,有一个匹配. 舞会主持人要看看,会场中男女青年最多有多少对随乐曲起舞的. 这就是最大匹配问题. 如果男、女青年人数相等,有没有可能,在一个舞曲演奏过程中,所有男女青年全都找到舞伴? 这就是完美匹配问题.

于对分配工作的例子,也有相平行的讨论.

二分图的(边数)最大匹配问题(maximum matching problem in bipartite graph,问题 MMP)是指:在任意一个二分图中寻找边数最大的匹配.

根据定义,这也是组合最优化的一个题目.

设二分图 $G=G(V_1,V_2,E)$ 有两个匹配 M,M'. 我们也像路和支撑树那样,把 M 中的边集合记作 a,把这些边染成红色,把 M' 的边集合记作 b,染成蓝色. 公共的边变成了紫色. 将余下的红色的诸边记作 a_b,蓝色的诸边记作 b_a,讨论这两个边集合的导出子图 $G[a_b\cup b_a]$. 一个顶点至多只和一条红边和一条蓝边相关联. 即导出子图的每一个顶点的度数或者等于1,至多是2. 所以导出子图由若干个连通分支所组成. 每一个分支或者是一个红蓝边交错的圈,或者是一条红蓝边交错的路. 在二分图中,任何一个圈的边数总是偶数(定理7.6). 红蓝边交错的圈中,两种边的数目相等. 在红蓝边交错的路 L 中,按路的首尾两条边的颜色,分成三种情形.

(1) 颜色不同,路 L 中两种边的数目相等.

(2) 都是蓝色,路 L 中蓝边的数目比红的多1. 路的两个端点都是 M – 不饱和的.

(3) 都是红色. 路 L 中红边的数目比蓝的多1. 路的两个端点都是 M – 饱和的.

以匹配 M(红色的)为主,只有满足(2)的路才是至关重要的. 设有这样的一条路 L. 我们从 M 中删去 L 的红边,再添进 L 的蓝边,得到一个新的匹配 M'',其边数比 M 的多1.

我们注意到:满足(2)的路 L 的两个端点都与红边不关联,即都是 M – 不饱和的.

设 M 是图 $G=G(V_1,V_2,E)$ 的一个匹配. L 叫做 **M – 可扩路**,如果它的两个端点都是 M – 不饱和的,而且是关于 M 的交错路,即由属于 M 与不属于 M 的边交错连成. 从上面的分析,容易证明下面的定理.

定理 7.7　(Berge,1957)二分图 $G=G(V_1,V_2,E)$ 的匹配 M 是(边数)最大的,当且仅当图不存在 M - 可扩路.

这个定理成为求解最大匹配的算法的理论基础,把任意一个匹配 M 作为初始可行解,寻找关于它的可扩路. 如果有一个可扩路,就能得到一个改进的可行解. 如果不存在可扩路,现有的匹配就是最大的.

剩下的任务是如何找出一个可扩路了. 算法的思路是简单的. 从 V_1 中任意一个 M - 不饱和的顶点 u 出发,交错选取非匹配边与匹配边,直至不能再扩充为止. 如果有一个终点是 M - 不饱和的,这个顶点与顶点 u 之间的路是一个可扩路. 具体的算法不详细写了,而通过下面的数字例可以看到.

例 7.2　求二分图(图 7.7)的一个最大匹配.

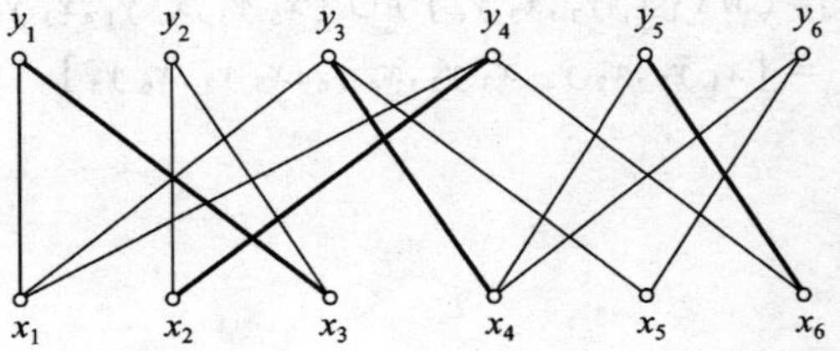

图 7.7

解　譬如说,由 4 条粗线边组成一个初始匹配

$$M=\{x_2y_4,x_3y_1,x_4y_3,x_6y_5\}.$$

在 $V_1=\{x_1,x_2,x_3,x_4,x_5,x_6\}$ 中,顶点 x_1 是 M - 不饱和的. 它所关联的三条边 x_1y_1,x_1y_3,x_1y_4 都是非匹配边. 把它们画成图 7.8,从下数起的第一层、第二层是匹配边. 第三层要在非匹配边中取边. 在三个顶点 x_3,x_4,x_2 中逐个来讨论. 譬如说,先讨论 x_4. 它有两个非匹配边 x_4y_5 和 x_4y_6. 由于 y_6 是不饱和的,我们就

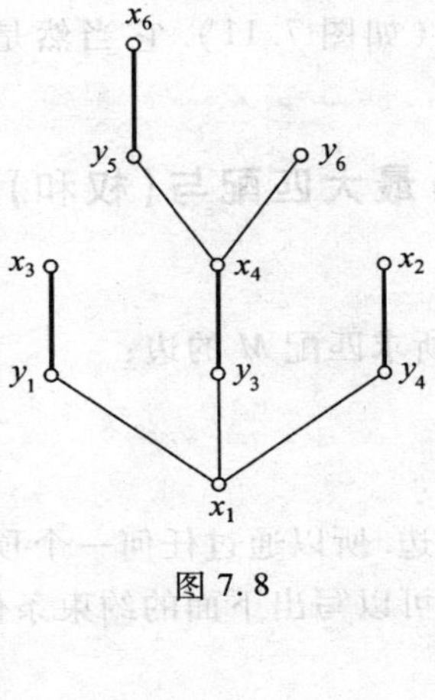

图 7.8

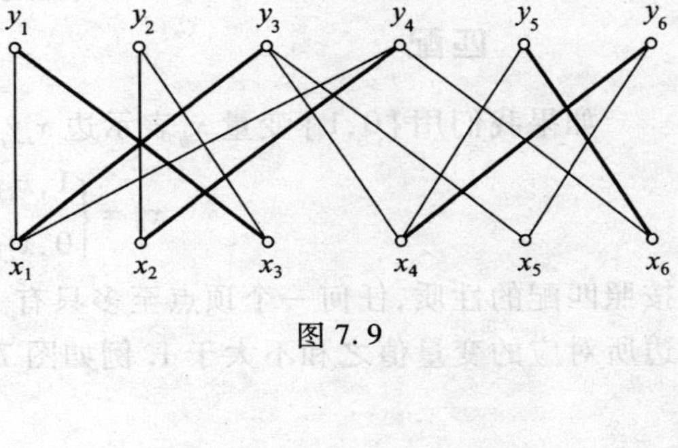

图 7.9

找到了一条路 $x_1\ y_3\ x_4\ y_6$. 它的两个端点都是 M - 不饱和的，$x_1\ y_3$ 和 $x_4\ y_6$ 都是非匹配边，而 $y_3\ x_4$ 是匹配边. 所以它是一条可扩路. 一旦得到了这条可扩路，我们就停止"生长"下去，像这样的图 7.8，把它叫做根为 x_1 的关于匹配 M 的交错树.

用这可扩路来改进匹配 M. 所得的结果作为下一步的起点.

$$M := (M \setminus \{x_4\ y_3\}) \cup \{x_1\ y_3, x_4\ y_6\}$$
$$= \{x_1\ y_3, x_2\ y_4, x_3\ y_1, x_4\ y_6, x_6\ y_5\}, \tag{6.1}$$

它已画在图 7.9 中.

现在从新的匹配(6.1)出发，来搜索可扩路. 从仅有的 M - 不饱和点 x_5 搜索关于匹配 M 的交错树，如图 7.10，得到可扩路 $x_5\ y_3\ x_1\ y_1\ x_3\ y_2$，从而得到另一个匹配

$$M := (M \setminus \{x_1\ y_3, x_3\ y_1\}) \cup \{x_5\ y_3, x_1\ y_1, x_3\ y_2\}$$
$$= \{x_1\ y_1, x_2\ y_4, x_3\ y_2, x_4\ y_6, x_5\ y_3, x_6\ y_5\}.$$

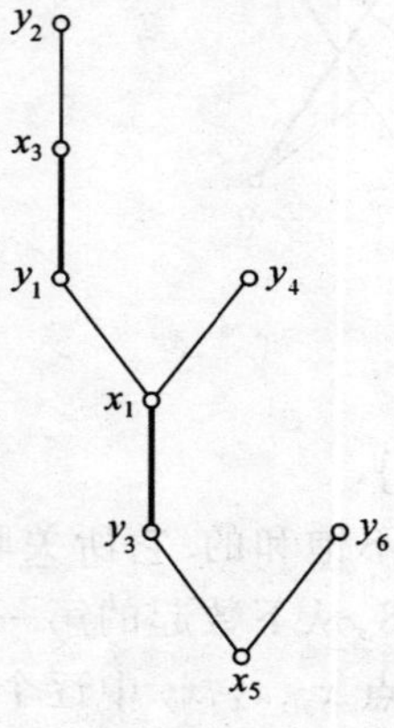

图 7.10

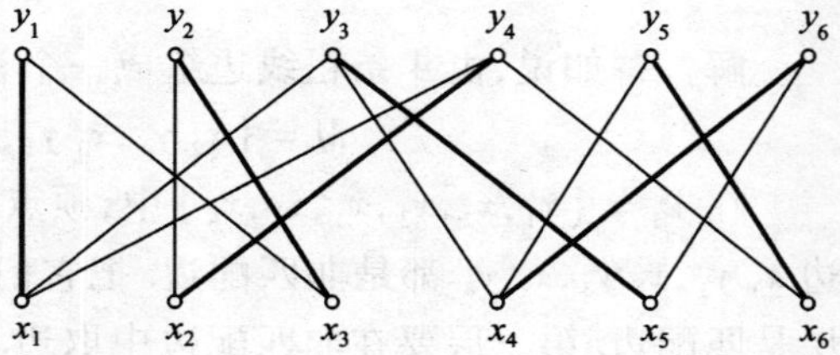

图 7.11

所有的顶点都是 M - 匹配的. 这是一个完美匹配(如图 7.11). 它当然是最大匹配.

§7.6.2　用数学软件求解二分图的(边数)最大匹配与(权和)最优匹配

如果我们用{0,1}变量 x_{ij} 表示边 x_iy_j 是否是所求匹配 M 的边：

$$x_{ij} = \begin{cases} 1, x_iy_j \in M, \\ 0, x_iy_j \notin M. \end{cases}$$

按照匹配的性质，任何一个顶点至多只有一条匹配边. 所以通过任何一个顶点各边所对应的变量值之和不大于 1. 例如图 7.7，我们可以写出下面的约束条件

$$\begin{array}{ll}
x_{11}+x_{13}+x_{14}\leqslant 1, & x_{11}+x_{31}\leqslant 1,\\
x_{22}+x_{24}\leqslant 1, & x_{22}+x_{32}\leqslant 1,\\
x_{31}+x_{32}\leqslant 1, & x_{13}+x_{43}+x_{53}\leqslant 1,\\
x_{43}+x_{45}+x_{46}\leqslant 1, \quad \text{和} & x_{14}+x_{24}+x_{64}\leqslant 1,\\
x_{53}+x_{56}\leqslant 1, & x_{45}+x_{65}\leqslant 1,\\
x_{64}+x_{65}\leqslant 1, & x_{46}+x_{56}\leqslant 1.
\end{array}$$

要求所有变量之和最大：

$$\max z = x_{11}+x_{13}+x_{14}+x_{22}+x_{24}+x_{31}+x_{32}+x_{43}+x_{45}+x_{46}+x_{53}+x_{56}+x_{64}+x_{65}.$$

由于可以证明这种类型的线性规划的解一定是整数 0 或 1，我们可以不必在线性规划模型中声明变量必须是 0 或者 1.

我们可以用软件 Mathematica 或者 LINDO 来求解. 例如用后者的. 输入时要注意，约束条件的关系符“≤”，固然可以用“<=”，但用“<”也是等价的.

```
MAX   x11 + x13 + x14 + x22 + x24 + x31 + x32 + x43 + x45 + x46 +
      x53 + x56 + x64 + x65
ST
x1) x11 + x13 + x14 < 1
x2) x22 + x24 < 1
x3) x31 + x32 < 1
x4) x43 + x45 + x46 < 1
x5) x53 + x56 < 1
x6) x64 + x65 < 1
y1) x11 + x31 < 1
y2) x22 + x32 < 1
y3) x13 + x43 + x53 < 1
y4) x14 + x24 + x64 < 1
y5) x45 + x65 < 1
y6) x46 + x56 < 1
END
```

计算结果得到：

目标函数的最大值：6；

最优解是：$x_{11}=x_{24}=x_{32}=x_{46}=x_{53}=x_{65}=1$，其余变量都等于 0.

就是说，最大匹配由 6 条匹配边所组成，它们是变量为 1 的那些边.

一个单位对高级人才是逐个解决其任用问题的，但是对具有非高级程度相类似的人员，往往是成批分配工作的. 除了如何简单地把人员尽量分配上岗的问题，一个更深入的问题是:一个人可能胜任某几个工作,他担当不同的工作,可为单位创造不同的效益.把效益用数字来表述,就提出赋权二分图(权和)最优匹配问题.

例 7.3　某管理学院有6个教学辅助岗位 $y_1, y_2, y_3, y_4, y_5, y_6$,准备分配给新来的6位大学毕业生 $x_1, x_2, x_3, x_4, x_5, x_6$.一方面,由个人表示志愿,另一方面对其在相应岗位上可能发挥作用做出评估打分,最高为10分,最低为0分,如表7.3:

表 7.3　各人可能胜任工作的评分

x_i 担任 y_j	x_{11}	x_{13}	x_{14}	x_{22}	x_{24}	x_{31}	x_{32}	x_{43}	x_{45}	x_{46}	x_{53}	x_{56}	x_{64}	x_{65}
评分	9	7	6	5	9	6	8	10	8	7	7	2	9	5

做出的二分图如下:

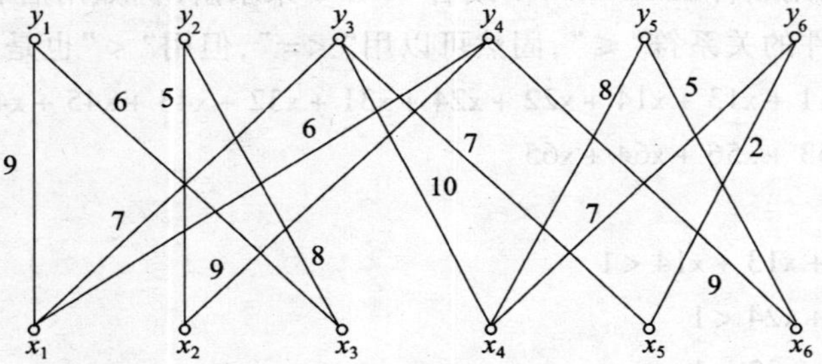

图 7.12

如果图7.12没有赋权,它就是图7.7.我们同样可以写出线性规划模型.主约束条件与上例的相同,而目标函数是

$$\text{Max } w = 9x_{11} + 7x_{13} + 6x_{14} + 5x_{22} + 9x_{24} + 6x_{31} + 8x_{32} + 10x_{43} + 8x_{45} + 7x_{46} + 7x_{53} + 2x_{56} + 9x_{64} + 5x_{65}.$$

输入到线性规划软件 LINDO 中,计算得到答案:

目标函数的最大值:45;

最优解:有6条匹配边,它们是

$$x_{11} = x_{24} = x_{32} = x_{46} = x_{53} = x_{65} = 1, \text{其余都等于零}.$$

需要说明一点.像上面的例题,可以有两种提法,一是在让这6个大学毕业生全都上岗的前提下,使得总效益最大;另一是总效益最大,无需考虑必须全都录用.答案是不一定相同的.例如有一个赋权二分图(图7.13)

$$A = \{6(x_1y_1), 9(x_1y_2), 1(x_2y_2)\}.$$

它有一个完美匹配 $\{6(x_1y_1), 1(x_2y_2)\}$,它的权和等于7.但是图的权和最大的匹配是 $\{9(x_1y_2)\}$,它的值等于9.

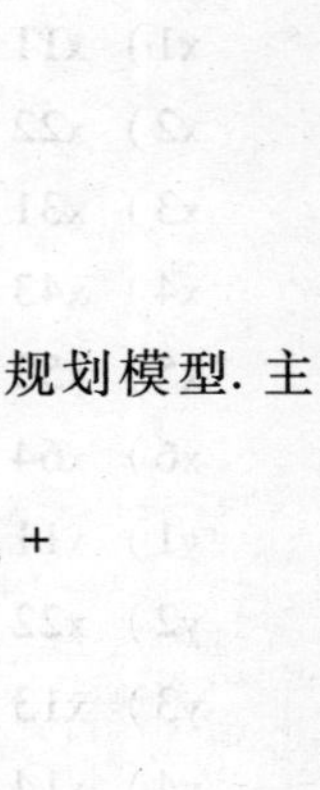

图 7.13

§7.7 二分图的峰值最小(/谷值最大)的匹配问题

§7.7.1 问题的提出

对于匹配的值,除了规定为匹配的边数(/基数)和诸匹配边的权之和而外,还可以有别的规定.例如规定为诸匹配边的权中最大者,叫做**峰值**;或者为诸匹配边的权中最小者,叫做**谷值**.于是有要求一个完美匹配,使得它的峰值最小,叫做**峰值最小问题**.也有谷值最大问题.

它们首先是由 Fulkerson R.,Glicksberg I.,Gross O. 于 1953 年提出的.

像线性规划一样,规定匹配的一种值,往往总有必须如此规定的实践背景.

例如,需要确定 n 个正在空中飞行的目标的位置的问题.

设有两台遥感器(sensor)安置在不同的地理位置,例如在地面上、军舰上、预警飞机甚至卫星上.在某一个时刻 t,它们同时瞄准这些飞行目标,各得到 n(例如 40,60,甚至 120)条射线.从理论上说,每个目标的位置是指向它的两条射线的交点.在实践上,如何从所得的两组射线中各取一条,认定是指向同一个目标,似乎并不容易.即便两条射线真的指向同一个目标,由于目标具有一定的尺寸,观察与计算时具有一定的误差,故这两条射线一般总是异面的.

人们用下面的方法把这些射线进行配对:在时刻 t,假设两台遥感器锁定了这些飞行目标.把第 1 台遥感器的第 i 条射线与第 2 台的第 j 条射线组成一对异面射线.用空间解析几何的方法,求出它们之间的最短距离与公共垂线.前者通常总是一个正数.

把第 1 台的 n 条射线理解为 n 个顶点,记作 $\{x_i\}$,同样,把第 2 台的 n 条射线理解为顶点集合 $\{y_j\}$,把第 1 台的第 i 条射线与第 2 台的第 j 条射线所组成一对异面直线表示成顶点 x_i 与顶点 y_j 之间的一条边,用其最短距离作为权.问题就变为求解满足某种条件的完美匹配.一旦得到了完美匹配,把每条匹配边所对应的两条异面射线的公共垂线的中心点作为所指某个目标在这个时刻的位置.不仅如此,持续进行观测还可以得到各个目标的运动轨迹.

困难在于用什么规则来规定匹配的值.曾经有人采用权和最小的规则来求解.1953 年,Fulkerson R.,Glicksberg I.,Gross O. 提出用峰值最小的规则来求解.后来有文献报告,在国外的实践表明,用峰值最小的规则来测定飞行中的机群、导弹群和多弹头的位置,比用权和最小的规则更为有效.

再讲一个题目.

加工一个工件可以由某些机器(/工人)来完成,各种机器所需的时间不必相同.有的机器甚至不能加工.

有一种工件在机器上加工的排序问题.

设有 n 种工件,用 $\{x_i\}$ 表示,有 n 台机器,用 $\{y_j\}$ 表示. 工件 x_i 能够在机器 y_j 上加工,就对应一个变量,和一个加工时数. 把每个工件各分配给一台机器,每台机器只加工一个工件. 这样就得到一个加工分配方案. 对于每一个方案,规定这些机器同时开始加工,直到所有机器全都加工完毕,把这段时间叫做该方案的值. 一个合理的题目是,寻求具有最小值的方案.

首先,把 n 种工件看成一个顶点集合,n 台机器看成另一顶点集合. 一个工件可以在某台机器上加工,就把相应的两个顶点用一条边连接,而所需的加工时间作为边的权. 所以这里对应了一个赋权二分图. 每个分配方案对应一个完美匹配,它的值等于诸匹配边的权中最大者,即峰值. 最优解等于诸峰值中最小的分配方案. 所以,我们这里所讨论的排序问题与上面讲的测定飞行物的位置问题具有相同的图论模型.

上述两个实际问题说明研究峰值最小的完美匹配问题具有重要的意义.

§7.7.2 门槛算法

我们现在来讨论求解峰值最小匹配问题的"门槛算法".

(1) 把边集合按它们的权由小到大地排成一行,记作 LIST. 它的每一项含有两个部分,一是权,二是等于这个权的那些边,或者表示那些边的变量. LIST 的第 i 项记作 LIST(i).

(2) 作一个工作图 K(0),它是一个二分图,顶点集合就是所给二分图的顶点集合,但是边集合是空集合.

(3) 把 LIST 的第 1 项中的边添加到图 K(0) 中,得到图 K(1);检查它是否有完美匹配;如果没有,把第 2 项 LIST(2) 中的边添入,得到图 K(2),再作检查,等等,譬如说,直到添加第 k 项 LIST(k) 中的边,所得到的图 K(k) 才有完美匹配. 这个匹配的峰值等于这一项的权,这个峰值是最小的.

这第 3 步,有点像在上台阶,还有点像是在跨门槛上台阶.

例 7.4 设有 6 个工件须在 6 台机器上加工的数字题. 具体的数据如下:

表 7.4

x_i 在 y_j 上加工	x_{11}	x_{13}	x_{14}	x_{22}	x_{24}	x_{31}	x_{32}	x_{43}	x_{45}	x_{46}	x_{53}	x_{56}	x_{64}	x_{65}
加工时数	9	7	6	5	9	6	8	10	8	7	7	2	9	5

求解峰值最小的加工分配方案.

首先把这些边按它们的权由小到大地排列,得到 LIST:

$$2\{x_{56}\},5\{x_{22},x_{65}\},6\{x_{14},x_{31}\},7\{x_{13},x_{46},x_{53}\},$$
$$8\{x_{32},x_{45}\},9\{x_{11},x_{24},x_{64}\},10\{x_{43}\},$$

它一共有 7 项. 每一项有一个权和若干个变量,相当于若干条边.

在工作图 K(0)中,依次添入 LIST(1),LIST(2),LIST(3)中的边,得到 K(3),它只含有 5 条边,不可能有完美匹配,再把 LIST(4)添入,得到 K(4),它的边集合是

$$\{x_{56},x_{22},x_{65},x_{14},x_{31},x_{13},x_{46},x_{53}\}.$$

容易看出,

$$\{x_{22},x_{65},x_{14},x_{31},x_{46},x_{53}\}$$

是一个完美匹配. 这个匹配是所求的最优解,最优值等于 LIST(4)的权,它是 7.

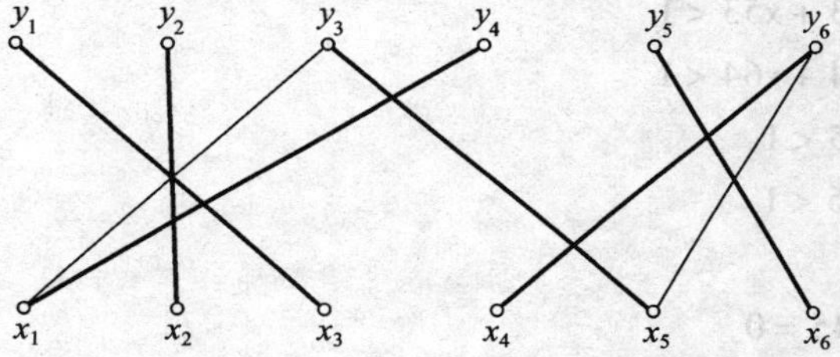

图 7.14

用软件 LINDO 来求解.

为了用门槛算法求解工作图 K(i)的最大匹配,可以把上面的 LIST 的 7 项中的诸变量写成 7 行,并让它们全部等于零:

1) x56 = 0
2) x22 = 0 x65 = 0
3) x14 = 0 x31 = 0
4) x13 = 0 x46 = 0 x53 = 0
5) x32 = 0 x45 = 0
6) x11 = 0 x24 = 0 x64 = 0
7) x43 = 0

把它们作为约束条件,加入到在 §7.6.2 中所得到的寻求这个数字题的最大匹配的程序中. 这是关于求解工作图 K(0)的最大匹配的程序. 要求解工作图K(1)的最大匹配的程序,只要删去条件 1) x56 = 0. 要求解工作图 K(2)的最大匹配的程序,在 K(1)的程序中再删去条件 2) x22 = 0 x65 = 0 即得,等等. 进行计算. 一旦目标函数值等于 6,就得到所求的最优解. 下面是工作图 K(4)中求解最大匹配的程序.

```
MAX   x11 + x13 + x14 + x22 + x24 + x31 + x32 + x43 + x45 +
      x46 + x53 + x56 + x64 + x65
ST
```

```
x1) x11 + x13 + x14 < 1
x2) x22 + x24 < 1
x3) x31 + x32 < 1
x4) x43 + x45 + x46 < 1
x5) x53 + x56 < 1
x6) x64 + x65 < 1
y1) x11 + x31 < 1
y2) x22 + x32 < 1
y3) x13 + x43 + x53 < 1
y4) x14 + x24 + x64 < 1
y5) x45 + x65 < 1
y6) x46 + x56 < 1

5) x32 = 0 x45 = 0
6) x11 = 0 x24 = 0 x64 = 0
7) x43 = 0
END
```

经过计算,得到目标函数值等于 6.000000,表明得到了完美匹配. 变量的值为

$$x14 = x22 = x31 = x46 = x53 = x65 = 1,$$

其余变量都等于零. 取值为 1 的边是所求峰值(等于 7)最小完美匹配的匹配边.

§7.8　最大流问题

§7.8.1　循环流

设有向图 $D = D(V, L)$ 的底图(不考虑各个有向边的指向的图)是连通的. 有向边 $l = uv$ 也叫做**弧**,顶点 u 是弧的头,顶点 v 是它的尾,有向边 l 是顶点 u 的出弧,是顶点 v 的入弧. 有向边集合为 $L = \{l_j : 1 \leqslant j \leqslant |L|\}$.

设有一个有向图 7.15. 把它理解为输送物品(石油/水/气)网络,把有向边上的数字理解为流动速度,即单位时间内物品流动的量. 在四个顶点 v_1, v_2, v_3, v_4 处,都有一条 2 个单位的物品(流)入(的)弧,都有一条 2 个单位物品(流)出(的)弧. 可以说在每一个顶点处,物品的流量是平衡的.

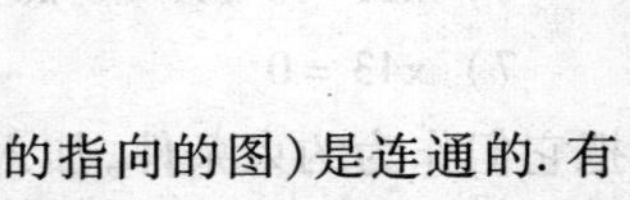

图 7.15

把这个静止的图形看成在运动，它是物品按流速等于 2 沿圈 $C: v_1, v_2, v_3, v_4$ 无休无止地在循环流动着的工作图.

下面讨论流的问题时，为了行文方便，不必反复强调“在单位时间内”，不再严格区分流速和流量.

在一个有向图中，说整数值函数 $g=\{g(l): l\in L\}$ 是**循环流函数**，是指它满足条件：

$$\text{平衡条件：}\quad g^+(v)=g^-(v), v\in V. \tag{8.1}$$

其中 $g^+(v)(g^-(v))$ 等于顶点 v 处所有出（入）弧的函数值之和. 在图形上是一个**循环流**（circular flow）. 图 7.15 就是一个循环流.

函数 $g(l)\equiv 0$ 是一个循环流，叫做**零流**. 它是平凡的.

图 7.16 是一个有向图，它的各个弧都赋有一个数. 我们也静图动看，顶点 $u_1(/u_3)$ 处，没有入弧，在单位时间内，流入量等于零；有两条出弧，一条的流出量是另一条的相反数，它们的和等于零. 而在顶点 $u_2(/u_4)$ 处，没有出弧，流出量等于零；有两条入弧，一条的流入量是另一条的相反数，它们的和等于零. 所以，按照平衡条件，图 7.16 也是一个循环流.

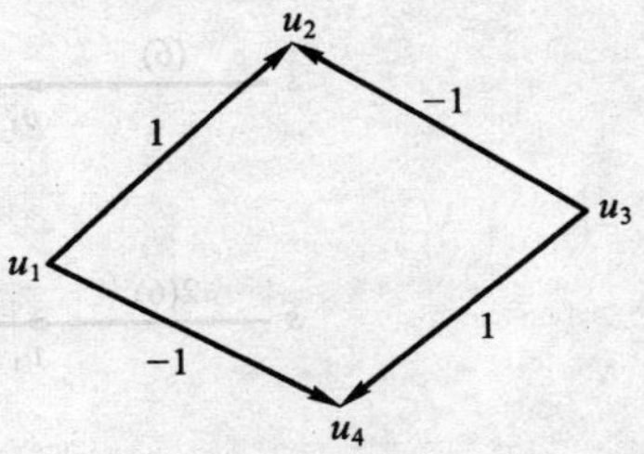

图 7.16

在有向图 D 的底图上，选定一个圈 r，并规定任意一个指向，记作 $\vec{r}$，把圈 r 上与所规定的指向一致的弧叫做前向弧，其全体记作 $\vec{r}^{\,+}$，与它反向的叫做逆向弧，其全体记作 $\vec{r}^{\,-}$. 在有向图 D 上的函数 $\mu=\mu(l)$ 是一个**基本循环流（函数）**，充要条件是

$$\vec{\mu}(l)=\begin{cases}1, & l\in\vec{r}^{\,+},\\ -1, & l\in\vec{r}^{\,-},\\ 0, & \text{其他}.\end{cases}$$

在一个有向图中有两个循环流

$$a=\{a(l_1), a(l_2), a(l_3), \cdots, a(l_m)\},$$

$$b=\{b(l_1), b(l_2), b(l_3), \cdots, b(l_m)\},$$

它们的线性组合仍是循环流，就是说，一个循环流的若干倍是一个循环流，两个循环流之和还是循环流

$$p\,a=\{p\,a(l_1), p\,a(l_2), p\,a(l_3), \cdots, p\,a(l_m)\},$$

$$a+b=\{a(l_1)+b(l_1), a(l_2)+b(l_2), a(l_3)+b(l_2), \cdots, a(l_m)+b(l_m)\}.$$

可以证明，有向图的一个循环流可以写成若干个基本循环流的线性组合. 图 7.15 是一个基本循环流的 2 倍，图 7.16 是一个基本循顺环流.

§7.8.2 网络与最大流问题

下面讨论有容量限制的流.

在一个有向图的顶点集合 V 中,指定两个顶点:**源** s 与**汇** t. 余下的叫做**中间顶点**,其全体记作 $I=V\backslash\{s,t\}$. 在弧集合 L 上给定一个非负整数值函数 $k(l)$,叫做**容量函数**(capacity function). 容量 $k(l)$ 是指在单位时间内沿弧 l 允许最大流量. 假设容量总是非负整数(即自然数). 这样的图叫做**有容量限制的网络**,简称为**网络**(network). 记作 $N=N(V,L,s,t;k)$.

例如图 7.17(a)的每条弧都赋有一个自然数,是容量,写在圆括号中. 这是一个网络.

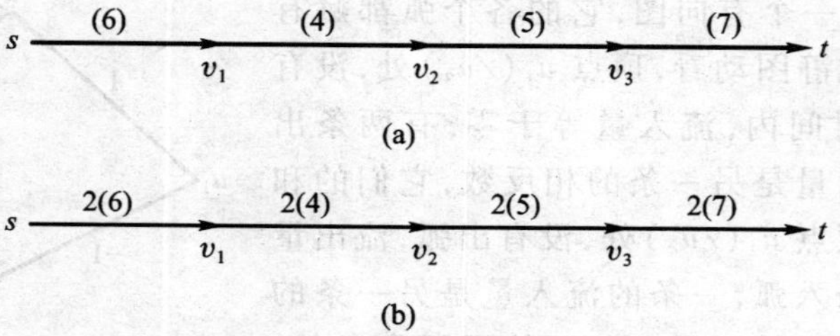

图 7.17

图 7.17(b)与图 7.17(a)有所不同. 弧的容量(写在圆括号)之前,有一个数 2,理解为流量. 首先看到,在单位时间里,每条弧的流量都不能超过它的容量. 其次,每一个中间顶点处,流入量为 2,同时流出量也是 2. 出入是平衡的. 源 s 和汇 t 处就不一样了. 在源 s 处,流出量为 2,物品从哪里来的呢? 从这个网络外面的油井、车间等等生产出来,送来托运的. 在汇 t 处,流入量是 2,再流到哪里去呢? 流出了这个网络,把那些物品交给了用户. 这个网络正在执行一项运输任务,这是每个单位时间内输送 2 个单位物品的一张工作图(形).

再讲一个例子. 在网络(图 7.18)中弧旁圆括号之前都有数. 有的是 4,3,1 等等,有的是 0. 每条弧的流量都没有超过它的容量. 其次,中间顶点 v_1 处,流入

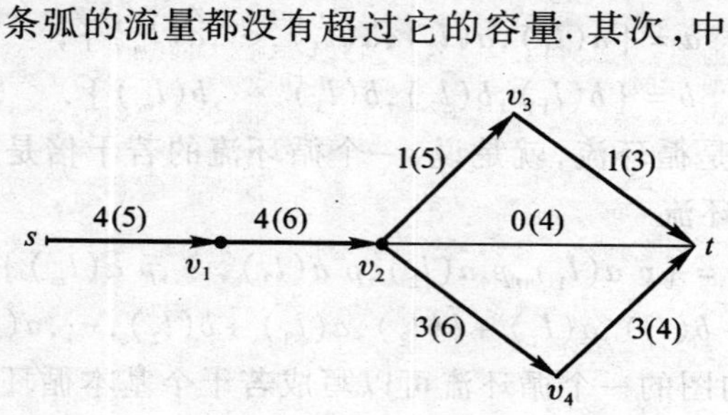

图 7.18

量为 4,流出量也是 4,是平衡的. 在 v_2 处,流入量为 4,让 3 个单位沿弧 $v_2 v_4$ 流去,让余下的 1 个单位沿弧 $v_2 v_3$ 流去. 在 v_2 处,出入是平衡的. 在顶点 v_3,v_4 处也是如此. 在源 s 处,流出量为 4,是靠这个网络外面某个工厂之类的单位送来的. 在汇 t 处,流入量是 4,流出了这个网络,那些物品交给了用户. 网络中的弧 $v_2 t$ 具有容量 4,这时弧 $v_2 t$ 没有输送任务,在弧旁的圆括号之前已经写了数 0. 总之,这是一张以流速为 4 在输送物品的工作图(形).

在单位时间内,网络图 7.17 还能多输送一些物品. 可以输送 3 个或 4 个单位. 还能输送更多些吗? 不能了. 因为这些弧的容量依次是 6,4,5,7,这条路能够畅通无阻地输送物品的最大流量是 4. 在网络图 7.17 中,无论删掉哪一条边,网络就断流了. 那些边的容量中最小值等于流量的最大值.

网络图 7.18 是流速等于 4 的工作图,流速还能更大吗? 可以大到 5. 同时,这个网络中一共有 6 个边割集,它们及其容量各等于

$$5\{s v_1\},6\{v_1 v_2\},15\{v_2 v_3,v_2 v_4,v_2 t\},13\{v_2 v_3,v_4 t,v_2 t\},$$

$$13\{v_3 t,v_2 v_4,v_2 t\},11\{v_3 t,v_4 t,v_2 t\}.$$

容量最小的割是 $s v_1$,似乎最大流量也是等于最小割的容量.

在工作图中,中间顶点 v_2 处为什么让 1 个单位物品沿弧 $v_2 v_3$ 流去,让 3 个单位沿弧 $v_2 v_4$ 流去? 这可能是在顶点 v_2 处的管理员随意定下来的. 表明一个任务可以有种种的输送方案. 一个网络有一个流量最大的问题,如果对每一个弧还规定了输送单价,就有费用最小的最大流问题.

在网络 $N=N(V,L,s,t;k)$ 上的整数值函数 $g=\{g(l):l\in L\}$ 是一个流函数,如果满足下面的条件:

$$\text{容量约束:}\quad 0\leqslant g(l_j)\leqslant k(l_j),\text{对于所有 } l_j\in L; \tag{8.2}$$

$$\text{平衡约束:}\quad g^+(v)=g^-(v),v\in I, \tag{8.3}$$

其中
$$g^+(v)=\sum\{g(l_j):l_j\text{ 的尾是 }v\},$$
及
$$g^-(v)=\sum\{g(l_j):l_j\text{ 的头是 }v\}.$$

函数 g 流的值,记作 val g,定义作

$$\text{val } g=g^+(s)-g^-(s). \tag{8.4}$$

流 g 是最大的,如果不存在一个流 g' 使得 val $g<$ val g'.

最大流问题(maximum flow problem,问题 MFP)是指:在网络中,求解一个流函数 g,它的值为最大.

把网络 $N=N(V,L,s,t;k)$ 的弧集合 L 以及容量作为主集合. 一个流,那些流量为正的弧的全体及其流量作为主集合的一个子集合,把它作为可行解,按公式(8.4)有一个值. 在可行解的全体中寻求值最大的可行解. 这说明最大流问题是一个组合最优化问题.

可以证明:对于任何一个流 g,总有

$$g^{-}(s)-g^{+}(s)=g^{+}(t)-g^{-}(t).$$

这个命题在直观上是清楚的:任何一个流,流出源 s 的总量等于流入汇 t 的总量.为此,我们可以从汇 t 到源 s 作一条虚拟的弧 ts,规定它的容量足够大,例如是 M,把它写在弧旁圆括号中,虚拟弧的流量等于这个流的值.在这样得到的网络中的流成为循环流.

经过虚拟弧,有一个基本循环流,如果删掉虚拟弧 ts,所得到的路叫做**可增路**(/基本流函数).

在一个网络中,

$$a=\{a(l_1),a(l_2),a(l_3),\cdots,a(l_m)\},$$

$$b=\{b(l_1),b(l_2),b(l_3),\cdots,b(l_m)\},$$

是两个流函数.它们的线性组合是一个流函数,如果它们满足容量约束.就是说,设 p 是一个数,如果对于所有的弧 l_i 满足

$$p\,a(l_i)\leqslant k(l_i),$$

则

$$p\,a=\{p\,a(l_1),p\,a(l_2),p\,a(l_3),\cdots,p\,a(l_m)\}$$

是一个流函数.如果

$$a(l_i)+b(l_i)\leqslant k(l_i),$$

则 $a+b=\{a(l_1)+b(l_1),a(l_2)+b(l_2),a(l_3)+b(l_3),\cdots,a(l_m)+b(l_m)\}$

是一个流函数.

可以证明,有向图的一个流函数可以写成若干个基本流函数的线性组合.

在所给的网络中,要构造一个非零流是容易的.只要从源到汇,寻找一条路,像图7.17那样,把这条路上诸容量的最小值作为这些弧的流量,然后在余下的网络中用同样的方法寻求路等等,就得到一个相当不错的流.

我们在网络中,限定各条弧的容量是非负整数.这与非负有理数是等价的.因为对各个弧的容量同时乘以一个公分母就变成为自然数了.人们之所以没有规定为实数,是避免在某些特殊场合引起计算复杂性的困难.

§7.8.3 Ford-Fulkerson 算法

我们已经对路、支撑树、匹配的最优化问题,用分析任意两个可行解的"(对称)差"的方法,得到了各自的特性和定理,发展成各自的算法.现在用同样的方法来讨论流的优化问题.

为了让读者容易理解抽象的分析,用一个数字例伴随着讨论,作为参考.

例7.5 讨论网络 N(图7.19),图中各个弧旁圆括号中的数字代表该弧的容量.这个网络取自

Bondy J. A., Murty U. S. R., Graph Theory With Applications, Mcmillan Press

LTD, 1976,吴望名等译,图论及其应用,科学出版社 1984
中译本的第 209 页. 附带说一句,这本书写得很好. 从 1978 年起的相当长的一段时间里它曾经是国内学习图论的一本通用教材.

弧都是用纤细黑线画成. 设网络中画两个流 a,b(参考图 7.20 和图 7.21,图中没有标明容量). 让前者用红色(粗黑线)的边来表示,后者用蓝色(波纹)的边来表示. 把这两个流合在一起,例如,弧 $s\,v_1$ 有容量 6,把它看作是由 6 条相互平行的、容量各为 1 的管道. 在这个弧上,流 a 用了 1 个单位,b 用了 3 个单位. 就让 1 条管道染成红色,再让 3 条管道染成蓝色. 我们约定,一条弧的管道最终不能既有红又有蓝色. 于是合在一起后,有 1 条紫色,2 条蓝色,还有 3 条没有染色,仍是纤细黑线(如图 7.22).

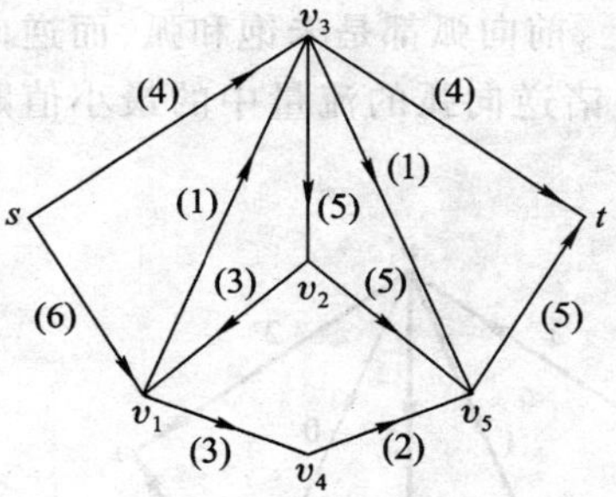

图 7.19

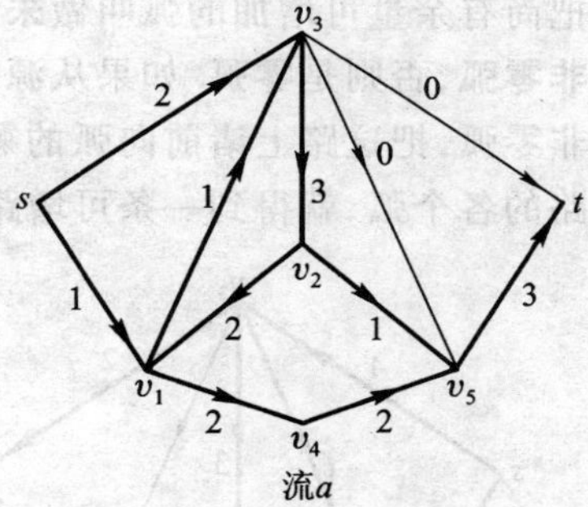

图 7.20

弧旁圆括号内的数是所使用的管道数. 对于每一条弧都如此处理. 撇开紫色的和黑细线的管道而外,作出红色和蓝色弧的导出子图 $N(a_b\cup b_a)$(图 7.22). 如果设想引入容量为 M,流量为 4 虚拟弧 ts. 可以看到,这个图中确实有经过汇与源的两个循环流. 它们具有基本循环流的特征.

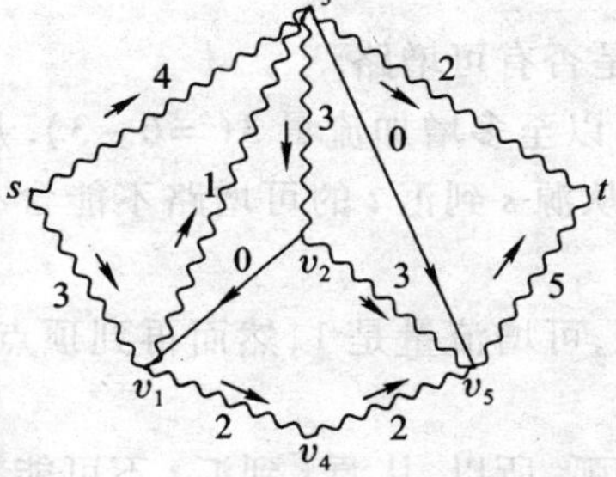

图 7.21

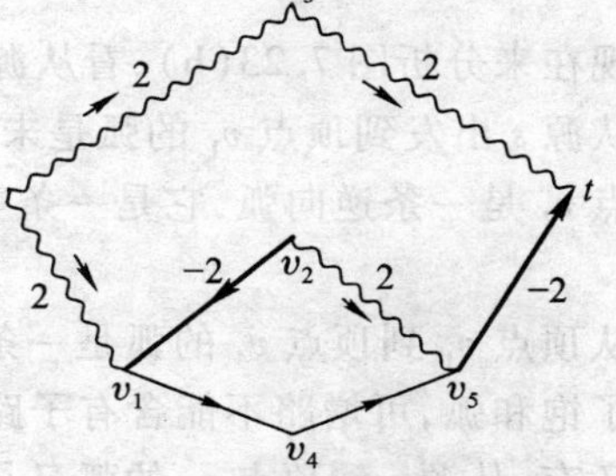

图 7.22

把图 7.22 中的、流量为 2 的路 $s\ v_3\ t$ 添加到流 a(图 7.20)中，得到一个新的流，流量增加了 2(图 7.23(a)). 再把路 $s\ v_1\ v_2\ v_5\ t$ 中的蓝色(波纹)弧添到图 7.23(a)中，把红色弧的流量从流中减掉. 把蓝色弧的流量仍记为正数，而红色弧的流量改记为负数，以便在后面删去流量为 2 的红色弧，说成加上流量为 -2 的红色边. 所得到的流量又增大了 2. 这样图 7.20 中的流 a 得到了两次改进. 它的结果如图 7.23(b). 图 7.22 中的两条路都是流 a 的**可增路**.

网络图 7.23(b)的流(其实就是流 b)能不能再增大呢? 有两点需要注意:

(1) 网络是有容量限制的，寻求可增量时必须注意前向弧还能有多少可增加的流量.

(2) 对于逆向弧，必须有足够的流量可供减少.

把尚有余量可增加的弧叫做**未饱和弧**，否则叫做**饱和弧**. 把流量为正的弧叫做是**非零弧**，否则是**零弧**. 如果从源到汇的路上，前向弧都是未饱和弧，而逆向弧都是非零弧，把这路上诸前向弧的剩余量以及诸逆向弧的流量中的最小值赋给可增路的各个弧，就得到一条可增路.

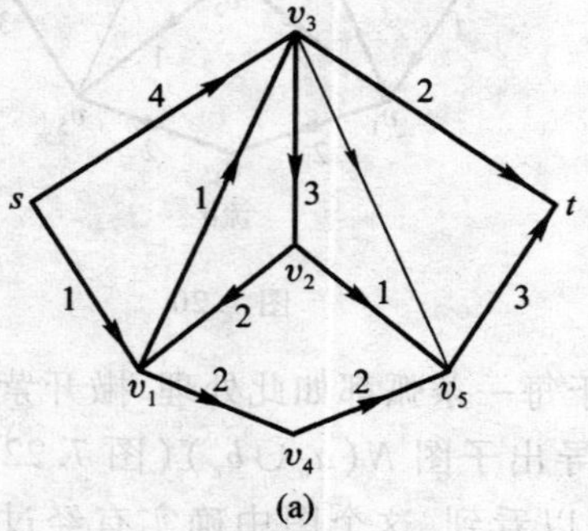

流a的第1次改进

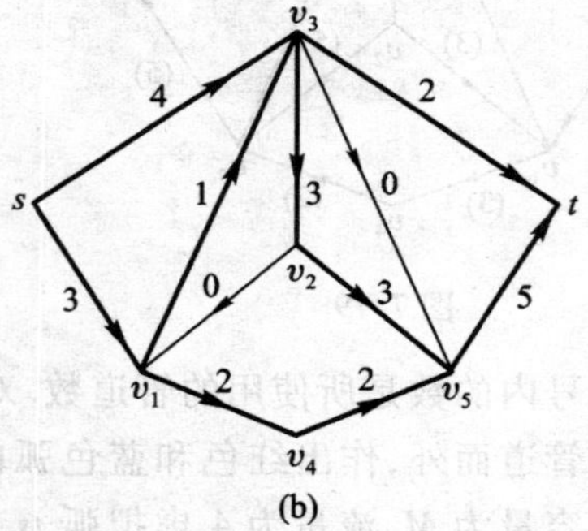

流b的第2次改进

图 7.23

现在来分析图 7.23(b)，看从源 s 到汇 t 是否有可增路.

从源 s 出发到顶点 v_1 的弧是未饱和弧，可以至多增加流量 3($=6-3$). 从 v_1 到顶点 v_2 是一条逆向弧，它是一条零弧. 于是从源 s 到汇 t 的可增路不能含有路 $s\ v_1\ v_2$.

从顶点 v_1 到顶点 v_4 的弧是一条未饱和弧，可增流量是 1，然而再到顶点 v_5，遇到了饱和弧，可增路不能含有子路 $s\ v_1\ v_4\ v_5$.

还有，从源 s 到顶点 v_3 的弧又是一条饱和弧. 所以，从源 s 到汇 t 不可能有可增路. 图 7.23(b)中的流是一个最大流. 它的值等于 7. 它是本例题的答案.

这仅仅是分析具体的网络的特性. 它鼓励人们追求理论上的结果，在 1957 年，Ford L. R. Jr 和 Fulkerson D. R. 证明了这确实是正确的. 我们在此就不给出详细证明了.

§7.8.4 用软件求解最大流问题与最小费用最大流问题

根据流函数的容量约束和平衡条件,再加上计算流量公式,最大流问题是一个线性规划问题. 我们可以用软件 Mathematica 或者 LINDO 来求解.

例 7.6 用软件求网络图 7.19 的最大流.

首先把源 s 的名字改为 v_0,把汇的名字 t 改为 v_6. 现在建立线性规划模型. 所求的流在各个弧 v_iv_j 上的流量记作 x_{ij},它是非负的,且不大于该弧的容量. 它们在每一个中间顶点有平衡约束:

表 7.5

流变量	x_{01}	x_{03}	x_{13}	x_{14}	x_{21}	x_{25}	x_{32}	x_{35}	x_{36}	x_{45}	x_{56}
容量	6	4	1	3	3	5	5	1	4	2	5

$$\text{在 } v_1: \quad x_{01}+x_{21}=x_{13}+x_{14},$$

$$\text{在 } v_2: \quad x_{32}=x_{21}+x_{25},$$

$$\text{在 } v_3: \quad x_{03}+x_{13}=x_{32}+x_{35}+x_{36},$$

$$\text{在 } v_4: \quad x_{14}=x_{45},$$

$$\text{在 } v_5: \quad x_{25}+x_{35}+x_{45}=x_{56}.$$

还有目标函数求最大:

$$\max z=x_{01}+x_{03}.$$

譬如说,应用 LINDO,输入时特别注意:

(1) 约束条件的关系符号的右端规定不含变量,左端不含常数项;

(2) 容量约束规定变量非负有上界,记容量,使用符号 SUB.

程序是

```
MAX x01 + x03
ST
v1) x01 + x21 - x13 - x14 = 0
v2) x32 - x21 - x25 = 0
v3) x03 + x13 - x32 - x35 - x36 = 0
v4) x14 - x45 = 0
v5) x25 + x35 + x45 - x56 = 0
END
SUB x01 6   SUB x03 4   SUB x13 1   SUB x14 3   SUB x21 3   SUB x25 5
SUB x32 5   SUB x35 1   SUB x36 4   SUB x45 2   SUB x56 5
```

LINDO 运行 4 秒后就显示第 4 次迭代就得到答案:

目标函数的最大值:7;

最优解是

$$x_{01}=3, x_{03}=4, x_{13}=1, x_{14}=2, x_{21}=0, x_{25}=1,$$

$$x_{32}=1, x_{35}=0, x_{36}=4, x_{45}=2, x_{56}=3.$$

例 7.7　在上例的网络中,如果单位物品流经各个弧的费用(/单价)规定如下表:

表 7.6

弧流量	x_{01}	x_{03}	x_{13}	x_{14}	x_{21}	x_{25}	x_{32}	x_{35}	x_{36}	x_{45}	x_{56}
容量	6	4	1	3	3	5	5	1	4	2	5
单价	4	7	7	1	2	5	6	4	3	4	6

问网络的最大流和最小费用各是多少?

修改上例的线性规划模型. 已经得到最大流等于 7,为此增加一个约束条件:

$$x_{01}+x_{03}=7.$$

而目标函数改为

$$\min z=4x_{01}+7x_{03}+7x_{13}+x_{14}+2x_{21}+5x_{25}+6x_{32}+4x_{35}+3x_{36}+4x_{45}+6x_{56}.$$

输入程序,经过 5 s 时间的计算,就显示出:在第 5 次迭代得到答案:

目标函数的最小值:91;

最优解是

$$x_{01}=3, x_{03}=4, x_{13}=1, x_{14}=2, x_{21}=0, x_{25}=0,$$

$$x_{32}=0, x_{35}=1, x_{36}=4, x_{45}=2, x_{56}=3.$$

这个最大流与上例所得到不相同. 可见这个数字网络的最大流不止一个.

上面只讨论了一个源与一个汇的情形. 对于多源、多汇的题目,可以虚拟一个顶点为总源和一个顶点为总汇,并从总源到各个源有一条弧,从各个汇到总汇有一条弧,容量等于一个足够大的数. 让这些弧上的输送单价都等于零,就转化为一源一汇的情形. 不过这样的处理可能会使某些源或汇落空,失去了多源多汇流的意义.

我们还可以把软件 Mathematica 和 LINDO 作为一个虚拟实验室,例如改变上面的例题中的数值,探讨种种更为深入的问题.

例如,某个网络中必须输送若干个单位物品从源到汇,问最小费用是多少?

只有经费若干元,问至多可以输送物品多少?

网络上的某个弧的管理者问,如何理性地调整(/扩大/缩小)容量,调整(/增加/减小)单价,保证能够得到所期望的输送量.

网络的管理者发现,图 7.19 是一个结构很不合理的网络. 最大流量只有 7,无论在源与汇处,还是中间顶点之间的输送能力都明显过剩,为了增大输送能力,问如何投资扩大某几条弧的容量,同时使投资达到最小? 等等.

这类问题从理论上研究往往是困难的,而且每提一个题目,期望都研究出专属的有效算法,这样的思路是值得商量的. 对具体数字题,在科学计算软件上进行种种尝试,往往能够及时得到实用的方案,供有关的决策人员参考、应用.

§7.9 巡回商问题

§7.9.1 巡回商问题的提出

我国有三十四个省、直辖市、自治区和特别行政区. 一个推销商从北京出发,要遍访全国各个行政区的首府一次而且仅一次,最后回到北京. 问他如何安排旅行线路,能使得整个旅程最短. 用激光打孔机在一个金属板上打几百个细小的孔. 从一个点开始逐点打孔,最终回到原出发点,以便为下一个金属板开始打孔. 工程师应该如何设计打孔路线,使得总路线最短. (这个题目,打 318 个孔是迄至 1984 年所解决了的顶点数最大的实际问题之一,它导致时间和费用的大量节约.)类似的问题诸如:牛奶公司每天清晨派车去各个养牛专业户收集牛奶、邮局快递员每班需要把邮件投送到若干个地点、环卫部门派车去若干个点收集垃圾、向自动售货机供货、维护电话亭等等,问应该如何安排这类问题的行车线路,不仅完成生产、投送、收集任务,而且规定每个地点只去一次,总的路线最短,等等.

1923 年,Menger K. 首先把这类题目抽象为一个数学问题.

巡回商问题(traveling salesman problem,问题 TSP)是指:在赋权连通图上寻找一条通过每一个顶点一次而且仅仅一次的圈,使得总长度最短.

这种通过图中每个顶点一次而且仅仅一次的圈简称作 **H 圈**,数学家 Hamilton W. R. 在 1856 年首先讨论了这种圈.

人们总假设所讨论的赋权连通图 $G=G(V,E)$ 是完全的,即任何两个顶点之间都有边相连. 如果所给的图不是完全的,对那些无边相连的顶点对之间虚拟一条边,规定权为很大的一个数 M. 而虚拟若干条边的思路就是线性规划中的(大)M 法. 我们需要这样做,为的是理论上能保证找到 H 圈.

把一个 H 圈或者它的边集合混称为一个可行解,它是图的边集合 E 中具有规定特性的一个子集. 规定 H 圈的值等于各边的权之和. 在所有可行解中,求最优解,即值最小的 H 圈. 所以,巡回商问题是一个组合最优化问题.

在赋权完全连通图 $G=G(V,E)$ 中,对于一个可行解,属于它的边称为可行边,不属于它的边称为自由边. 现在设有两个可行解,一个是 a,把它的边染成红色,另一个是 b,染成蓝色. 公共的边变成了紫色. 余下的诸红色边记作 a_b,余下的诸蓝色边记作 b_a,讨论导出子图 $G[a_b\cup b_a]$. 每个顶点至多和 2 条红色边以及 2 条蓝色边相关联，即导出子图的每一个顶点的度数等于4或者2. 它们由若干个连通分支所组成，每个分支是一个红蓝交错闭迹，即可能含有度数大于2的闭回路，红色边数与蓝色边数相等，如果各等于$k(2\leqslant k\leqslant[n/2])$，则说它是$k$交错圈，如图7.24.

最为简单的是2交错圈. 当前有一个可行解

$$a:\quad p_{ti}\cup\{v_iv_j\}\cup p_{js}\cup\{v_sv_t\},$$

它的边是可行边，这之外的是自由边. 不妨设想，可行边v_iv_j是事先选定的，可行边v_sv_t是而后再任意选出的一条边. 把它们用两条自由边v_iv_s和v_tv_j替换，所得到的是一个H圈，即可行解，记作

$$a':\quad p_{ti}\cup\{v_iv_s\}\cup p_{sj}\cup\{v_jv_t\}.$$

4条边$\{v_iv_j,v_iv_s,v_sv_t,v_tv_j\}$成了一个可行边与自由边的交错圈，如图7.24.

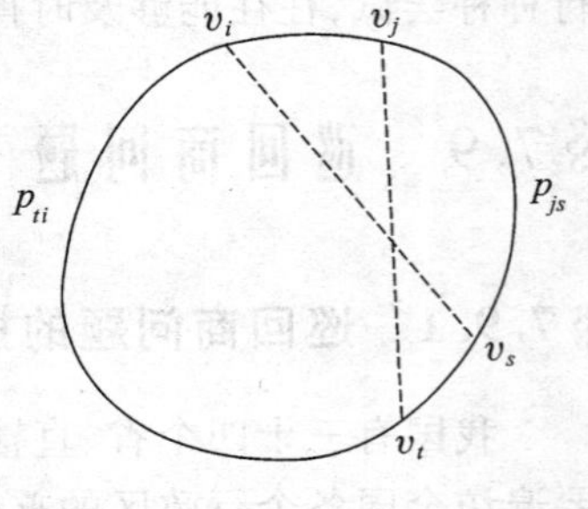

图7.24

从可行解a到可行解a'的步骤是，把这个交错圈中属于可行解a的边更换为自由边. 我们说，是通过一个2阶变换T_2而得到的. 把可行解a'说作是a的一个2阶邻点，可以看到，一个可行解有众多的2阶邻点.

如果有一个2阶变换T_2满足条件

$$w(v_iv_s)+w(v_tv_j)<w(v_iv_j)+w(v_sv_t),\tag{9.1}$$

叫做一个调优变换T_2. 把它作用到可行解a就得到一个改进可行解a'.

把所得到的改进可行解作为当前可行解. 继续发现新的调优变换T_2，等等. 直至不再能再改进，所得到的H圈叫做2-最优解. 一般来说，它不是最优解.

人们还可以用更换3边，4边，…，k边的办法讨论调优变换$T_3,T_4,\cdots,T_k$. 我们用遍了各阶调优变换，最终得到最优解. 只是，读者可以想象，这需要付出爆炸性的计算量. 这又是一个“言之有理，行之很难有效”的办法.

经过长时间的研究，人们证明了巡回商问题不像我们前面所讨论的路，树，匹配，流等等问题，它是一个很困难的问题. 请读者注意，甚至什么叫“困难问题”，都是远远超出本书讨论的范围的，因此不拟再作深入讨论了.

§7.9.2　用软件求解数字巡回商问题

我们不得不寻求更强大的软件，更强大的计算机. 而更为重要的是在理论上进行研究以寻求更有效的算法. 可以用整数规划的方法，还可以用动态规划的方法来求解. 这里不详细讨论了. 我校85届研究生刘派锋曾经在他的硕士论文中解决了中国全国省市自治区首府之间的巡回商问题，得到一个最优解和一个次优解. 后来，国家增设了海南省、重庆市，而且香港和澳门现已回归，设置了特别行政区. 刘派锋对先前的工作做了修改. 得到我国三十四个省市自治区和特别行政区首府之间的巡回商问题的最优解. 把标有首府名字的结果表示如图7.25.

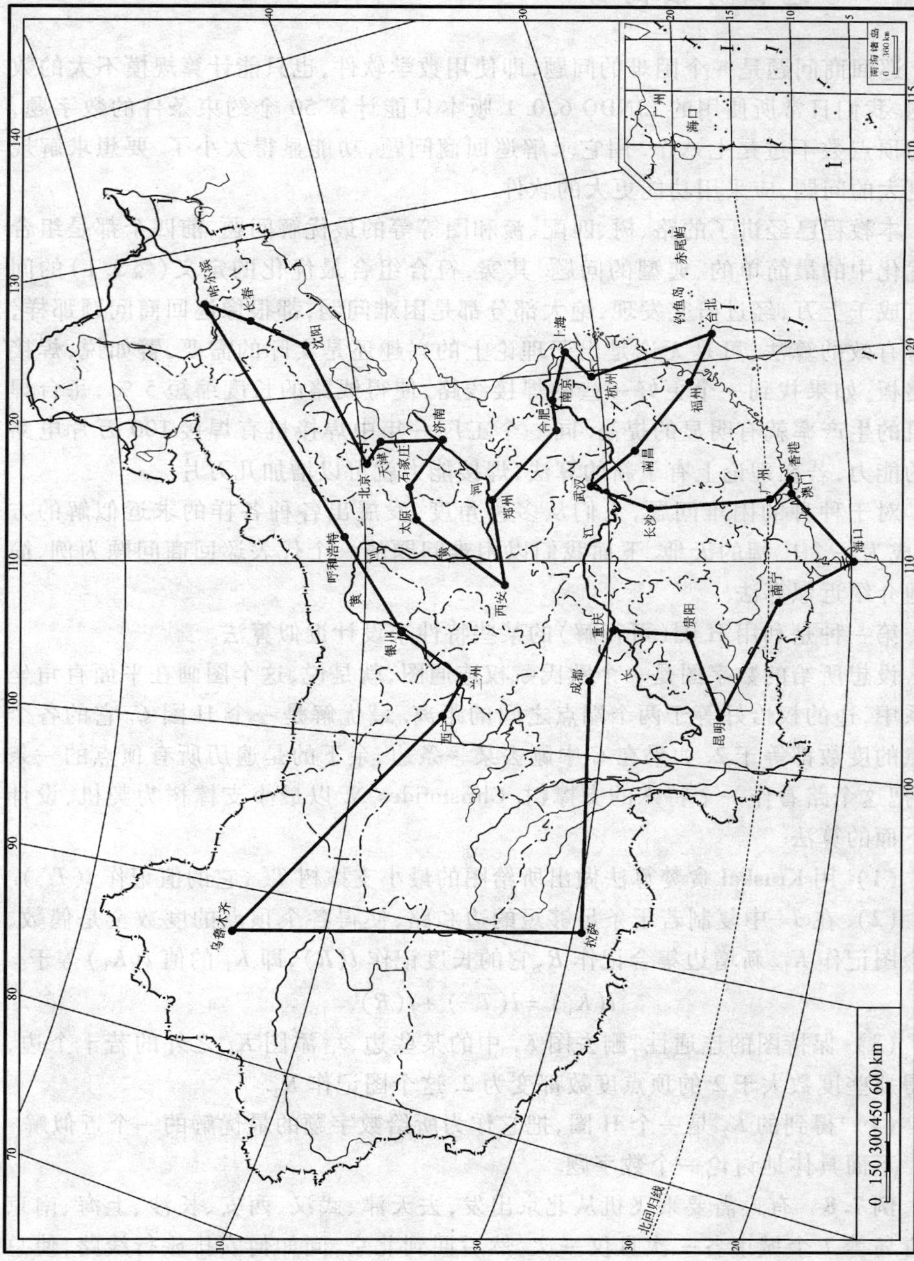

哈尔滨
长春
沈阳
北京
天津
济南
石家庄
太原
呼和浩特
郑州
西安
银川
兰州
西宁
乌鲁木齐
拉萨
成都
重庆
贵阳
昆明
南宁
海口
澳门
香港
广州
长沙
武汉
南昌
福州
台北
杭州
南京
合肥
上海
钓鱼岛
赤尾屿
南海诸岛
北回归线
0 150 300 450 600 km

图 7.25

§7.10 近似算法简介

巡回商问题是一个困难的问题,即使用数学软件,也只能计算规模不大的数字题.我们日常所使用的 LINDO 6.0.1 版本只能计算 50 个约束条件的数字题,图的顶点数不过是七八个.用它求解巡回商问题,功能显得太小了.要想求解规模更大的问题,应采用功能更大的软件.

本教程已经讲了的路、树、匹配、流和圈等等的最优解问题,前四个都是组合最优化中的最简单的、典型的问题.其实,符合组合最优化的定义(§5.1)的问题有成千上万,经过研究发现,绝大部分都是困难问题,都很像巡回商问题那样,没有有效的算法.可是无论是出于理论上的兴趣还是实际的需要,譬如说,焊接电路板,如果找到一个更好一些的焊接线路,使得线路的长度缩短 5 %,每台焊接机的生产率就有明显的提高.同一个工厂一年中焊接机有焊接 100 万片电路板的能力,若在理论上有了新的算法,焊接能力就可以增加几万片.

对于种种的困难问题,人们从多种角度,发展出各种各样的求近似解的方法,成为一个广阔的天地.下面我们以困难问题的一个代表巡回商问题为例,简单地介绍近似算法.

第一种是利用 H 圈(可行解)的某些特性来设计近似算法.

设想所给的数字图是一个欧氏赋权连通图,就是说,这个图画在平面直角坐标系中,边的权恰好等于两个端点之间的距离.最优解是一个 H 圈 C.它的各个顶点的度数都等于 2.如果在 C 中删去某一条边,余下的是遍历所有顶点的一条路.把这个路看作一个特殊的支撑树.Christofides N. 以最小支撑树为契机,设计出下面的算法.

(1) 用 Kruskal 贪婪算法做出所给图的最小支撑树 T^*,它的值记作 $l(T^*)$.

(2) 在 T^* 中复制若干条足够短的边和路,使得各个顶点的度数全是偶数,这个图记作 K_1.新增边集合记作 R,它的长度记作 $l(R)$,即 K_1 的值 $l(K_1)$ 等于

$$l(K_1)=l(T^*)+l(R).$$

(3) 保持图的连通性,删去图 K_1 中的某些边,增添图 K_1 之外的若干个边,使得那些度数大于 2 的顶点度数都变为 2.这个图记作 K_2.

(4) 得到的 K_2 是一个 H 圈,把它作为所给数字题的最优解的一个近似解.

下面具体地讨论一个数字题.

例 7.8 有人需要乘飞机从北京出发,去天津、武汉、西安、长沙、上海、南京和青岛等 7 个城市各一次且仅一次,然后回到北京,问如何安排旅行线路,使总路程最短.

在比例尺为 1:26 000 000 的《中国交通地图》上找出这 8 个城市,作为 8 个

顶点,让它们构成一个赋权完全图,两个顶点间的直线距离可以用比例尺量出,也可观察出两条边的长短. 用 Christofides 近似算法:在这完全图上,按贪婪算法作一个最小支撑树 T. 检查各顶点的度数. 指出度数为奇数的顶点,一共有 6 个. 设法添加 3 条足够短的边到 T 中得到 T',使得

(1) 这些顶点在 T'中的度数都为偶数;

(2) 这三条边的长度和为最小.

这里添加的是南京—上海边,武汉—长沙边以及北京—西安边.

在 T'中,指出度数大于 2 的顶点南京和武汉,要设法把它们的顶点的度数改为 2,直观地看到长沙—南京边比长沙—西安边短,在 T'中划去长沙—武汉间的一条重复边和武汉—南京边,添上长沙—南京边. 改造后,武汉的度数已成为 2,而南京的仍为 4. 由于上海—青岛边比上海—长沙边为短,划去上海—南京边及南京—青岛边,添加上海—青岛边,即得一个相当合理的旅行方案 H 圈 C.

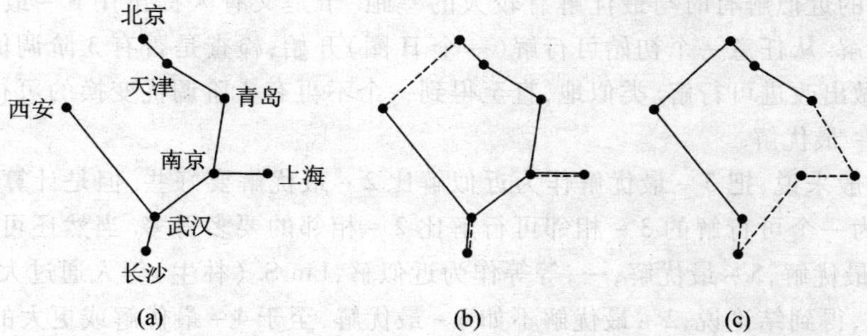

图 7.26

对于一个问题,有人提出一个办法,可以用来求解手边的某几个规模不大的数字图上的可行解,直观上来看自我感到满意,就宣称这个办法是一个近似算法. 用近代的观点说,这是不能算数的. 因为还有大量的工作要做.

人们满意地说,上面讲的 Christofides 近似算法是一个好的近似算法,是因为至少有下面三个原因:

一、方法简单,容易理解;

二、人们从理论上证明了,即便在最坏的情况下,所得的近似解的值(/圈的长度)$l(T')$不会比最优解的值 $l(T^*)$的 1.5 倍大,即

$$l(T') \leqslant 1.5 l(T^*).$$

这个常数 1.5 标志着这个近似算法的性能.

一般来说,设有一个组合最优化问题是以最小为最优. 它有一个近似算法 A. 对于某个实例的每一个数字例 I,一方面它有一个最优解,它的值记作 $\mathrm{OPT}(I)$,用近似算法求得的近似解,它的值记作 $A(I)$,如果存在一个大于 1 的

常数 k,使得下面的关系式总成立:

$$A(I) \leqslant k\ \mathrm{OPT}(I),$$

这个常数 k 叫做这个近似算法的**性能比**,不等式叫做性能比(performance ratio)公式. 用性能比的思路研究近似算法的性质叫做**性能比分析**.

三、用统计的思想来研究. 随机地生成若干个赋权完全图,算出它们的精确解. 再用 Christofides 提出的办法求它们的近似解,加以比较. 结果表明,近似解的值比精确解的值仅仅只超过 5 % 左右而已.

还有一种方法是利用最优解的必要条件建立近似算法.

一个是 1985 年,Lenstra J. K., Rinnoog Kan, A. H. G. 和管梅谷关于巡回商问题的报告说,最优解的任何 2 阶变换都不是调优的,2 - 最优解一般不是巡回商问题的最优解,它只是一个"局部"最优的,比所有的 2 - 相邻的可行解好. 从上世纪 50 年代开始,人们把 2 - 最优解作为近似最优解. 但是经过实验分析,发现求得的近似解有时与最优解有较大的差距. 于是又有人提出用 3 - 最优解作为近似解. 从任意一个初始可行解(一个 H 圈)开始,检查是否有 3 阶调优变换,有,就做出改进可行解. 类似地,直至得到一个不再有 3 阶调优变换的可行解. 它就是 3 - 最优解.

一般来说,把 3 - 最优解作为近似解比 2 - 最优解要好些. 但是计算量要大些. 因为一个可行解的 3 - 相邻可行解比 2 - 相邻的要多得多. 当然还可以考虑以 4 - 最优解,5 - 最优解,…,等等作为近似解,Lin S.(林生)等人通过大量的实际计算,得到结论说,2 - 最优解不如 3 - 最优解,至于 4 - 最优解或更大的 5 - 最优解等等,计算量又太大,而且所得的结果并不比 3 - 最优解好很多.

当然,3 - 最优解一般来说仍不会是最优解,有时还会离最优解相当远. 从实用角度来看,还是不够好的. Lin 等人提出一种克服这一缺点的办法. 就是在所给的图中,随机地选取若干个 H 圈作为初始可行解,分别求出它们的 3 - 最优解,然后从中取出最优(短)的. 那么,应该取几条初始可行解(H 圈)呢? 他们从大量计算中发现,对于一个有 n 个顶点的数字题来说,3 - 最优解是精确最优解的概率约为 $P = 2^{-n/10}$(这是一个经验公式,没有理论证明). 像在第 5 章的例 5.2 中的结论,至少需要 5 架侦察机才能有 90 % 的把握完成侦察任务那样,如对于 $n = 50$,不难算出,只要随机地选取 150 条初始可行解,求得最优解的概率将达到 0.99. 由于求初始可行解以及求调优变换 T_3 以及 3 - 相邻的可行解在计算机上都是容易做到的,因此用上面的办法就可能有 99 % 的把握得到最优解.

一般都认为这是一种相当有效的近似方法.

组合最优化有大量的问题,本教程至此只讲了几个最典型的问题. 通过讨论它们,让读者了解组合最优化问题的一些基本特点,包括问题的提出、研究的方法、证明定理的思路、使用科学计算软件求解各个问题的数字题,以及它们的种种推广和应用,等等.

练 习 7

7.1 试述(1)图,简单图,连通图和赋权连通图的概念;

(2) 最小支撑树和最大匹配的概念;

(3) 循环流,流与最大流的概念;

(4) 巡回商问题.

7.2 从您所熟悉的生产、行政、业务管理以及生活中举出可以用下面概念来表示的例子各两个.

(1) 树; (2) 匹配; (3) 巡回商问题.

7.3 请用数学归纳法证明定理 7.4.

7.4 设有一个赋权连通图,各边和权是:

6(AB),8(BC),1(CD),3(DE),2(EF),6(FA),

6(GA),7(GB),3(GC),4(GD),2(GE),3(GF).

画出这个图,然后用下面的方法求它的最小支撑树.

(1) 用破圈算法;

(2) 用生成算法;

(3) 用 M 算法;

(4) 用贪婪算法.

【答:最小支撑树的值:20.】

7.5 有平面三角形 ABC,顶点的坐标是 $A(0,0)$,$B(5,0)$和 $C(2,3)$.

(1) 用贪婪算法求解这个图的最小支撑树和它的值;

(2) 在这个三角形 ABC 中添加一个点 $D(2,2)$. 仍用贪婪算法求解完全四边形 $ABCD$ 的最小支撑树和它的值;

(3) 比较(1)和(2)这两个结果,你能有些什么见解? 你能设想如何应用这个结果到实际问题中去?

【答:(1) 7.83; (2) 7.42.】

7.6 在下面的二分图中求一个最大匹配.

$$\begin{array}{c} \\ A \\ B \\ C \\ D \\ E \\ F \end{array}\begin{array}{c} \begin{array}{cccccc} H & I & J & K & L & M \end{array} \\ \begin{bmatrix} 1 & 0 & 0 & 1 & 1 & 0 \\ 0 & 1 & 1 & 1 & 0 & 1 \\ 0 & 0 & 1 & 1 & 0 & 1 \\ 1 & 0 & 1 & 1 & 1 & 1 \\ 1 & 1 & 1 & 0 & 1 & 0 \\ 0 & 0 & 0 & 1 & 0 & 1 \end{bmatrix} \end{array}$$

7.7 用软件 LINDO 求解例 7.6.

7.8 对于例 7.7 中的网络,已经得到最大流为 7,最小费用为 91. 求解过程中,曾设弧

v_iv_j 的流量是 x_{ij}，规定 $s=v_0$，$t=v_6$.

（1）网络的主人希望只让弧 v_3v_2 的流量为 1，总流量仍保持 7，问网络应该如何安排最大流，并为此付出多大的代价？

（2）根据实际情况，设可以改建下列 6 条弧以增大容量，而其扩容的单位费用如下：

可扩容弧	v_0v_3	v_1v_3	v_3v_5	v_3v_6	v_4v_5	v_5v_6
扩容单价	800	400	600	700	500	400
扩容上限	—	—	—	—	2	—

目标是使得最大流量达到 10. 问如何改建使得投资费用最小？

【答：(1) 付出代价：7；而最大流：$x_{01}=3$，$x_{03}=4$，$x_{13}=1$，$x_{14}=2$，$x_{21}=0$，$x_{25}=1$，$x_{32}=1$，$x_{35}=0$，$x_{36}=4$，$x_{45}=2$，$x_{56}=3$；

(2) 最小费用：1 600；最佳扩容方案：弧 v_1v_3 扩容 3，弧 v_5v_6 扩容 1.】

7.9 你能定义峰值最小(/谷值最大)的支撑树吗？找出一个求解的算法. 并证明它的最优解与(和值)最小支撑树是相同的.

第三部分　正交试验设计

本部分只有一章，讲解正交试验设计.

正交试验设计是安排多因素试验的一种技术.它能利用正交表的特性分析诸因素的作用，以及它们之间的关系，以提高试验指标值和找出优化方案.

这是一项不以最优为目标而仅求更优的技术.它能帮助试验者更多、更快、更省、更合理地进行科学试验.我们在本教程的最后部分，以此为例，向读者讲明，用数学方法(还有其他方法)研究运筹学问题时，还有更快更有效地寻求更优解的方法和技术.

最后，在§8.8中对本教程作了一个结束语.

第 8 章

正交试验设计

本章介绍如何安排多因素试验的一种技术：正交试验设计，包括单指标、无(/有)交互作用的问题和处理多指标问题的几种技术.

在本章末§8.8中，作为本教程的结束语，讲述了运筹学的一些基本特点、进一步的应用以及利用因特网搜寻有关运筹学的信息的方法.

§8.1 引言

产品的质量是设计质量与生产质量的总和.提高生产质量的一个重要途径就是做好试验工作.

我们这里讲的“产品”、“试验”都是广义的.经过人们自觉劳动而得到的东西都可以当作产品.对任何一个可以而且需要重复进行的活动，谋求改进它的某项指标的研究常常可以通过**试验**(日本学者则称为**实验**)来实现.而一个试验的方法是科学的，如果它能够重复实现、能够传授，而且行之有效.

例如，人们在学会种植某种庄稼之后，就会考虑如何改变施肥方法，以提高该种庄稼的亩产量.人们掌握了通过淬火的方法使材料的硬度增大之后，就会研究如何改变淬火工艺，以进一步提高金属的硬度.又例如，如何选取参数，使新产品有更好的性能；如何配比冲洗液使像片效果更好；如何刊登广告，使宣传效果更好.甚至生活中如何做出更可口的米饭，等等，都是在某种事物的功能实现之后，企图通过试验的方法来提高所需功能的水平.

造厂房、机器，总是先设计，后施工.进行科学试验也应先设计，再实施.

如何实现具体项目的功能，这是有关专业人员的业务工作.在实现所需功能之后，人们在众多实现功能的可能方案中，找寻更好的方案时，运筹工作者可以作出应有的贡献.我们不是逐一摸索地改进，依靠日积月累的规则积聚经验，而是要提供一种科学技术，帮助试验者更快、更省、有条不紊地达到目的.这种技术叫做**试验设计**(design of experiment).

正交试验设计仅是试验设计中的一种.正交就是均衡、正常搭配的意思.

正交试验设计在1926年美国农业科研工作中已经开始运用.第二次世界大战中,英国军火局把它作为一项机密的军事技术,用来提高军火质量,起到了很大的作用.

战后,英国把它解密,公布了这项技术.美国戴明教授把这一方法引进日本.日本田口玄一在20世纪50年代,带头研究、简化,并大力推广.到70年代末,在日本,利用正交试验设计在各项生产中做出明显成绩的项目达到了一百五十万个以上.1991年,美国J. 格林姆对这个成就的评价说:"这也是当今日本工业遥遥领先的主要原因."(《数学科学·技术·经济竞争力》南开大学出版社,第46页.)

70年代,我国对日本的方法进一步加以改进,并进行了推广.实践证明,80年代初期所推行的现代管理诸多方法中,正交试验设计是最受科技人员欢迎的技术之一.用它安排各种科学试验,确实简便易学,效果显著.

学习了前七章,读者得到的印象也许是:运筹学所研究的问题都具有精确的目标函数,具有准确的定义域,而且都是在寻求最优(最大/最小)值.这类问题无疑是运筹学的内容.但是,我们说过,运筹学是谋求"多、快、好、省"、谋求优化的学问,并没有一定要求最多、最快、最好、最省.运筹学研究的范围要宽广得多.有的问题中变量不一定都取值于数,不一定具有常义的目标函数和准确的定义域,不一定追求最优解.正交试验设计就是一例.它只谋求更多、更快、更好、更省.

正交试验设计是非常有用的工具,尽管它是统计学的一部分,但把它列为运筹学课程中的一章也是合理的.

§8.2 数字例

例8.1 一位工程师甲埋怨热处理车间的某种工件的质量不过关.运筹学工作者乙和他谈开了.为了使钢质工件的质量标志——硬度达到所需的数值,基本的生产工艺为:把某种加工完毕的工件加热到某个温度,譬如说是840 ℃,然后投入某种液态的介质(例如水、油,又例如低熔点的金属如液态锡等)中,物体骤然冷却,其硬度大为提高.可是这时的工件变脆.人们再把它加温到一定的温度,并保持一段时间后让它自然冷却,以释放其内应力.工程师甲认为在现有的工艺参数下,硬度指标不能达到要求.能否改变工艺参数以提高硬度呢?甲说,不知试了多少次啦!

乙和甲讨论了很久,双方把甲所提出的问题转化成一个项目如下:

项目:研究某种钢质工件的热处理工艺.

任务:提高钢材硬度.

指标：硬度指标，记作 y.

因素：A 淬火温度(℃)，

B 回火温度(℃)，

C 回火时间(min).

水平：每个因素可以选三个水平(位级)，如表 8.1.

表 8.1　例 8.1 的因素水平表

水平＼因素	淬火温度/℃ A	回火温度/℃ B	回火时间/min C
1	840	410	40
2	850	430	60
3	860	450	80

双方取得如下的共识：人们可以用物理方法检测其硬度，但是并不知道硬度指标和这三个因素的实际函数关系. 研究的任务只需要得到更好的方案，而不必是最优解. 做试验的次数要在经费、时间的许可范围之内.

运筹学工作者乙认为可以介绍一种方法，以帮助研究这类项目.

§8.3　正交表

为了用正交试验设计的方法来解决像上节提出的那类问题，先要熟悉一类数码表. 所谓**数码表**就是一种全由阿拉伯数字组成的表. 说它们是数码，是因为假设这些数字之间只讨论异同，而不讨论加减乘除之类的运算问题，它们倒像是 x,y,z 之类的不同的未知数.

下面是两个最简单最常用的数码表，它们的名字是 $L_4(2^3)$ 和 $L_9(3^4)$：

表 8.2　$L_4(2^3)$

行号＼列号	1	2	3
1	1	1	1
2	1	2	2
3	2	1	2
4	2	2	1

表 8.3　$L_9(3^4)$

行号＼列号	1	2	3	4
1	1	1	1	1
2	1	2	2	2
3	1	3	3	3
4	2	1	2	3
5	2	2	3	1
6	2	3	1	2
7	3	1	3	2
8	3	2	1	3
9	3	3	2	1

数码表 $L_4(2^3)$ 有 4 行 3 列，由数码 1 和 2 所组成. 它有两个特点：

1. 每列恰好有两个 1 和两个 2，即每个数码出现的机会是均等的；

2. 任意两列中，其行向形成的数对（1 1），（1 2），（2 1），（2 2）总是恰好各出现一次，即任意两列间数码 1 和 2 的搭配是均衡的.

数码表 $L_9(3^4)$ 有 9 行 4 列，由数码 1，2 和 3 所组成. 它也有两个特点：

1. 每一列中，1，2，3 出现的次数总是相同的，都是三次；

2. 任意两列中，其行向形成的数对（1 1），（1 2），（1 3），（2 1），（2 2），（2 3），（3 1），（3 2），（3 3）总是恰好各出现一次，即任意两列间数码 1，2，3 的搭配是均衡的.

还有许多的数码表. 它们都具有**出现的机会均等**和**搭配均衡**的特点. 把具有这两个特点的数码表说作具有“正交性”，这种表叫做**正交表**. 最简单的一类是用下面的符号所表示的数码表：

$$L_n(t^q),$$

其中 L 是正交表的代号，n 表示正交表的行数，t 表示不同数码的个数以及 q 表示列数. 通常就用自然数 1，2，3，…，t 来表示那 t 个数码.

$L_4(2^3)$ 和 $L_9(3^4)$ 都是正交表.

§8.4 正交表的使用

在 §8.2 的例 8.1 中，已经讨论了一个需要探讨的项目.

现在套用正交表来安排例 8.1 的试验方案.

1. 明确因素和水平. 项目中有三个因素，每一个因素有三个水平.

2. 选取正交表. 它的因素的个数不小于 3，水平数等于 3. 工程师甲和运筹学工作者乙商定，选用 $L_9(3^4)$ 该是合适的.

3. 表头设计. 将三个因素安排进正交表 $L_9(3^4)$. 在这个简单的项目中，三个因素 A，B，C 可以任意填入某几个列中. 不妨依次填在第 1，3，4 列上. 一般来说，像这里的项目，没有考虑所谓的交互作用（§8.6），在表头中安排因素是任意的. 以后考虑交互作用时，因素在表头上需要根据规则来安排.

4. 水平安排. 表头设计后，把每个因素的三个水平分别和数码 1，2，3 随意地作对应. 例如我们把淬火温度 840 ℃，850 ℃，860 ℃依次和第 1 列的数码 1，2，3 相对应. 当然也可以和 2，3，1 相对应等等. 第 3，4 两列可以类似地作出安排. 当然，第 2 列全空开.

至此，我们得到了下面表 8.4 中竖双线左边部分.

5. 制定试验方案. 完成填表工作之后，每一行就对应一个试验的方案. 例如方案 5 是，淬火温度 850 ℃，回火温度 450 ℃以及回火时间 40 min.

表 8.4 试验报告表(Ⅰ)

试验号 \ 列号	淬火温度 1(A)	2	回火温度 3(B)	回火时间 4(C)	硬度指标 y
1	1(840 ℃)	1	1(410 ℃)	1(40 min)	$y_1=190$
2	1(840 ℃)	2	2(430 ℃)	2(60 min)	$y_2=200$
3	1(840 ℃)	3	3(450 ℃)	3(80 min)	$y_3=175$
4	2(850 ℃)	1	2(430 ℃)	3(80min)	$y_4=165$
5	2(850 ℃)	2	3(450 ℃)	1(40 min)	$y_5=183$
6	2(850 ℃)	3	1(410 ℃)	2(60 min)	$y_6=212$
7	3(860 ℃)	1	3(450 ℃)	2(60 min)	$y_7=196$
8	3(860 ℃)	2	1(410 ℃)	3(80 min)	$y_8=178$
9	3(860 ℃)	3	2(430 ℃)	1(40 min)	$y_9=187$

6. 做试验. 根据每行三个数据,就可以进行试验了. 每一个试验方案有一个结果,得到的硬度指标 y 是一个值. 写在表的竖双线的右边. 方案 5 的结果是 $y_5=183$. 做这 9 个试验的次序不要呆板地按自然数的次序 1,2,3,4,…,9,以随意的次序为好. 避免试验员安排试验水平时想当然地犯错误.

7. 初步分析结果. 比较 9 个试验结果,立刻发现:

方案 6:淬火温度 850 ℃,回火温度 410 ℃,回火时间 60 min 的硬度指标最大,它是 212. 可见方案 6 是做了这 9 个试验中最好的. 这个方案是一种直观优选方案.

§8.5 试验结果分析

§8.5.1 因素水平分析

如果我们用正交表来做试验而仅仅得到结论说,方案 6 最好,意义就不大了. 人们如此设计还有哪些用途呢?

举一个虚构的试验例子. 王老师在物理课上把一个大烧杯中的水均分倒入两个烧杯. 在两个不同的酒精灯上烧了一会,拿下让一位学生用温度计测量温度. 一个是 60 ℃,一个是 90 ℃. 王老师把这些烧杯拿到另一间实验室,取回一大烧杯水,问它的温度是多少. 学生只有再用温度计测量一次. 如果王老师当着学生的面,把两杯水倒回那个大烧杯,再问学生它是多少度. 学生无需用温度计测量,而可以直接计算出它的温度是 75 ℃. 因为这两杯水所含各种物质是相同且等量的. 不同之处仅仅是温度. 应该是它们的平均数.

正交表的两条特性启发人们来进一步分析问题. 设想所有的试验结果像上面的液体那样. 把第 1,2,3 号试验合在一起,作为第 1 个虚拟试验,记作 E_{11},原先三个试验指标之和叫做它的指标,记作 σ_{11}. 第 4,5,6 号试验以及第 7,8,9 号试验分别合在一起,作为另两个虚拟试验,记作 E_{21} 和 E_{31},对应的指标(即各自的三个试验指标之和)依次记作 σ_{21} 和 σ_{31}. 这三个虚拟试验的硬度指标 ω_{11}, ω_{21}, ω_{31} 分别等于 σ_{11}, σ_{21} 和 σ_{31} 的三分之一:

$$\sigma_{11}=y_1+y_2+y_3=190+200+175=565,$$
$$\sigma_{21}=y_4+y_5+y_6=165+183+212=560,$$
$$\sigma_{31}=y_7+y_8+y_9=196+178+187=561.$$

$$\omega_{11}=\frac{1}{3}(\sigma_{11})=188\frac{1}{3},\quad \omega_{21}=\frac{1}{3}(560)=186\frac{2}{3},\quad \omega_{31}=\frac{1}{3}(561)=187.$$

三个虚拟试验的(硬度)指标是不同的.

请求读者接受正交试验设计发明人的假设:这三个虚拟试验的每一个中,无论退火温度还是退火时间,三个水平都均衡出现. 可以设想,硬度指标的不同仅仅是由于淬火的温度不同而造成的. 把淬火温度叫做这三个虚拟试验的**特异因素**. 而水平 1,即 A_1(840 ℃)时,硬度指标是三者最好的.

可以用类似的方法,讨论退火温度的水平分析. 考虑第 3 列. 数码 1 对应有试验 1,6,8. 数码 2 对应有试验 2,4,9. 数码 3 所对应的是试验 3,5,7. 把它们分别合在一起作为另一组的三个虚拟试验,记作 E_{13}, E_{23} 和 E_{33}. 退火温度是它们的特异因素. 三个虚拟试验的指标是 σ_{13}, σ_{23} 和 σ_{33}. 它们的硬度指标为 ω_{13}, ω_{23} 和 ω_{33},于是有

$$\sigma_{13}=y_1+y_6+y_8=580,\quad \sigma_{23}=552,\quad \sigma_{33}=554.$$

$$\omega_{13}=\frac{1}{3}(\sigma_{13})=193\frac{1}{3},\quad \omega_{23}=\frac{1}{3}(\sigma_{23})=184,\quad \omega_{33}=\frac{1}{3}(\sigma_{33})=184\frac{2}{3}.$$

可以看到,水平 1 所对应的(硬度)指标为最大. 可见,在这三个退火温度中水平 1,即 B_1,为最好.

同样还有关于回火时间的计算:

$$\sigma_{14}=y_1+y_5+y_9=560,\quad \sigma_{24}=608,\quad \sigma_{34}=518.$$

$$\omega_{14}=\frac{1}{3}(560)=186\frac{2}{3},\quad \omega_{24}=\frac{1}{3}(608)=202\frac{2}{3},\quad \omega_{34}=\frac{1}{3}(518)=172\frac{2}{3}.$$

在回火时间的三个水平中,以水平 2,即 C_2,为最好.

这样构造出来的 9 个虚拟试验的结果可以用两种常用的方法来记载. 一种方法是填入实验报告表(Ⅱ)中的第 1 和第 2 框里了.

表 8.5　试验报告表(Ⅱ)

列号 试验	淬火温度 1(A)	2	回火温度 3(B)	回火时间 4(C)
σ_1	565		580	560
σ_2	560		552	608
σ_3	561		554	518
ω_1	$188\frac{1}{3}$		$193\frac{1}{3}$	$186\frac{2}{3}$
ω_2	$186\frac{2}{3}$		184	$202\frac{2}{3}$
ω_3	187		$184\frac{2}{3}$	$172\frac{2}{3}$

本例题中三个因素的水平数等于同一个数 3,表中第 2 框的每一个数据是第 1 框的三分之一. 因此,仅仅在各因素都有相同水平数的情况下,可以节省计算量,把第 2 框(底纹为灰色的框)删去,直接用诸和数指标 σ_{ij} 来讨论问题.

§8.5.2　因素的极差分析

考察特异因素为淬火温度(A)的三个虚拟试验. 由于水平的不一样,所对应的指标也不一样. 最大的指标为 565,对应于水平 1,即 A_1. 最小的指标为 560,两者的差值为 5(= 565 - 560),叫做**极差** R. 它的三分之一是**均极差** K. 它显示了水平的不同,影响到钢材的指标的差异大到 5,或均极差大到 $1\frac{2}{3}$.

同样,特异因素为回火温度时,虚拟试验的极差等于 28(= 580 - 552),或均极差 $9\frac{1}{3}$. 最大指标为 580,对应于水平 1,即 B_1.

特异因素为回火时间时,极差等于 90(= 608 - 518),或均极差 30. 最大的指标为 608,对应的水平为 2. 即 C_2. 把这些汇总如表 8.6:

表 8.6　试验报告表(Ⅲ)

列号 (均)极差	淬火温度 1(A)	2	回火温度 3(B)	回火时间 4(C)
$R(K)$	$5(1\frac{2}{3})$		$28(9\frac{1}{3})$	90(30)

像讨论表 8.5 那样,今后讨论时也可以用极差,而不用表 8.6 中圆括号内的均极差.

看这三个特异因素所对应的最大指标,可以认为分析所得的最好方案是

$$A_1\ B_1\ C_2.$$

这是一种析后方案，但是这个方案还没有做过试验.

而根据极差可见，回火时间的极差为最大，回火温度的极差其次. 最小的是淬火温度极差. 因此，三个因素对指标的影响由大到小的次序该是

$$C \to B \to A.$$

在进行试验，甚至生产时，这个次序应作为重视程度的次序.

现在把整个项目用一张总表表示如下(表 8.7).

表 8.7 试验报告总表

列号 / 试验号	淬火温度 1(A)	2	回火温度 3(B)	回火时间 4(C)	硬度指标 y
1	1(840 ℃)	1	1(410 ℃)	1(40 min)	$y_1=190$
2	1(840 ℃)	2	2(430 ℃)	2(60 min)	$y_2=200$
3	1(840 ℃)	3	3(450 ℃)	3(80 min)	$y_3=175$
4	2(850 ℃)	1	2(430 ℃)	3(80 min)	$y_4=165$
5	2(850 ℃)	2	3(450 ℃)	1(40 min)	$y_5=183$
6	2(850 ℃)	3	1(410 ℃)	2(60 min)	$y_6=212$
7	3(860 ℃)	1	3(450 ℃)	2(60 min)	$y_7=196$
8	3(860 ℃)	2	1(410 ℃)	3(80 min)	$y_8=178$
9	3(860 ℃)	3	2(430 ℃)	1(40 min)	$y_9=187$
σ_1	565		580	560	答案：因素主次：
σ_2	560		552	608	$C \to B \to A$
σ_3	561		554	518	析后方案：
R	5		28	90	$A_1\ B_1\ C_2$

§8.5.3 优选方案分析

在正交表中所做的 9 个试验中，直接看到方案 6，即方案 $A_2\ B_3\ C_2$ 是最好的. 各个因素的水平分析中，上节又得到析后方案 $A_1\ B_1\ C_2$ 该是最好的. 它不在前面的 9 个试验之中. 这两个之间哪一个更好呢？在冶炼工作中，情况是非常复杂的. 同一个方案下，每次作出的钢材的硬度指标一般是不一样的. 为此，为了慎重选优，应该把这两个方案各做若干次，把所得的硬度指标的平均值进行比较，作为我们的结论. 所得的更好的方案叫做**挺优方案**.

§8.5.4 小结与思考

我们已经学习了正交试验设计法的一个应用. 通过全过程的工作，应该对这

个方法有所思考.

提出项目,确定试验指标,确定影响试验的因素,各个因素的水平的设置以及正交表的选定,经费、试验环境和时间的条件等等,这些工作主要由专业工程人员来担任. 也许可能遇到像产品结构优化那样的问题(参看 §4.3),有时是很困难、需要深思熟虑的事情. 倒是所有这些一经确定了,余下的表头设计、翻译因素与水平、分析实验结果等等都是按部就班的工作. 事情到此并没有结束. 那张试验报告总表能否为有关决策者、技术人员所接受,仍将是一件大事.

正交试验设计所得到的挺优方案是一个优化的方案. 但是它优到什么程度呢? 从理论上讲,首先,一般而言,它不会是在一切可能的方案中最优的. 其次,即便在这三因素三水平的 27($=3^3$)个可能方案中,分析出来的方案也不一定是最优的. 它只是令人满意的一个方案. 其实,像这样生产实践中的项目,追求最优解,其实用价值是令人怀疑的.

还应进一步提问:这个方法还可做哪些推广以进一步开拓其应用的范围?

一、如果工程师甲对例 8.1 做出的挺优解仍不满意. 能否在已得结果的基础上进一步开展工作? 有一个可尝试的方法是把 9 个虚拟实验的指标,作为第二个方法,画在直角坐标系中,直观地看到:回火时间从 60 min 到 80 min,虚拟试验的指标大幅下降,也许在 60 min 附近,例如 50 至 70 min 之间有可能达到更高的指标. 回火温度比 410 ℃更低一些时,硬度指标可能更大些. 当然,对淬火温度也可作相应的讨论. 不过我们不作指望. 因为这个因素本身的极差就太小. 工程师甲可以和运筹学工作者乙一起设计另一轮试验. 以追求更大的指标. 例如,把回火时间的三个水平改为 50,55 和 65 min,回火温度的三个水平改为390 ℃,400 ℃和 410 ℃. 而淬火的温度的三个水平保持不变.

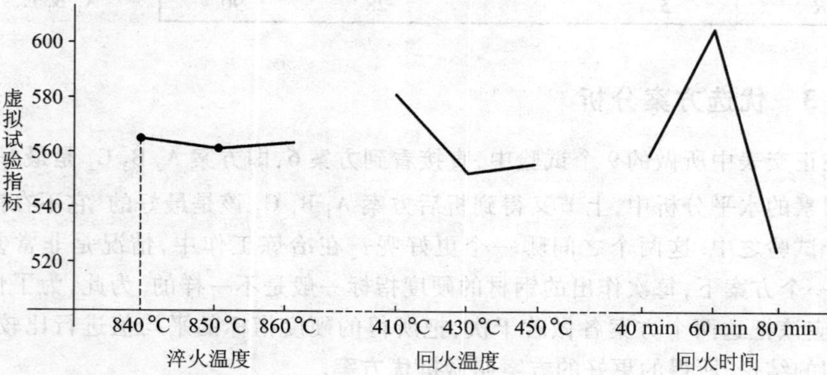

图 8.1

二、就像 $L_9(3^4)$,人们还能用它来改进许多工艺方案. 例如电镀、电焊工艺,各种化工制品的配方,装配各种设备等等.

三、如果所提的项目具有5个、6个,…,甚至多到几十个因素,可用两个思路来处理.一是在更详尽的资料中寻找合适的正交表.例如有人就做过127个因素二水平的试验设计问题.另一个思路在于:所设想的那么多的因素是否都是必要的.我们赞成把那些不是很重要的因素剔除出去,或者合并起来(参看例8.3的因素A与B),以减少试验的次数.

当然需要注意主要矛盾问题.但是,分析出来的主要矛盾是需要实践来检验的.在技术上发生分歧时,如果有合适的正交表,能够把有争议的因素都尽量安排进去,可能是稳妥的.人的经验永远不会是充足的,由于个人的爱好和偏见而混淆主要因素与次要因素也是可以理解的.在80年代初期,我们在推广正交试验设计的实践中,这种事情确实发生过.

四、对于一个因素,2,3,4个水平是适宜的.有水平再多一点的正交表,但试验的次数会大为增多.

五、有些工农业试验项目,诸因素的水平数是不必相同的.小麦栽培问题要在4个品种之间进行比较,其他如株距、肥料、播种期等因素(栽培条件)可以都取二水平.像这种试验项目,把小麦的品种作为定性因素,它的水平数与别的因素的水平数就不必一样.这样的问题是广泛存在的.有两个办法来对待.

一是寻找水平不等的正交表.例如有正交表(表8.8):

表8.8　正交表 $L_8(4\times 2^4)$

行号＼列号	1	2	3	4	5
1	1	1	1	1	1
2	1	2	2	2	2
3	2	1	1	2	2
4	2	2	2	1	1
5	3	1	2	1	2
6	3	2	1	2	1
7	4	1	2	2	1
8	4	2	1	1	2

它可以用来安排一个4水平的因素和4个2水平的因素,只需做8次试验.还有

$$L_{12}(3\times 2^4),\ L_{20}(5\times 2^8),\ L_{16}(3^3\times 4^4),\ L_{18}(2\times 3^7),\ L_{18}(6\times 3^6),$$

等等.其中第3个正交表可以安排至多3个3水平的因素和4个4水平的因素,需要做16个试验,等等.

另一个办法是虚拟水平法.在例8.1中,设若回火温度和回火时间仍维持3个水平不变,可是由于技术上的原因,淬火温度只能取810 ℃和830 ℃两种.把

它们作为第1和第2水平.工程师甲从他的经验来看,似乎810 ℃更好一些,可以把第3个水平设置为810 ℃,这就得到水平相同的项目了.当然,计算虚拟试验的指标以及极差时,要做一点相应的修改.

六、由于生产实践的需要,人们需要用各种各样的正交表.一是应根据正交表的特性,设计出所需的正交表,这个理论问题已经得到很好的研究和解决.二是如何立刻得到所需的表.三是如何把试验所得的结果尽快地分析出来.对简单的情形,可以通过更专门的书籍找到,也可以利用统计学专业的软件得到.输入所得试验的结果,把全部分析、制图的工作由计算机完成.

七、在例8.1中,因素的水平都是用数字来表示的.其实这并不是必要的.例如生产化工产品的工艺中,可能催化剂是一个因素,几种催化剂可以当作不同的水平.

八、有些项目的试验指标不是直接用数字来表述的.例如纺织品的试验指标是手感是否柔软,光泽是否宜人,色彩是否和谐.又例如瓷器的试验指标是光洁匀称的程度,等等.为了能够计算试验的指标,可以把它们分成几个等级,再把这些等级数量化.

§8.6 有交互作用的项目

§8.6.1 交互作用

酒能醉人,同时饮用两种以上的酒就更能醉人.就是说,酒对人的健康不仅有副作用,而且同时饮用不同的酒,对人还有负的交互作用.蛋白质对人有营养,如果同时吃适量的动物性与植物性蛋白质的食物,效果更好.即它们之间还有正的交互作用.钢材中所含的某些微量元素之间也可能有交互作用.下面再用定量的说法举一个例.

设想有4亩土质相同的土地.用相同的施肥、管理的方法种植某种作物,都可以收获相同数量的庄稼.现在为了做试验,把第1亩用某个管理方案种植,作为对照田.让第2亩中比第1亩多施 a kg肥料(因素)A,结果的收获量比对照田的增加了 h kg.在第3亩中比第1亩多施了 b kg的肥料(因素)B,而多得了 k kg的庄稼.那么在第4亩中比第1亩既多施 a kg肥料A,又增加了 b kg的肥料B,实践表明,随着作物、肥料的品种不同,它的收获量并非总是增加 $(h+k)$ kg.如果一种作物的增量确实等于 $(h+k)$ kg,我们说,对于这个作物来说,在这样的水平设置下没有交互作用.如果明显地不等于 $(h+k)$ kg就说具有(正/负)**交互作用**.

了解因素之间的交互作用是重要的.而正交试验设计法是一个锐利的工具.

§8.6.2 数字例

例 8.2 设有一个化工项目,它的指标是收得率.工程师确定了该项目是4因素2水平问题,如表 8.9:

表 8.9 例 8.2 的因素水平表

水平 \ 因素	A 反应温度	B 反应时间	C 硫酸浓度	D 操作方法
1	50 ℃	1 h	17 %	搅 拌
2	70 ℃	2 h	27 %	不搅拌

现在需要除了研究因素 A,B,C,D 对于收得率的关系,还要研究反应温度(A)与反应时间(B)的交互作用,记作 A×B.

人们已经设计了可以用来研究交互作用的正交表,例如 $L_8(2^7)$.

表 8.10 正交表 $L_8(2^7)$

行号 \ 列号	1	2	3	4	5	6	7
1	1	1	1	1	1	1	1
2	1	1	1	2	2	2	2
3	1	2	2	1	1	2	2
4	1	2	2	2	2	1	1
5	2	1	2	1	2	1	2
6	2	1	2	2	1	2	1
7	2	2	1	1	2	2	1
8	2	2	1	2	1	1	2

在使用这个表时,要顾及到交互作用的表头设计.其关系可见表 8.11:

表 8.11 正交表 $L_8(2^7)$ 的交互列表

列号 \ 列号	1	2	3	4	5	6
7	6	5	4	3	2	1
6	7	4	5	2	3	
5	4	7	6	1		
4	5	6	7			
3	2	1				
2	3					

表 8.11 是说,如果一个因素 A 放在第 3 列,因素 B 放在第 6 列,列 6 与列 3 交叉的数码 5 表示:交互作用 A×B 应该放在第 5 列. 又若 A 在第 1 列,B 在第 2 列,则 A×B 应在第 3 列,等等.

在 $L_8(2^7)$ 中的表头设计、数码的翻译、试验指标的填入和分析如表 8.12:

表 8.12 例 8.2 的试验总报告

列号 / 行号	1(A)	2(B)	3(A×B)	4(C)	5	6	7(D)	收得率
1	1(50 ℃)	1(1 h)	1	1(17 %)	1	1	1(搅 拌)	65 %
2	1(50 ℃)	1(1 h)	1	2(27 %)	2	2	2(不搅拌)	74 %
3	1(50 ℃)	2(2 h)	2	1(17 %)	1	2	2(不搅拌)	71 %
4	1(50 ℃)	2(2 h)	2	2(27 %)	2	1	1(搅 拌)	73 %
5	2(70 ℃)	1(1 h)	2	1(17 %)	2	1	2(不搅拌)	70 %
6	2(70 ℃)	1(1 h)	2	2(27 %)	1	2	1(搅 拌)	73 %
7	2(70 ℃)	2(2 h)	1	1(17 %)	2	2	1(搅 拌)	62 %
8	2(70 ℃)	2(2 h)	1	2(27 %)	1	1	2(不搅拌)	67 %
σ_1	283	282	268	268	276	275	273	
σ_2	272	273	287	287	279	280	282	
R	11	9	19	19	3	5	9	

交互因素 A×B 的极差为 19,表明交互性是显著的. 那么,A 与 B 用什么水平呢? 把四种可能的搭配列出,计算它们的指标,见表 8.13,即所谓的**交互作用的检核**,我们看到:

表 8.13 A×B 交互作用的检核

因素水平 / 因素水平	B_1	B_2
A_1	65 + 74	71 + 73
A_2	70 + 73	62 + 67

可见 $A_1 \times B_2$ 和 $A_2 \times B_1$ 是较好的条件. 结合极差分析,下列条件是可以作为较优的方案:

$$A_1\ B_2\ C_2\ D_2 \quad 与 \quad A_2\ B_1\ C_2\ D_2.$$

但是,时间是最为宝贵的资源. 我们宁可选取后一个,以节省设备被占用的时间.

如果要考虑 A×C,根据交互列表,它应该放在第 5 列. 计算结果是 σ_1 行为 276,σ_2 行为 279,极差 R 为 3. 可见交互作用很小. 可以说,A 与 C 的交互作用不明显. 关于 B,C 也有类似的结论.

§ 8.7 多指标试验分析方法

前面所讲的问题,试验指标都只有一个.这种试验叫做**单指标试验**.然而实际生产和日常生活中,用来衡量试验效果的指标常常不止一个.这类试验叫做**多指标试验**.多指标试验中,正如线性规划的目标函数那样(请参看 §4.1.4),各指标之间往往存在一定的矛盾.如何分析这种结果呢?有两个可行的方法:综合评分法和综合平衡法.

§ 8.7.1 综合评分法

例 8.3 有一个 5 吨冷风化铁炉.在现有设备和原料供应的条件下,探索较好的生产条件,以提高铸件的质量.规定铁水温度在 1 400 ℃以上,熔化速度为 5 t/h 左右,尽量减少焦炭的消耗,即提高总焦铁比.

为此,我们确定 4 个因素:把熔化带直径与炉缸直径组合成因素 A,两排风口为因素 B,风压为因素 C,批焦铁比为因素 D.每个因素各取三个水平.如表 8.14:

表 8.14 例 8.3 的因素水平表

因素 \ 水平	1	2	3
熔化带直径 × 炉缸直径(A)	$\phi760\times\phi620$	$\phi740\times\phi550$	$\phi720\times\phi550$
一排风口直径 × 二排风口直径(B)	$\phi40\times6$ $\phi40\times6$	$\phi30\times6$ $\phi25\times6$	$\phi20\times6$ $\phi25\times6$
风压(C)	130	160	150
批焦铁比(D)	13.5	14.5	12.5

这是一个 4 因素 3 水平试验.选用正交表 $L_9(3^4)$来安排试验是合适的.把四个因素 A,B,C,D 依次放在第 1,2,3,4 列.再把诸水平的相应技术参数填入表中.

现在,这个试验有三个指标:铁水温度(T ℃),熔化速度(V t/h)和总焦铁比(1:z).试验的结果如表 8.15:

表 8.15 例 8.3 的试验指标报告

试验号	试验指标			综合评分
	铁水温度	熔化速度	总焦铁比	
1	1 408	5.3	11.7	2
2	1 397	5.2	13.2	7
3	1 409	5.6	12.3	6
4	1 409	5.2	11.9	6

续表

试验号	试验指标			综合评分
	铁水温度	熔化速度	总焦铁比	
5	1 405	4.9	12.5	9
6	1 412	5.1	13.0	21
7	1 415	5.4	13.3	24
8	1 413	5.3	12.2	12
9	1 419	5.1	13.5	33

如果所有有关人员都同意，根据所给的技术条件，把 3 个试验指标 T,V,z 折算为一个指标，用某一个函数来计算：

$$u=f(T,V,z),\tag{7.1}$$

问题就归结为单指标问题了.

真正困难的是如何得到这个折算公式.

对于这个例子，大家经过讨论后，达到了这样的共识：由于试验的目的是在保证铁水温度在 1 400 以上，熔化速度 5 t/h 左右的前提下，尽量提高总焦铁比.规定：

铁水温度(T)以 1 400 为基准，每高 1 度就加 1 分，每低 1 度，就减 1 分；

熔化速度(V)以 5 t 为基准，每偏离它 0.1 t 就扣 1 分；

总焦铁比($1:z$)以 $z=12$ 为标准，每高 0.1，就加 1 分，每低 0.1，就减 1 分.

于是有

$$u=(T-1\,400)-|V-5|\times 10+(z-12)\times 10.\tag{7.2}$$

于是　$u_1=(1\,408-1\,400)-|5.3-5|\times 10+(11.7-12)\times 10=2.$

其他的都可以一一算出，并写在表 8.15 的竖双线的右边. 余下的计算和分析就与例 8.1 的一样了. 它的结果是

(1) 从 9 个试验的结果立刻看到，第 9 号试验($A_3B_3C_2D_1$)的结果为较优解.

(2) 4 个因素的由主而次的顺序是 A→B→D→C.

(3) 分析得到的结果是 $A_3B_3C_2D_2$.

请读者作为练习完成它.

(7.1)叫做**综合评分函数**. 对于一个多指标项目来说，确定综合评分函数的工作，原则上来说，是专业技术人员的事情. 工作做得好坏，是否确切，效果将大不一样. 此外，像在(7.2)中，人们规定偏离 5 t 时每偏离 0.1 t 扣 1 分. 为什么扣 1 分而不是 0.5 分或 2 分呢？等等. 这些都是技术人员协商的结果，不是理论推

得的数据.

还有很多的综合评分方法.

§8.7.2 综合平衡法

所谓**综合平衡法**,就是先分别将各个指标像单指标那样进行计算和分析.例如关于铁水温度指标的分析结果如表8.16:

表8.16 铁水温度指标的分析报告

计算 \ 因素	A	B	C	D
σ_1	4 214	4 232	4 233	4 232
σ_2	4 226	4 215	4 225	4 224
σ_3	4 247	4 240	4 229	4 231
R	33	25	8	8

同样,可以得到熔化速度与总焦铁比的分析结果.把三组结果列入表8.17.

表8.17 单指标的分析结果

指　标	因素的主次顺序	挺优解
铁水温度	A→B→C,D	$A_3B_3C_1D_1$
熔化速度	A、D→B→C	$A_2B_2C_2D_1$
总焦铁比	D→A、B、C	$A_3B_3C_2D_2$

如何根据这些结果来综合平衡呢?按照因素的主次和影响的大小来综合考虑.例如,对因素A,取A_3是合适的,因为对铁水温度和总焦铁比都较好,对熔化速度虽不如A_2,但也比较接近A_3.对因素B,情况与A的相类似,也取水平3,即B_3.因素C在三个指标中不占主要地位,取C_2略微好一些.对D来说,在总焦铁比中影响最大的该是D_2.所以综合平衡下来的结果是:方案$A_3B_3C_2D_2$是挺优的.

我们建立的只是一种模型.模型仅仅能够对客观世界作近似的摹写.到头来还要接受实践的检验和认可.

上面讲的只是正交试验设计的最简单的部分.尚有不少问题和工作可做.如误差问题、利用方差分析来进行研究等等.限于本书主旨,不赘述了.

这里,还有一个问题需要说明:由于计算和分析是如此的简单,即便编制完成正式的实验报告,也似乎没有使用软件Mathematica的必要.在一般文字处理系统中完成就足够了.

§8.8 本教程的结束语

§8.8.1 运筹学的一些基本特点

通过学习本教程,相信读者已经初步了解到运筹学的一些基本特点:

一、科学和工程中,存在着大量的寻求更多、更快、更好、更省的问题,即优化问题.

二、运筹学是经过学者们长期不懈努力、解决众多优化问题的过程中发展起来的一门学问.

三、线形规划和正交试验设计始于上个世纪四十年代,动态规划、统筹方法、组合最优化都始于五十年代.现代的运筹学的历史才有60年左右,或者说始于第二次世界大战.

四、人们很早就用几何方法和代数方法研究面积最大、乘积最小之类的问题.用微分法来讨论最优解的题目已经有了几百年的历史.但是,运筹学与先前的优化问题不同.它所研究的主要问题来自现代生产、管理,它们往往是题目复杂,规模巨大,涉及面广,以及要求得到答案的时限紧.还有,实际生活中的优化问题往往不是孤立的,不是一经解答就完成任务.相反,成功地解决了一个问题,另一个更大、更复杂的相关问题就会出现.从本书各章内容也可以体会到这一特点.

五、德国数学家 D. Hilbert(希尔柏特,1862—1945)研究学问的基本思想方法是:在探索问题的过程中,不断提问"能不能再简单一些"以及对所得各种成果,无论是理论的或是实际应用的,不断提问,"还能有什么用".这些思想方法同样能够帮助我们学习、研究运筹学.

六、科学计算软件的产生与运筹学的发展有着相辅相成的关系.

七、在大学里,有了高等数学和线性代数的知识,学习运筹学的基本内容并不是太困难的事.有了计算机的基础知识,进一步学习科学计算软件也是不困难的.

§8.8.2 运筹学的进一步应用举例

阅读过一些关于运筹学的参考书.也许有人会发现,不少教材中所讲的应用事例大同小异,于是以为运筹学也就是那么一些应用.这是一种错觉.教材的编者们之所以如此做,主要为了顺利讲好一门课程,只能讲这些简单、典型、重要的事例.

读者现在可以说,统筹问题是最短路问题的一个应用,是决策数不确定型动态规划的一个应用.为了讲清楚这一点,我们用了一个整章的篇幅来讨论.几千年来,人们总是希望把计划工作做好.发展到上世纪五、六十年代,才有了突破性的进展.第6章所讲的远不是科学安排计划的发展史.

当然要鼓励读者发挥创新精神.我们认为,出现一个新思路是可喜的、重要的.但是,更为重要的是,如何牢牢地把握住发现的思路,千方百计地探索下去,真正做出成绩来,把事情做成功.

确实这多年来人们用运筹学的知识做出了许多重要的应用.

运筹学对产品的制造、订货、储存和输送产生了革命性的影响,有越来越多的应用,已经形成了一个新的分支:物流管理.

利用适当的数学调度技术和有效的程序控制库存,对订货产生了深刻的影响,得到可观的经济效益.

有效地调度人力和设备能使企业减小开支,提高产率.纽约市卫生系统采用有效的组合最优化算法,使得该市政府每年节约经费2 500万美元,同时服务质量及工作时间的灵活性都有改进.

航空公司使用先进的组合最优化的算法来调度飞机和机务人员,用更少的飞机和人手,保证正常的飞行班次,而且对天气影响也有了更好的对策.美国有一个航空公司认为,计算机控制和调度方法以及相关的算法是该公司保持竞争力的功臣.

美国通用汽车公司(GM)使用其开发的一种模型后,每造一辆车可节省一美元,加起来就是一笔很可观的利润.

森林制品加工业的利润在很大程度上依赖于圆木长度、直径、弯曲度、枝节和其他方面的质量.总利润依赖于把树锯成圆木的方法,以及如何把锯好的圆木投放到恰当的市场.美国有一个规模巨大的公司开发了一套以动态规划为基础的"决定器",它能及时告诉人们如何锯切树木和投放到哪一个市场的方案.这种决定器为公司每年多创造上亿美元利润.

更多的事例可以从各种资料(包括教材、专著、论文、普及读物以及学术会议中交流的材料,还有,许多科学计算软件中附带提供的应用的成果)中得到,而更丰富和更快捷的信息可以从互联网上获得.

大型问题的解决依赖于计算机的使用,但是不要片面地期待高速计算机出现.有文献报告,在许多领域,不断涌现的更为有效的新算法和软件技术上的进步,足以与硬件运行速度的提高相媲美,甚至有过之无不及.

学会在科学计算软件中查找、调用现成的表达式(子程序)是重要的.应尽量避免直接用高级程序设计语言自己编制程序,因为花时间太多,结果往往很难令人满意,是一件非常得不偿失的事情.至于本教程中编写的几个程序,那是不得已的事情,因为在所用的科学计算软件中没有找到所需的程序.

§8.8.3 互联网上的运筹学

互联网是一个浩如烟海的数据库.它不可能是一片净土,即便是学术性的网站,也有许多不如人意的事情.但是,就以获得运筹学(其实,其他学科也是如此)各方面的信息和知识来说,还是令人满意的.它们散布在一个个的网站中.譬如:

中国运筹学会的网站 http://www.orsc.edu.cn,它发布各种“官方”的信息.

《运筹学学报》网站,它发布最近几年所发表的论文题目和内容.

电子杂志,例如可以向 http://www.optimization.online.orz 订阅月刊 Optimization Online.

各个研究所的网站.

各个出版社的网站,如从高等教育出版社的网站 http://www.hep.edu.cn 中可以找到历年来它所出版的各种运筹学的著作,甚至它们的全文.

还可以在某些网站查找所需的算法、程序和资料.

学者个人一般把自己的网站附属在所属的学校、研究所的网站中.有的大学生和硕士、博士研究生也开辟了涉及运筹学的网站.许多学者在网上全文公布自己的论文的预印本(这样可以不涉及知识产权问题).这类网站的首页往往朴实无华,直截了当地发表观点,与网友讨论主办人的学术观点和感兴趣的问题.

本教程的第一编者也有一个网址,http://web.wust.edu.cn/qinyuyuan,发表他对组合最优化方面的种种看法.

甚至一位学者去世之后,他的亲人、好友、学生和同事还可为他建立一个纪念网站,公布他的学术经历、论文和学术思想,他的家庭情况,发表怀念他的文章,等等,让后人永远纪念他,也便于查阅他的科学工作.

发行科学计算软件 Mathematica 和线性规划软件 LINDO 的公司有专门网站,一方面发表官方的信息,另一方面,还有专门讨论使用这些软件的经验、成果和程序.

可以通过 Google 搜索网、百度网等,查出所需要的关于运筹学的各种信息.例如,用关键词“运筹学学报”就能搜索到它的网址.用同一个关键词通过不同的搜索网可能得到不同的信息.

从互联网上得到科学技术的信息不是完美无缺的,需要学习查找信息的方法.对一个主题,一次可能查出几千、几万、甚至几百万条相关信息,除了让用户惊叹不已之外,还会使用户在汪洋大海中不知所措.按照所显示的次序逐条阅读,收效很低.此外,在查阅过程中及时做笔记是很有用的.否则,一转换网页就会遗忘,有时很难再找回来.

掌握了信息不等于得到了学问.与其记住十篇资料中的关键词和结论,不如仔细深入读通一篇有意义的文章,为我所用.做科学技术工作毕竟不是站在股票市场的大屏幕前看股价的涨落.

还有,网上的许多电子图书馆也就像纸质书店那样,往往只能读到一些新书的目录、摘要和精彩叫卖的那几页.那儿搞的同样是市场经济.

如果读者对运筹学产生了兴趣,把所学到的知识应用于自己所从事的工作之中,提出新问题、解决新问题,那正是本教程的编者们所热切希望的事情.

练 习 8

8.1　请举出有可能应用正交试验设计法来改进指标的三个项目.

8.2　圆圈形密封圈的密封部分漏油,要查明是否起因于橡胶的永久压缩变形.假设密封圈的质量因素及其水平如下表:

水平 / 因素	1	2
制造厂(A)	甲厂	乙厂
橡胶硬度(B)	HS70	HS90
直径(C)	$\phi3.5$	$\phi5.7$
压缩率(D)	15 %	25 %
油温(E)	80 ℃	100 ℃
油的种类(F)	K	L

设在正交表 $L_8(2^7)$ 中,把因素 C,B,A,D,F,G 依次放在第 1,2,3,4,5,7 列(第 6 列空置).8 次试验的特性值如下表:

试验号	测量值
1	40.2
2	82.5
3	53.2
4	90.0
5	71.1
6	31.8
7	77.2
8	39.6

请根据上述试验结果进行分析,选出挺优(测量值更大)方案和主次因素的顺序.

8.3　某销售商行以个人计算机的新用户为对象,进行报纸广告效果的调查试验.在报纸广告栏内印上资讯表,把寄回此表的读者作为潜在用户,把表的张数作为广告的效果. 设因素和水平如下表.

因素 \ 水平	1	2
报纸种类(A)	计算机世界报	长江日报
广告面积(B)	内版中缝	半通栏
广告次数(C)	4 次/月	6 次/月
广告内容(D)	以技术参数为主	以宣传功能多样为主

此外,需要查明诸因素之间有无交互作用.

请您选用合适的正交表,并做一个表头设计.

8.4 在 §8.5.4 进一步应用中,讨论采用虚拟水平的方法,计算虚拟试验的指标,如何作"相应的修改"呢? 并请对这种情况下,是否删除表 8.5 的框Ⅱ作出评论.

8.5 如果例 8.2 所讨论的化工项目中,工程师需要用正交表 8.11 探讨 $A\times B$ 和 $B\times C$. 问如何做表头设计?

8.6 如果例 8.3 是单指标问题. 试验指标是熔化速度. 请验证,它的因素的主次顺序是 $A\to D\to B\to C$,挺优解是 $A_2B_2C_2D_1$.

8.7 根据表 8.15 的综合评分完成计算分析的结果. 其结果应为公式(7.1)之后所列出的三条.

8.8 如果例 8.3 的公式(7.1)是

$$u=(T-1\,400)\times 0.5-|V-5|\times 30+(z-12)\times 10,$$

则结果如何呢? 并把这个结果与使用公式(7.2)的结果作一比较. 请说明发生差异的原因.

郑重声明